高 等 学 校 教 材

高分子材料专业实践指导

Professional
Practice Guide
for Polymer Materials

邓慧宇 / 主编
陈庆春　金天翔　那　兵 / 副主编

化学工业出版社

·北京·

内 容 简 介

新工科背景下，信息技术、智能制造与传统制造逐步深度融合，对从业者的工程实践能力、创新能力提出了新的要求。《高分子材料专业实践指导》基于材料类专业"工程教育认证"毕业要求的各项细则而编写，共分10章，介绍了高分子材料专业实习过程中涉及的主要知识和内容，包括实习的组织、管理和考核，塑料、橡胶、纤维、涂料、胶黏剂、皮革等高分子材料的合成、加工等方面涉及的工艺、设备，企业车间布置、安全生产等。此外，为配合"线下和虚拟仿真"相结合的实践教学模式改革，切实提高实习教学质量，本书介绍了虚拟仿真的应用，配套二维码数字资源，读者可扫码获取。本书重点突出，理论、实践紧密结合，对培养基础知识扎实、工程能力强、综合素质高的工程科技人才具有促进作用。

《高分子材料专业实践指导》可作为高校高分子材料专业、材料科学与工程专业高分子方向的实习指导书，也可供材料领域科研人员和相关工程技术人员参考。

图书在版编目（CIP）数据

高分子材料专业实践指导/邓慧宇主编． —北京：化学
工业出版社，2024.8
ISBN 978-7-122-45716-5

Ⅰ．①高…　Ⅱ．①邓…　Ⅲ．①高分子材料
Ⅳ．①TB324

中国国家版本馆 CIP 数据核字（2024）第 103290 号

责任编辑：马泽林　　　　　　　文字编辑：王晓露　王文莉
责任校对：张茜越　　　　　　　装帧设计：刘丽华

出版发行：化学工业出版社
　　　　　（北京市东城区青年湖南街 13 号　邮政编码 100011）
印　　刷：三河市航远印刷有限公司
装　　订：三河市宇新装订厂
787mm×1092mm　1/16　印张 13　字数 304 千字
2024 年 9 月北京第 1 版第 1 次印刷

购书咨询：010-64518888　　　　　售后服务：010-64518899
网　　址：http://www.cip.com.cn
凡购买本书，如有缺损质量问题，本社销售中心负责调换。

定　　价：39.00 元

·前言·

高分子材料品种繁多、来源丰富、易加工成型，因而在衣、食、住、行等各方面得到广泛应用，产量相当于金属、木材和水泥的总和，为发展高技术、高性能功能材料奠定了良好的基础。高分子材料主要来源于石油和煤，两者均属于不可再生资源。为提升资源的利用率和附加值需加强新产品、新工艺的研发，这需要一大批高素质高分子材料专业人才的参与。

高分子材料专业是实践性强的专业。专业实践特别是专业实习（认识实习、生产实习、毕业实习等）对于夯实学生专业知识基础、培养学生理论联系实际的能力，灵活运用专业知识分析解决实际问题的能力，增强专业行业认同感，培养吃苦耐劳、团结协作和创新精神等方面具有重要的作用。为了帮助学生在认识实习时能较全面地了解高分子合成及相关产品的制备工艺流程，在生产实习、毕业实习时能复习、巩固专业知识，同时较系统地了解安全生产方面的知识，编者在多年教学实践的基础上，编写了这本指导书。该书不仅适用于专业实践指导，其中涉及的基本原理、配方、工艺流程等对于学生开展课外科技创新具有良好的启示作用。此外，书中的虚拟仿真内容教师可灵活使用，既可用作课堂教学后的配套实验，也可用作实习前的校内培训。

本书配合学生实习目的，主要介绍塑料、橡胶、纤维、涂料、皮革、胶黏剂等高分子材料循环利用等领域中的原料、生产工艺、加工设备及安全生产等内容，并对虚拟仿真在实习中的应用做较系统的介绍，希望促进高分子材料专业实践教学目标的达成。

本书第1、9、10章由陈庆春、邓慧宇编写，第2、3、7、8章由邓慧宇编写，第4、5章由金天翔编写，第6章由那兵、邓慧宇编写，全书由邓慧宇统稿、校稿。江西农业大学黄喜根教授、东华理工大学谢宗波教授、钱勇教授、袁定重教授对本书提出了宝贵意见，东华理工大学研究生李鹿、罗巧裕、李梦兰等负责了部分图片绘制。

本书的编写和出版得到了东华理工大学的领导和同仁的大力支持，得到了"材料科学与工程国家级一流本科专业建设点""材料科学与工程江西省高水平教学团队""东华理工大学教材基金"等项目经费的支持。同时得到了江西省丰临医用器械有限公司、江西蓝星星火有机硅有限公司、北京欧倍尔软件技术开发有限公司、江西新森岱塑木科技有限公司、南昌天高新材料股份有限公司、浙江冠豪新材料有限公司等单位的大力支持，在此一并表示感谢。对书中使用的资料的作者表示衷心的感谢。书中视频版权归北京欧倍尔软件技术开发有限公司所有。

鉴于本书知识涉及面较广，编者水平有限，书中疏漏之处，敬请批评指正。

编　者

2024 年 3 月

·目录·

第 1 章

绪论

　　高分子材料专业实践的重要支撑是专业实习，主要包括认识实习、生产实习和毕业实习三类。通常认识实习是在学生系统接受专业教育前完成，通过认识实习，学生能够建立安全生产意识，了解高分子材料安全生产知识、高分子材料生产企业的工厂布局，对高分子材料的生产工艺、过程及相关企业的生产管理建立感性认识，增强对专业的认同感。生产实习、毕业实习则是学生在基本学习完高分子材料方面的专业课后进行，通常是在企业中进行，理论联系实际，学生能够进一步提高灵活运用所学知识及技能分析、解决实际问题的能力。本书此处主要以生产实习为例，介绍实习的组织、实施与管理。

1.1　实习目的

　　生产实习是高分子材料专业教学计划中规定的一个重要实践环节，也是培养学生实践能力和独立科研能力的一条重要途径。通常在学生掌握了无机与分析化学、物理化学、材料概论、材料科学基础、材料力学、高分子化学、高分子物理、高分子合成原理、高分子加工工艺及设备、高分子的改性等相关知识后进行。通过生产实习，学生能够验证、巩固、深化已学过的理论知识；获得高分子材料生产的实际技能；提高发现、分析、处理实际生产技术问题的能力；了解高分子材料与工程领域的新技术、新结构、新材料和新工艺的情况；培养独立从事科研的能力；扩大技术视野；为今后走上工作岗位和进一步深造打下扎实的基础。

1.2　实习的任务及要求

① 深入了解企业的组织结构、生产组织及管理模式；
② 熟悉车间的布置、规划及管理特点；
③ 熟悉高分子材料生产的基本特点；
④ 掌握高分子材料生产、检验岗位所需的基础知识和基本技能；
⑤ 熟悉典型产品的生产工艺、技术参数及控制方法、事故处理方法等；
⑥ 熟悉生产所用设备的结构、操作方法等；

　　⑦ 掌握典型产品及原料的检测原理、方法及设备；

　　⑧ 了解技术文档资料的编写及管理规范；

　　⑨ 了解"三废"处理和节能措施；

　　⑩ 对生产中存在的不足之处能够提出合理的建议。

1.3　实习的组织及管理

　　生产实习一般安排在第六学期末，采用集中与分散相结合的方式进行。首先，在学校内部进行实习动员与教育，让学生明确实习目的、要求及纪律等。师生提前准备好实习所需资料。其次，校内指导教师采用虚拟仿真对学生进行安全、生产实践模拟，然后选取大、中型规模且具有现代化生产技术、工艺路线清晰的企业作为实习单位，将学生分组分散到各个企业进行生产实习，每个企业配备 2~3 名校内指导教师、2~3 名校外指导教师。

　　进入企业前，校内指导教师与实习单位应提前至少两周按培养目标及岗位要求协商制定好学生具体的实习方案和计划。包括：实习目的、实习内容、实习任务与要求、时间安排、方法与步骤、实习纪律、实习总结与实习考核等。做好实习前的用车、住宿等准备，并向学校教务部门申请及时给全体师生购买覆盖整个实习期间的人身意外伤害保险。

　　进入企业后，聘请企业领导、技术人员就企业发展历程、产品加工工艺及原理、入厂安全教育等方面进行专题报告。到具体工作岗位后，由工程技术人员进一步对使用的设备进行安全操作规程以及事故处理方法讲解。

　　学生分散到各个岗位后，采取片区管理和指导的方法，学校指导教师协同企业人员应加强对各岗位的巡查和指导，检查学生的实习日记，关心、爱护学生，切实加强安全生产教育和人身安全教育。

1.4　实习考核

　　实习结束后，教师根据学生平时表现、实习日记、实习报告等综合评定实习成绩。评分方法可参考下面格式。

　　优秀（90 分以上）：能很好地完成实习任务，达到大纲规定的全部要求。实习报告能对实习内容进行全面、系统的总结，并能灵活运用所学知识及技能对某些问题加以分析；在考核时比较圆满地回答问题，有某些独到见解；实习态度端正，实习期间无违纪行为。

　　良好（80~89 分）：能较好地完成实习任务，达到大纲规定的全部要求。实习报告能对实习内容进行全面总结；考核时能圆满地回答问题；实习态度端正，实习期间无违纪行为。

　　中等（70~79 分）：能完成大部分实习任务，达到大纲规定的全部要求。实习报告能对实习内容进行比较全面的总结；考核时能正确地回答主要问题；实习态度端正，实习期间无违纪行为。

　　及格（60~69 分）：能完成实习的主要任务，达到大纲规定的基本要求。能完成实习报告，内容基本正确，但不够完整、系统；考核时能正确地回答主要问题；实习态度基本端正，实习期间虽然有轻微违纪行为，但能深刻认识、及时纠正。

　　不及格（60 分以下）：凡具备下列条件者，均以不及格论。

① 未达到大纲中规定的基本要求，实习报告抄袭别人或马虎潦草或内容有明显错误。考核时不能回答主要问题或有原则性错误。

② 未能参加实习时间超过全部实习时间的三分之一以上者。

③ 实习中有违纪行为，教育不改，或有严重违纪行为者。

附：实习报告正文模板

（1）实习单位简介

主要包括公司概况、主要产品、企业文化等内容。

（2）实习岗位说明

主要包括岗位技术概况、产品生产工艺技术特点。

（3）岗位操作规程及工艺技术分析

主要包括该岗位操作涉及的主要原理、采用的工艺流程、选用的设备、工艺参数设置及开停车工艺操作要点、安全注意事项等。

（4）生产中存在的问题分析与合理化建议

（5）实习取得的成绩及不足

（6）对实习工作的建议、总结和感想，实习报告不少于 8000 字

实习报告装订顺序：封面、目录、正文、参考文献、封底。封面内容包括学校、院系、专业、学生姓名、学号、实习报告题目等内容。用 A4 纸打印，左侧装订。

排版要求：封面实习报告题目采用小二号宋体、加粗、居中，其余需填写的内容均为三号宋体、加粗、居中。"目录"两字采用小二号黑体、居中，"目录"两字空四格，目录与正文空一行。正文采用小四号宋体。

参考文献格式如下。

连续出版物：［序号］作者. 题名. 刊名，年，卷号（期号）：起-止页码.

专（译）著：［序号］作者. 书名. 译者，译. 出版地：出版者，出版年：起-止页码.

论文集：［序号］作者. 题名. 编者. 文集名. 出版地：出版者，出版年：起-止页码.

学位论文：［序号］作者. 题名. 保存地点：保存单位，授予年.

专利：［序号］申请者. 专利题名：专利国别，专利号. 公告日期或公开日期.

技术标准：［序号］发布单位. 技术标准代号：技术标准名称. 出版地：出版者，出版日期.

1.5 实习的注意事项

1.5.1 对指导教师的要求

① 严谨治学、以身作则、为人师表、师德高尚、教态适宜、仪表整洁、举止大方、语言文明，真正做到教书育人。

② 实习教师在实习前应做好各项准备，包括与企业方面协调制定好实习计划，确定好实习期间用车、住宿，进行实习动员，实习前校内模拟实习指导等。

③ 实习期间定期指导学生，检查进度和质量，并批阅学生实习笔记，注意加强培养学生良好的职业素质。特别注意学生实习期间的安全，做好应急预案，一旦出现任何意外情况，应及时向学校主管部门报备，妥善处理相关问题。

④ 实习教师应与实习学生、学生家长及企业保持密切联系，协调好各个方面的关系。

⑤ 在学生实习后期要指导学生撰写实习报告，保证实习质量。实习任务完成后，及时听取实习单位对学生实习的反馈意见，批改、评价学生实习日记、报告，做好实习总结。

1.5.2 对学生的要求

① 明确实习教学大纲、实习目的及要求，在思想、知识技能等方面做好充分的准备。

② 自觉遵守国家法律、学校、实习单位的各项规章制度和保密制度。进入厂区要穿工作服、胶底鞋，戴好安全帽。不能穿凉鞋、拖鞋及高跟鞋等不利于安全生产的着装。男生不能穿背心、女生不能穿裙子。

③ 服从指导教师要求和安排，往返实习场所应在教师安排下集体行动。

④ 实习期间一般不得请假，确有急事、突发事件需请假，严格考勤，遵守作息时间，不迟到，不早退。

⑤ 虚心向工程技术人员学习，尊重知识、敬重他人。认真完成实习内容，充分利用所学知识分析、解决实际问题，收集相关学习资料撰写并按时提交实习日记和报告。

思考题

（1）请简述生产实习的目的、任务及意义。

（2）为保证安全实习，高效达成实习目标，师生应该做好哪些准备工作？

第 **2** 章

高分子合成企业生产实习

2.1 高分子合成企业生产实习任务及要求

① 了解高分子合成企业的组织结构、生产组织及管理模式；

② 熟悉原料车间、合成车间、质检车间的布置、规划及管理特点；

③ 熟悉高分子合成的基本特点；

④ 掌握高分子材料生产、检验岗位所需的基础知识和基本技能；

⑤ 熟悉釜式反应器、管式反应器、塔式聚合反应器的结构、操作方法以及事故处理方法等；

⑥ 熟悉聚氯乙烯、聚丙烯、ABS 树脂等产品的合成工艺、技术参数及控制方法；

⑦ 了解高分子合成过程中的节能措施，废水、废气、废渣的处理方法。

2.2 高分子合成过程的特点

高分子的合成过程与普通小分子酸、碱及有机、无机化合物不同，具有以下特征。

① 原料为含有不饱和键或者活性官能团的单体。单体通过自由基聚合、离子聚合、缩聚等反应生成聚合物。通常，双官能团或单个双键的单体易形成线型高分子，两个双键的单体主要生成线型结构弹性体，三官能团的化合物容易制成热固性的合成树脂。

② 合成过程中的热力学、动力学不同于一般有机反应。例如，加聚反应为连锁反应，经历链引发、链增长、链终止及链转移等多个步骤，每个步骤具有不同的反应速率，直接影响分子量、分子结构和转化率。

③ 产物分子量存在多分散性。根据用户需求，通过合成方法、配方、聚合条件等调节聚合物分子量及分子量分布。

④ 产品品种繁多，工艺差别大，涉及的反应器及辅助设备要求不一。当生成物为高黏度的产品时，对体系的传质、传热要求高。

2.3 原料的准备

合成高分子的常用原料包括：单体、有机溶剂、引发剂、催化剂、水及助剂等。

（1）单体

单体主要有烯烃、二烯烃、炔烃、多元酸、多元醇、二异氰酸酯、苯酚、甲醛、己内酰胺、马来酸等。

由于水分、醇类、醛类等极性物质对聚合具有破坏作用，影响高分子的分子量及结构，因此通常要求单体纯度达到99%（质量分数）以上。

为防止单体在存储过程中发生自聚，单体原料中往往含有阻聚剂，在反应前需除去。例如甲基丙烯酸甲酯中常含有对苯二酚阻聚剂，可采用5%～10%（质量分数）氢氧化钠溶液水洗、蒸馏的方法除去阻聚剂再使用。

（2）有机溶剂

有机溶剂主要有苯、甲苯、庚烷、己烷、加氢汽油、氯乙烷、丙酮、醋酸、酯类、环己酮等。

单体和溶剂在生产中用量最大，且多为有机化合物，易燃、易爆、有毒。因此，在存储、使用过程中需对上述物质低温储存，防止接触空气，盛放的容器不能有渗漏，若单体和溶剂是低沸点物质，盛放的容器还应耐高压。存储区应禁烟、禁火、避免阳光直射，注意降温、隔热，有条件的需安装降温设备。

需要指出，超临界状态下CO_2既具有类似气体的低黏度和高扩散性，又具有类似液体的溶剂强度，且表面张力较低。为减少高分子合成中有机溶剂的用量，有研究者以超临界二氧化碳为溶剂，合成含氟非晶态聚合物和聚有机硅氧烷等高分子，取得一定进展。

（3）引发剂及催化剂

自由基引发剂有水溶性和油溶性两大类。

水溶性引发剂及催化剂包括过硫酸盐及氧化还原引发体系，使用前用水配成一定浓度后，加入高位计量槽中备用。

油溶性引发剂和催化剂主要包括有机过氧化物和偶氮化合物，加入单体中溶解后混合均匀备用。该类引发剂分解后易引起爆炸，需注意防火、防爆、防止碰撞。固态的有机过氧化物宜存储在低温环境中。为防止爆炸燃烧，储存地方需保持潮湿状态，小包装保存；液态的过氧化物加入一定量的溶剂稀释，降低浓度。上述两类引发剂要求纯度高，不能有过多杂质。

离子型聚合反应用催化剂主要包括阳离子催化剂（BF_3、$TiCl_4$、$AlCl_3$、$SnCl_4$、$VOCl_3$等）和配位络合物（Ti-Al、Ni-Al-B、V-Al等金属烷基化合物及金属氯化物等）。上述催化剂不能与水及空气中的氧、醇、醛、酮等极性化合物接触，与水作用后催化剂易爆炸分解，失去活性。烷基金属化合物遇氧后会发生爆炸，使用时要防止与水和极性化合物作用。

（4）水及助剂

根据聚合反应要求需将水及助剂的相关含量控制在合理范围。例如，离子聚合中，少量水会破坏催化剂，使其失去活性，因此在阴离子聚合中必须去除。

2.4　聚合工艺

高分子聚合反应主要有连锁聚合和逐步聚合两大类。

通常加聚反应属于连锁聚合，缩聚反应属于逐步聚合。自由基与离子型聚合反应均是连锁聚合反应，反应中高分子量聚合物的形成是瞬间的，自由基、阴离子或阳离子一旦产生，就会与许多单体发生加成反应，迅速增长为大分子。在整个聚合反应过程中，单体浓度随聚合物分子的数目增加而降低，在任何时刻聚合反应的混合物中，只含有单体生成的聚合物和增长的聚合物链段。在整个聚合反应时间内，随着单体转化率增加，聚合物分子的数目增加，但聚合物的分子量却是相对不变的。这种聚合反应通常由一系列基元反应完成，包括链的引发、链的增长和链的终止反应。

链引发：$I \longrightarrow R^*$

　　　　$R^* + M \longrightarrow RM^*$

链增长：$RM^* + M \longrightarrow RM_2^*$

　　　　$RM_2^* + M \longrightarrow RM_3^*$

　　　　$RM_{(n-1)}^* + M \longrightarrow RM_n^*$

链终止：$RM_n \longrightarrow$ 死聚合物

其中，I 代表引发剂；R^* 代表引发剂形成的活性种；M 代表聚合单体；"$*$"代表活性种的类型，可以是自由基、阳离子或阴离子；RM 代表生成的聚合物大分子。

各步反应的速率和机理不同，链的引发可由外界提供给单体一定能量，使其产生反应的活性中心，也可以加入高活性的物质与单体进行引发反应。一旦引发，增长的聚合物分子链就有很高的活性，直到活性中心失活为止。在很多情况下链的终止反应比链的增长反应快，如果得到的聚合物是高分子量的聚合物，链的增长反应应当占优势。

2.4.1　自由基聚合

自由基聚合（free radical polymerization），又称游离基聚合，可用于制备低密度聚乙烯、聚苯乙烯、聚氯乙烯、聚甲基丙烯酸甲酯、聚丙烯腈、聚醋酸乙烯、丁苯橡胶、丁腈橡胶、氯丁橡胶等高分子。

自由基聚合是由自由基引发，使链增长（链生长）自由基不断增长的聚合反应。常采用引发剂的受热分解或二组分引发剂的氧化还原生成自由基，也可通过紫外线辐照、高能辐照、电解和等离子体引发等方法产生自由基。

自由基聚合反应如前所述属链式聚合反应，主要分为链引发、链增长、链终止和链转移四个基元反应。

（1）链引发

反应主要分两步：首先形成初级活性自由基，然后初级活性自由基引发单体生成单体自由基。主要的副反应是氧、杂质与初级游离自由基或活性单体相互作用，使聚合反应受阻。一般由引发剂引发反应。常用的引发剂有偶氮二异丁腈、偶氮二异丁酸二甲酯、偶氮二异丁脒盐酸盐（V50）等偶氮类引发剂，过氧化苯甲酰（BPO）等过氧类引发剂或过硫酸铵-硫酸亚铁等氧化还原引发剂。此外，光、热、辐射亦可引发反应。

（2）链增长

链增长是活性单体反复地和单体分子迅速加成，形成大分子自由基的过程。链增长反应能否顺利进行，主要取决于单体自由基的结构特性、体系中单体的浓度及与活性链浓度的比例、杂质含量以及反应温度等因素。

（3）链终止

链终止指自由基消失形成稳定聚合物分子的过程。终止的主要方式有单基终止和双基终止。双基终止是发生两个活性链自由基的耦合或歧化反应而达到终止反应目的，或二者同时存在。当出现体系黏度过大等情况不能双基终止时则只能单基终止。

（4）链转移

链自由基从单体、引发剂、溶剂或大分子上夺取一个原子而终止，被夺去原子的分子接受链自由基转移的电子成为新自由基，继续新链的增长。向低分子转移的反应通式为：

$$R \sim\sim\sim CH_2CH \cdot \ +YS \longrightarrow R \sim\sim\sim CH_2CHY \ + \ S \cdot$$
$$\quad\quad\quad | \quad\quad\quad\quad\quad\quad\quad\quad\quad\quad\quad | $$
$$\quad\quad\quad X \quad\quad\quad\quad\quad\quad\quad\quad\quad\quad\quad X$$

增长链向低分子量物质转移的结果是聚合物的分子量减小。

自由基聚合反应在高分子合成工业中是应用最广泛的化学反应，大多烯类单体的聚合或共聚都采用自由基聚合，所得聚合物是线型高分子化合物。按反应体系的物理状态，自由基聚合的实施方法有本体聚合、溶液聚合、悬浮聚合、乳液聚合和超临界二氧化碳聚合五种聚合方法。它们的特点不同，所得产品的形态与用途也不相同，下面简单介绍前四种。

2.4.1.1 本体聚合

一般，本体聚合是不加任何其他介质，只有单体在引发剂、热、光、辐射等引发下进行的聚合。有时，根据应用目的及性能要求，会加入少量色料、增塑剂、润滑剂、分子量调节剂等助剂。因此本体聚合的主要特点是产物纯净，工艺过程、设备简单，适于制备透明和电性能好的板材、型材等制品。气态、液态、固态单体均可进行本体聚合，液态单体的本体聚合最重要。

本体聚合不足之处：反应体系黏度大，自动加速显著，聚合反应热不易导出，温度不易控制，易局部过热，引起分子量分布不均。

（1）本体聚合工艺

针对本体聚合法聚合热难以散发的问题，工业生产上多采用两段聚合工艺。第一阶段为预聚合，可在较低温度下进行，转化率控制为 $10\%\sim30\%$，一般在自加速以前，这时体系黏度较低，散热容易，聚合可以在较大的釜内进行。第二阶段继续进行聚合，在薄层或板状反应器中进行，逐步升温，提高转化率。由于本体聚合过程反应温度难以控制恒定，所以产品的分子量分布比较宽。

本体聚合的后处理主要是排除残存在聚合物中的单体。常采用的方法是将熔融的聚合物在真空中脱除单体和易挥发物，所用设备为螺杆或真空脱气机。也可用泡沫脱气法，将聚合物在压力下加热使之熔融，然后突然减压使聚合物呈泡沫状，促进单体的逸出。

（2）本体聚合反应器

工业上为解决聚合反应热的难题，在设计反应器的形状、大小时要考虑传热面积等。

自由基本体聚合所用的反应器有以下几种。

① 模型式反应器。主要适宜于本体浇铸聚合以制备板材、管、棒材等。模型的形状与尺寸大小根据制品的要求而定，同时要考虑到聚合时的传热问题。

② 釜式反应器。带有搅拌装置的聚合釜，由于后期物料是高黏度流体，多采用螺带式（如单螺带或双螺带）搅拌釜，操作方式有间歇、连续两种操作。也有根据聚合过程中黏度的变化采用多个聚合釜串联，分段聚合的连续操作方式。

③ 本体连续聚合釜。连续聚合反应器有管式和塔式反应器两种。一般的管式反应器为空管，物料在管式反应器中呈层流状态流动。有的管式反应器在管内装有固定式混合器。

塔式反应器相当于放大的管式反应器，无搅拌装置，物料在塔中呈柱塞状流动。

2.4.1.2 溶液聚合

溶液聚合是将单体和引发剂溶于适当溶剂中进行聚合的方法。溶液聚合反应生成的聚合物溶解在所用的溶剂中为均相聚合，如聚合物不溶于所用溶剂中而沉淀析出，则为非均相聚合，又称沉淀聚合。

溶液聚合过程中使用溶剂，使体系黏度降低，因此混合和传热较易，温度容易控制，凝胶效应较少，可以避免局部过热。但是，由于溶液聚合过程中使用溶剂，体系单体浓度低，聚合速率较慢，设备生产能力与利用率下降。如生产固体产品，则需进行后处理，溶剂的回收费用高，会增加生产成本。因此工业上溶液聚合多用于聚合物溶液直接使用的场合，如涂料、胶黏剂、浸渍剂、分散剂、增稠剂等。如果要求得到固体聚合物，则可在溶液中加入与溶剂互溶而与聚合物不溶的其它溶剂使聚合物沉淀析出，再经分离、干燥而得到固体聚合物。

(1) 溶剂的选择

溶液聚合所用溶剂主要是有机溶剂或水。溶剂的选择在溶液聚合中是很重要的。在自由基溶液聚合中选择溶剂时要注意溶剂对引发剂的诱导分解作用，以及对链自由基的链转移反应。

可按聚合产品对分子量的要求，参考 C_s 值来选择溶剂。（C_s 值是溶质在固定相中的浓度。要求获得高分子量产品应选择 C_s 值小的溶剂，要求获得较低分子量产品则应选择 C_s 值高的溶剂。）

根据溶剂对聚合物溶解性能和聚合产品的用途选择适当的溶剂。常用的有机溶剂有醇、酯、酮、苯等。

离子聚合选用溶剂时首先要考虑溶剂的溶剂化能力，其次再考虑链转移反应。

(2) 溶液聚合工艺

选用有机溶剂时，引发剂为可溶于有机溶剂的过氧化物或偶氮化合物。根据反应温度和引发剂的半衰期选择适当的引发剂。

用水作为溶剂时，采用水溶性引发剂，如过硫酸盐及其氧化-还原体系。

溶液聚合反应在溶剂的回流温度下进行，所以大多选用低沸点溶剂。为了便于控制聚合反应温度，溶液聚合通常在釜式反应器中半连续操作。直接使用的聚合物溶液，在结束反应前应尽量减少单体含量，或采用化学方法或蒸馏方法将残留单体除去。要得到固体物料需经过后处理，即采用蒸发、脱气挤出、干燥等脱除溶剂与未反应单体制得粉状聚合物。

通过改变引发剂用量、单体与溶剂的用量比、添加分子量调节剂等可调节产物的分子量。

2.4.1.3 悬浮聚合

溶有引发剂的单体以液滴状悬浮于水中进行自由基聚合的方法称为悬浮聚合法，是工业生产中常采用的聚合物制备方法。通常，水为连续相，单体为分散相，聚合在每个小液滴内进行，反应机理与本体聚合相同，可看作小球内本体聚合。根据聚合物在单体中的溶解性有均相、非均相聚合之分。将水溶性单体的水溶液作为分散相悬浮于油类连续相中，在引发剂的作用下进行聚合的方法，称为反相悬浮聚合法。

悬浮聚合体系一般由单体、引发剂、水、分散剂四个基本组分组成。不溶于水的单体在强力搅拌作用下，被粉碎分散成小液滴，它是不稳定的，随着反应的进行，分散的液滴又可能凝结成块，为防止黏结，体系中必须加入分散剂。

悬浮聚合产物的颗粒粒径一般为 $0.05 \sim 0.2\text{mm}$。其形状、大小随搅拌强度和分散剂的性质而定。

悬浮聚合法以水为介质，体系黏度低，传热好，温度易控制。产品分子量及其分布比较稳定。产物是固体微粒，后处理简单，只需经离心、干燥即可，因此成本较低。

悬浮聚合不足之处：存在自动加速效应，使聚合速度不易控制；产品中的分散剂不能被彻底清除，影响产品纯度。

（1）成粒机理与分散作用

① 成粒机理。悬浮聚合的单体苯乙烯、氯乙烯等在水中溶解度很小，基本与水不相溶，只是浮在水面呈两层。在搅拌器强烈的剪切作用下，单体液层分散成液滴。

加有分散剂的悬浮聚合体系，当转化率达到 $20\% \sim 70\%$ 时，液滴进入发黏阶段，如果不搅拌则有黏结成块的危险，因此在悬浮聚合中，搅拌和分散剂是两个重要因素。

② 分散剂及其作用。工业生产用的分散剂主要有保护胶类分散剂和无机粉末状分散剂两大类。

保护胶类分散剂：通常是水溶性高分子化合物，如明胶、蛋白质、淀粉、纤维素衍生物、海藻酸钠等天然高分子化合物，部分水解的聚乙烯醇、聚丙烯酸及其盐、磺化聚苯乙烯、马来酸酐-苯乙烯共聚物等合成高分子化合物。这类分散剂能吸附在液滴表面，形成一层保护膜，起着保护胶体的作用。

碳酸盐、磷酸盐、滑石粉、高岭土等无机粉末状分散剂则是细粉末吸附在液滴表面，起着机械隔离作用，较适合于高温聚合。通常，悬浮聚合反应结束以后，无机粉末状分散剂易用稀酸洗脱，因而所得聚合物所含杂质较少。

分散剂种类的选择与用量的确定随聚合物种类和颗粒要求而定。有时在悬浮聚合体系中还加入少量的助分散剂，如十二烷基硫酸钠、聚醚等。分散剂的用量为单体量的 0.1%（质量分数）左右，助分散剂用量是 $0.01\% \sim 0.03\%$（质量分数）。

（2）悬浮聚合工艺

悬浮聚合法的典型生产工艺过程：将单体、水、引发剂、分散剂、助分散剂、pH调节剂等加入反应釜中，加热，恒温下进行聚合，反应结束后回收未反应单体，离心脱水、干燥得产品。其中，单体浓度＞99.98%（质量分数），引发剂用量为单体量的 $0.1\% \sim 1\%$（质量分数）。

去离子水、分散剂、助分散剂、pH 调节剂等组成水相。水相与单体质量比在 $(50：50)\sim(75：25)$ 范围内，各种悬浮聚合采用间歇操作。

2.4.1.4 乳液聚合

乳液聚合是单体在乳化剂和机械搅拌作用下，在分散介质中分散成乳状液而进行的聚合反应。乳液聚合体系的组成比较复杂，一般是由单体、分散介质、引发剂、乳化剂四组分组成。经典乳液聚合的单体是油溶性的，分散介质通常是水，选用水溶性引发剂。当选用水溶性单体时，则分散介质为有机溶剂，引发剂是油溶性的，这样的乳液体系称为反相乳液聚合。

乳液聚合在工业生产上应用广泛，很多合成树脂、合成橡胶均是采用乳液聚合方法合成，在高分子合成工业中具有重要意义。

乳液聚合最大的特点是可同时提高聚合速率与分子量，还具有以下优点。

① 以水为分散介质，价廉安全。体系黏度低，易传热，反应温度容易控制。

② 聚合速率快，分子量高，可以在较低的温度下聚合。

③ 适宜于直接使用胶乳的场合，如乳胶漆、黏结剂等的生产。

乳液聚合的不足之处：产品中留有乳化剂等物质，影响产物的电性能。要求得到固体产品时，乳液需经过凝聚（破乳）、洗涤、脱水、干燥等工序，生产成本较高。

(1) 乳液聚合机理

1) 乳化作用

单体在水中借助于乳化剂分散成乳液状态，油水转变成相当稳定的难以分层的乳液。乳化剂分子由亲水的极性基团和亲油的非极性基团构成，乳液体系能起乳化作用。

乳化剂的作用是降低表面张力，使单体分散成细小的液滴；在液滴表面形成保护层，防止凝聚，使乳液保持稳定；增溶作用，使部分单体溶于胶束内。

乳化剂有阳离子型、阴离子型、两性型和非离子型四类。用于乳液聚合的大多是阴离子型和非离子型的乳化剂。极性基团是阴离子的为阴离子乳化剂，如十二烷基硫酸钠 $(C_{12}H_{25}SO_4Na)$、松香皂等。它在碱性溶液中比较稳定。

非离子乳化剂在水中不能解离为正、负离子，其典型代表是环氧乙烷聚合物，或环氧乙烷和环氧丙烷嵌段共聚物、聚乙烯醇等。非离子乳化剂在乳液聚合过程中不能单独使用，常用作辅助乳化剂，加入少量，可改善乳液稳定性、乳胶粒的粒径和粒径分布。

当乳化剂浓度很低时，乳化剂以分子状态溶解于水中，当浓度达到一定值后，乳化剂分子形成胶束，乳化剂开始形成胶束时的浓度为临界胶束浓度，简称 CMC，此时的浓度为 $0.01\%\sim0.03\%$（质量分数）。在大多数乳液聚合中，乳化剂的浓度为 $2\%\sim3\%$（质量分数），超过 CMC 值 $1\sim3$ 个数量级，所以大部分乳化剂处于胶束状态。胶束的数目和大小取决于乳化剂的量。在典型的乳液聚合中，胶束的浓度为 $10^{17}\sim10^{18}$ 个/cm^3。

2) 聚合机理

乳液聚合也经链引发、链增长、链终止等几步反应。在乳液聚合过程中，聚合体系的基本组分分别以不同的状态存在，其变化情况如下。

① 聚合过程相态变化。聚合反应开始前，单体与乳化剂分别以下列三种相态存在：

a. 水相中，极少量的单体和少量的乳化剂，大部分引发剂；

b. 单体液滴，由大部分单体分散成的液滴，表面吸附着乳化剂分子，形成稳定的乳液；

c. 胶束，由大部分乳化剂分子聚集而成，一般每个胶束由 50～100 个乳化剂分子组成，其中一部分为含有单体的增溶胶束。

在水相中的引发剂分解产生的自由基扩散进入胶束内，引发胶束中溶有的单体进行聚合。随着聚合的进行，水相单体不断进入胶束，补充消耗的单体，单体液滴中的单体又溶解到水相，形成一个动态平衡。由此可见胶束是进行乳液聚合的反应场所，单体液滴是提供单体的仓库。

在聚合反应初期，反应体系中存在三种粒子，即单体液滴、发生聚合反应的胶束（称作乳胶粒）和没有反应的胶束。随着反应进行，胶束数减少，直至消失，乳胶粒数逐渐增加到稳定。反应进入聚合中期，乳胶粒数稳定，单体液滴数减少。到反应后期，单体液滴全部消失，乳胶粒不断增大，体系中只有聚合物乳胶粒。这就是聚合过程中体系组成的变化。

② 成核机理。胶束进行聚合后形成聚合物乳胶粒的过程，又称为成核作用。

乳液聚合粒子成核作用的机理由两个同步过程构成。一个过程是自由基（包括引发剂分解生成的初级自由基和溶液聚合的短链自由基）由水相扩散进入胶束，引发链增长，这个过程为胶束成核。另一个过程是溶液聚合生成的短链自由基在水相中沉淀出来，沉淀粒子从水相和单体液滴上吸附了乳化剂分子而变得稳定，接着又扩散入单体，形成与胶束成核同样的粒子，这个过程叫均相成核。胶束成核作用和均相成核作用的相对程度将随着单体的水溶解度和表面活性剂的浓度而变化。单体较高的水溶性和低的表面活性剂浓度有利于均相成核；水溶性低的单体和高的表面活性剂浓度则有利于胶束成核。对有一定水溶性的醋酸乙烯酯，均相成核作用是粒子形成的主要机理，而对亲油性较强的苯乙烯，主要是胶束成核机理。

③ 聚合过程。典型的乳液聚合根据乳胶粒数的变化可将聚合过程分为三个阶段，即聚合物乳胶粒子形成阶段；聚合物乳胶粒子与单体液滴共存阶段；单体液滴消失、聚合物乳胶粒子内单体聚合阶段。

第 Ⅰ 阶段——乳胶粒生成期，即成核期。从开始引发到胶束消失，整个阶段聚合速率递增。转化率可达 2%～15%。

第 Ⅱ 阶段——恒速阶段。自胶束消失开始到单体液滴消失。胶束消失，乳胶粒数恒定，体积增大，单体液滴消失，乳液聚合速度恒定，转化率达 50%。

第 Ⅲ 阶段——降速期。单体液滴消失后，乳胶粒内继续进行链引发、链增长、链终止，直到乳胶粒内单体完全转化。乳胶粒数不变，体积增大，最后粒径可达 500～2000nm。

聚合速率随乳胶粒内单体浓度的减少而下降。

(2) 乳液聚合工艺

乳液聚合法是高分子合成工业的重要生产方法之一，主要生产合成橡胶、合成树脂、黏合剂和涂料用胶乳等。工业上用乳液聚合方法生产的产品有固体块状物、固体粉状物和流体状胶乳。如丁苯橡胶、氯丁橡胶、聚氯乙烯糊用树脂及丙烯酸酯类胶乳。

在乳液聚合工艺配方中除以上组分外，还加入缓冲剂、分子量调节剂、电介质、链终止剂、防老剂等添加剂。

乳液聚合过程是按配方分别向聚合釜内投入水、单体、乳化剂及其它助剂，然后发生升温反应。根据聚合釜的加料方式，可分为间歇操作、半连续操作和连续操作，都在带有搅拌装置的聚合釜内进行反应。间歇操作、半连续操作在单釜内进行聚合反应，而连续操作则采用多釜串联的方式进行聚合反应，通常由4～12个釜组成一组生产线。

　　胶乳用作涂料、黏合剂等就可直接使用，不必再处理；必要时需调整含固量，可采用稀释或浓缩的方法。如要得到粉状胶乳，可采用喷雾干燥的方式。将胶乳连续送入喷雾干燥塔，喷入热空气与雾化的胶乳接触，经干燥成为粉状颗粒。

　　另外还可用凝聚法进行后处理，简单的方法是在胶乳中加入破乳剂将聚合物分离出后，再进行洗涤、干燥即得分散性的胶乳粉末。凝聚法因能去除大部分乳化剂，产物纯度高于喷雾干燥法。

(3) 乳液聚合的发展

　　近几年，典型的乳液聚合法在理论上获得了很大进展，由 Harkins、Smith 和 Ewart 等人建立了乳液聚合机理和动力学模型，同时也有很多学者提出了壳层或核-壳层模型等一些有参考价值的理论。同时在乳液聚合技术方面也在不断发展和创新，出现了许多新的乳液聚合方法，如水溶性单体的反相乳液聚合、核壳乳液聚合、无皂乳液聚合、乳液定向聚合、乳液辐射聚合、乳液接枝共聚及种子乳液聚合等，为乳液聚合技术领域提供了丰富的新内容，使乳液聚合在高分子合成工业的应用更为广泛。采用无皂乳液聚合法可以得到粒子规整的单分散聚合物，核壳乳液聚合法可以通过调整核、壳两部分的化学组成、分子量及玻璃化转变温度来达到产物所需的性能要求。这些为开发性能优越的新产品提供了更多的渠道。

　　上述自由基聚合的四种实施方法特点比较请见表 2-1。

表 2-1　四种聚合方法的特点

项目	本体聚合	溶液聚合	悬浮聚合	乳液聚合
配方	单体 引发剂	单体 引发剂 溶剂	单体 引发剂 水、分散剂	单体 水溶性引发剂 水、乳化剂
聚合场所	本体内	溶液内	单体溶液内	胶束和乳胶粒子内
聚合机理	遵循自由基聚合的一般规律,提高速率的因素往往使分子量下降			能同时提高聚合速率和分子量
生产特征	散热难、自加速、设备简单、易制板材	散热易、反应平稳、产物直接使用	散热易、产物需经后处理、增加工序	散热易、产物呈固态时要后处理、也可直接使用
产品特征	纯度高、分子量分布宽	纯度、分子量较低	比较纯、但有分散剂	含有少量乳化剂
主要操作方法	间歇、连续	连续	间歇	连续

2.4.2　离子聚合

　　"离子聚合"即"离子型聚合反应"（ionic polymerization），是指聚合物的一种或几种单体在引发剂（或称为催化剂和助催化剂）的作用下，按离子型活性中心反应聚合成高分子化合物的过程。其反应机理一般为连锁反应，按链增长活性中心离子的性质，可分为阴（或负）离子型聚合反应（anionic polymerization），增长链活性中心为阴离子；阳（或正）离子型聚合反应（cationic polymerization），增长链活性中心为阳离子。早在 20 世纪初就有人从事离子型聚合反应的研究，直到 1956 年发现活性阴离子聚合以后，才使离子聚合真正发展。经过几十年的研究，阴离子聚合发展很快，相比之下，阳离子聚合发展比较缓慢。

工业化的阳离子聚合的产品有聚异丁烯、丁基橡胶、聚甲醛等。用阴离子聚合生产的有低顺丁橡胶（顺式-1,4 结构的含量约为 35%）、高顺聚异戊二烯橡胶（顺式-1,4 结构占 90%～94%）、SBS 热塑性橡胶和聚醚等。

与自由基反应相比，离子聚合反应具有以下特点。

① 通常在较低温度下进行。大多数聚合反应温度低于 0℃，而自由基聚合几乎都在 0℃ 以上，甚至超过 50℃ 的温度下进行的。

② 离子型聚合反应的活化能总是小于相应的自由基聚合的活化能，甚至可能是负值。

③ 离子型聚合反应对反应介质的极性和溶剂化能力的变化较敏感，条件相对苛刻，因此在工业上的应用不如自由基聚合广泛。

④ 离子型聚合反应不受自由基猝灭剂加入的影响。

2.4.2.1 阳离子型聚合反应

阳离子聚合单体为具有强推电子取代基的烯烃及有共轭效应的单体，例如乙烯、异丁烯、异戊二烯等。所用引发剂为亲电子的质子给体。其作用是能提供质子氢和碳阳离子，与单体结合，引发反应。例如含氢酸、Lewis 酸等。

以含双键的烯烃单体为例，在含氢酸的引发下其聚合过程如下。

链引发：含氢酸的氢离子与打开双键的单体结合形成碳阳离子活性中心，与反离子形成离子对；

链增长：含双键单体的双键打开，不断插到碳阳离子和反离子中间，使活性中心的链不断增长；

链终止：链终止可以是向单体链转移而终止，也可以是自发的终止，或向反离子转移终止。

$$\sim\sim CH_2-\underset{\underset{R}{|}}{\overset{\overset{H}{|}}{C}}{}^{\oplus}B^{\ominus} \longrightarrow \sim\sim CH=\underset{R}{\overset{|}{C}}H + H^{\oplus}B^{\ominus}$$

阳离子具有很高的活性，其聚合过程快引发、快增长、易转移、难终止，通过单分子自发终止或向单体、溶剂等链转移终止。因此阳离子型聚合反应极易发生各种副反应，很难获得高分子量的聚合物。

2.4.2.2　阴离子型聚合反应

阴离子型聚合反应与阳离子型聚合反应一样，都是连锁反应，也分为链引发、链增长和链终止三个步骤，都存在离子对，但阴离子型聚合反应所用的引发剂体系大多为 Lewis 碱、亲核试剂，在一定条件下可实现活性聚合，即无终止反应。利用此原理可制备嵌段共聚物、接枝共聚物及带有继续反应官能团的高分子化合物。

阴、阳离子聚合的对比请见表 2-2。

表 2-2　阴、阳离子聚合对比

对比项目	阳离子聚合	阴离子聚合
引发剂种类	亲电试剂，主要是 Lewis 酸，需共引发剂	亲核试剂，主要是碱金属及其有机化合物
单体结构	带有强推电子取代基的烯类单体（如异丁烯、α-烯烃和烷基乙烯基醚），共轭烯烃（活性较小）	带有强吸电子取代基的烯类单体（如带羰基、氰基等烯类单体），共轭烯烃
聚合机理	具有相同电荷，不能双基终止，无自加速现象；向单体、反离子、链转移剂终止	往往无终止，活性聚合物，添加其它试剂终止
机理特征	快引发、快增长、易转移、难终止	快引发、慢增长、无终止
阻聚剂种类	极性物质，水、醇，碱性物质，苯醌	极性物质，水、醇，酸性物质，CO_2

2.4.2.3　离子型聚合反应的工业应用

离子型聚合反应经过几十年的发展，理论成熟，聚合反应机理研究深入，已成功应用于工业实践，开发出许多诸如工业化的阳离子聚合的产品有聚异丁烯、丁基橡胶、聚甲醛、聚乙烯亚胺、阳离子聚丙烯酰胺（CPAM）等。用阴离子聚合生产的有低顺丁橡胶（顺式-1,4 结构的含量约为 35%）、高顺聚异戊二烯橡胶（顺式-1,4 结构占 90%～94%）、阴离子聚丙烯酰胺（APAM）、装置规模 SBS 热塑性橡胶和聚醚等。其生产装置规模从数千吨到数万吨，甚至十万吨以上，成功地应用于各个工业和民用领域。

2.4.3　缩合聚合

缩合聚合是指具有两个或两个以上反应官能团的单体之间反复发生缩合反应生成聚合物，同时放出小分子（水、氢和醇等）的过程。

按参加反应的单体种类，分为只有一种单体进行的均缩聚；两种或两种以上单体进行的共缩聚。按生成聚合物分子结构的不同，分为线型缩聚和体型缩聚。按反应实施方法分为熔融缩聚、溶液缩聚、界面缩聚和固相缩聚。缩聚反应大多是可逆反应和逐步反应，分子量随反应时间增加而逐渐增大，单体的转化率几乎与时间无关。

大部分缩聚物是杂链的聚合物，分子链中含有原单体的官能团结构特征，如含有酰胺键、酯键、醚键等。因此，缩聚物容易被水、醇、酸等药品水解、醇解和酸解。尼龙、涤纶、环氧树脂等都是通过缩聚反应合成的。

2.5 聚合物的分离及后处理

聚合反应完成后需将产物与未反应的单体、残留的引发剂、催化剂及其他未参加反应的试剂进行分离以提高产品纯度并通过回收单体、引发剂等方式降低生产成本。

合成方法不同，产品不同，分离的方法也不一样。

本体聚合及熔融聚合中单体的转化率较高，几乎能完全转化为高分子，一般不需要分离，可以将高黏度的熔体直接铸带，进行后处理。或者在高温状态下、在高真空状态下将未反应的单体或低聚物脱除，也可使熔体和高黏度的聚合物呈线型流动或薄层流动，加大脱除单体表面，使单体易于扩散脱除。

悬浮聚合得到的聚合物呈圆珠状，分散在水中，未反应的单体及分散剂、悬浮剂等的分离可采用下面方法。首先，采用蒸汽蒸馏或液化闪蒸将单体脱除，利用离心过滤和离心洗涤等方法除去分散剂、悬浮剂，再用洁净水反复洗涤保证聚合物中无杂质。

乳液聚合的分离稍微复杂。聚合后，未反应的单体含量较多，例如丁二烯与苯乙烯共聚，转化率为 $70\%\sim80\%$，而且两者的沸点相差较大，制备的乳液在凝聚前，先脱单体，采用闪蒸法除去低沸点的二烯烃，使液体丁二烯闪蒸汽化，进行回收，在减压蒸馏塔中用水蒸气将未反应的苯乙烯脱除。

对自由基溶液聚合得到的聚合物溶液，主要除去未反应的单体和溶剂。除去的方法随品种而定，取决于单体和溶剂的沸点，沸点高的可用蒸汽蒸馏，沸点低的可用闪蒸法，也可加入沉淀剂将聚合物从溶剂中分离出后，再用蒸馏法分离单体和溶剂，并回收循环使用。

对离子型溶液聚合，除将单体和溶剂分离之外，还要洗去残留的催化剂。在分离溶剂之前可在聚合物溶液中，加入醇类（如甲醇、乙醇）破坏金属有机化合物，用水洗涤生成的金属盐及卤化物，使其溶于水中，作为废料处理。最后，加入一定沉淀剂使聚合物分离，用离心机将固体物与溶剂分离。

有的聚合物溶液或乳液（胶乳）作黏合剂，涂料、防水涂层、涂饰材料及精细化工产品，直接使用溶液或胶乳液，聚合时提高单体转化率，残留单体很少，工业上一般不经处理，高分子溶液和乳液直接作为产品。为降低产品中单体含量，在聚合结束时利用真空抽出或补加引发剂，除去单体。

经分离制得的固体聚合物，含有一定的水分和未脱除的少量溶剂，需要干燥、打包，然后造粒。该过程需要使用不同类型的干燥机、造粒机和包装机等。

对粉末状或圆球状的合成树脂的处理，多用气流干燥或沸腾床干燥，或者采用气流加沸腾床干燥器串联的方式进行，或者用两个气流干燥器串联。一般，合成树脂或粒料对空气中的热氧化作用敏感，用空气干燥可能产生爆炸混合物，所以加热时用 N_2 作热载体，作为载体的 N_2 可以循环使用。

干燥后的粉状合成树脂，不能直接用作塑料的原料，必须加入稳定剂（光稳定剂）、润滑剂、增塑剂、着色剂等多种助剂，经混合均匀后加工造粒，制成的颗粒料作为产品出库。一般造粒过程如下：在一定温度下，使树脂软化或熔化，在混炼机剪切力的作用下，使助剂与树脂充分混合，混炼好的热物料经过螺杆挤塑机，使热熔物料通过金属过滤网，再经过多孔板，将物料挤成条状，经过水冷却的物料条，进入切粒机，切成树脂颗粒，得到的粒料通过振动筛和离心干燥机，除去表面的水分。经过分筛装置，除去不合格产品，合格的颗粒料在大容器中混合均匀，自动包装后即为产品。

通过分离过程的合成橡胶的后处理，包括凝聚和脱水干燥过程两部分。溶液聚合的合成胶在分离单体和溶剂的同时，橡胶凝聚成小的颗粒，而乳液聚合的胶乳在脱除单体后，用酸和盐的水溶液破乳，凝聚常用盐酸、硫酸或乙酸，氯化钠、氯化钙或硫酸铝作凝聚剂，凝聚后絮状的胶粒进入洗涤槽，洗去胶粒中残留的乳化剂和电解质。凝聚后的酸盐乳清可以回收循环使用。洗涤好的胶粒通过振动筛，使胶粒与水分离，胶粒从振动筛送入螺旋挤出机，将胶粒中的水脱出，但胶粒中仍有少量水，从挤出机挤出胶料切成含水 10%（质量分数）左右的颗粒，用输送机送入干燥机中，在高温下脱水干燥，干燥后含水量降至 0.5%（质量分数）以下，振动筛自然冷却，检验打包后作为产品出售。

2.6 聚合反应设备

2.6.1 合成设备

聚合物合成设备是聚合物生产过程中的关键设备，种类繁多，包括：釜式聚合反应器、管式聚合反应器、塔式聚合反应器、流化床聚合反应器以及其他特殊形式的聚合反应器（如板框式、挤出式、履带式等）。其中，釜式聚合反应器是应用最广泛的设备，占反应器的 80%～90%。聚氯乙烯、乳液丁苯、溶液丁苯、乙丙橡胶、顺丁橡胶等聚合物的合成均采用釜式聚合物反应器。低密度的聚乙烯则一般在管式反应器中进行，苯乙烯的本体聚合和丙烯液相本体聚合可采用塔式聚合反应器和流化床聚合反应器。需要指出，许多特殊形式的反应器多用于聚合反应后期。聚合反应设备的选用主要从聚合反应器的操作特性、聚合反应及聚合过程的特点、聚合反应器操作对聚合物结构和性能的影响及经济效益等几方面考虑。

2.6.1.1 釜式聚合反应器

釜式聚合反应器（聚合釜）有带搅拌和不带搅拌两种。相对而言，搅拌式聚合釜（图 2-1）应用更广，通常由釜体、釜盖、夹套、搅拌器、传动装置、轴封装置、支承等组成。聚合釜内的搅拌器一般有锚式、桨式、涡轮式、推进式或框式几种类型。搅拌装置在高径比较大时，可用多层搅拌桨叶，也可根据用户的要求任意选配。为改善釜内物料的混合状况、控制物料流型，搅拌聚合釜内会设置挡板，该挡板也能作为内冷件，增大釜的传热面，改善物料传热效果。

此外，通过在釜壁外设置夹套，或在器内设置

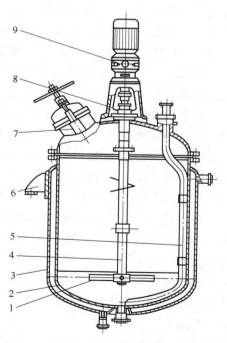

图 2-1 搅拌式聚合釜

1—搅拌桨；2—釜体；3—夹套；4—搅拌轴；

5—压出管；6—支座；7—人孔；

8—轴封；9—传动装置

换热面等进行换热。加热方式有电加热、热水加热、导热油循环加热、远红外加热、外（内）盘管加热等，冷却方式为夹套冷却和釜内盘管冷却等。支承座有悬挂或支承式两种。转速超过160r/min宜使用齿轮减速机。开孔数量、规格或其它要求可根据用户要求设计、制作。聚合反应器材质有搪瓷、不锈钢和碳钢复合材料等。

其中，连续搅拌带夹套的釜式聚合反应器操作稳定性好、传热能力强，物料返混程度高、混合均匀，物料在反应器中的停留时间分布较宽；达到一定转化率所需的反应时间较长，反应器的有效利用率较低，生产能力较小，聚合物的连续生产多采用多釜串联，可改善物料的返混程度，提高利用率，增大生产能力。

间歇式带夹套的搅拌釜式反应器，传热好，但存在放热高峰。因此，选用这类反应器必须满足放热高峰所需的传热面积，但是，会使放热高峰前后设备利用率降低。如何将设备利用率与放热高峰协调统一，是选用时必须考虑的问题，而且这类反应器不存在返混，各物料微元停留时间相同，物料混合均匀、物料浓度随时间改变，属于非稳态操作。生产能力较低，适合生产用量少、附加值高的聚合物。

2.6.1.2　管式反应器

管式反应器是一种呈管状、长径比很大的连续操作反应器。这种反应器可以很长，如丙烯二聚的反应器管长以千米计。反应器的结构可以是单管，也可以是多管并联；可以是空管，如管式裂解炉，也可以是在管内填充颗粒状催化剂的填充管，以进行多相催化反应，如列管式固定床反应器。通常，反应物流处于湍流状态时，空管的长径比大于50；填充段长与粒径之比大于100（气体）或200（液体），物料的流动可近似地视为平推流。管式反应器返混小，因而容积效率（单位容积生产能力）高，对要求转化率较高或有串联副反应的场合尤为适用。此外，管式反应器可实现分段温度控制。其主要缺点是，反应速率很低时所需管道过长，工业不易实现。

管式反应器的种类主要有水平管式反应器、立管式反应器、盘管式反应器、U形管式反应器等。

其中，水平管式反应器（图2-2）是进行气相或均相液相反应常用的一种管式反应器，由无缝管与U形管连接而成，这种结构易于加工制造和检修。

立管式反应器包括单程式立管式反应器、中心插入管式立管式反应器、夹套式立管式反应器，其特点是将一束立管安装在一个加热套筒内，以节省地面。立管式反应器被应用于液相氨化反应、液相加氢反应、液相氧化反应工艺中。

将管式反应器做成盘管的形式，设备紧凑，节省空间，但检修和清刷管道比较麻烦。反应器一般由许多水平盘管上下重叠串联而成。每一个盘管由许多半径不同的半圆形管子相连接成螺旋形式，螺旋中央只留出ϕ400的空间，便于安装和检修。

图 2-2　水平管式反应器

U形管式反应器的管内设有挡板或搅拌装置，以强化传热与传质过程。U形管的直径大，物料停留时间长，可以应用于反应速率较慢的反应。例如带多孔挡板的U形管式反应器，被应用于己内酰胺的聚合反应。带搅拌装置的U形管式反应器适用于非均相液相物料或液固相悬浮物料，如甲苯的连续硝化等反应。

2.6.1.3　塔式聚合反应器

与釜式聚合反应器相比，塔式聚合反应器的构造简单，形式也较少，是一种长径比较大的垂直圆筒结构，有挡板式、固体填充式、简单的空塔等几种形式。塔内的结构不同，特点也不一样。在塔式反应器中，物料的流动接近平推流，返混较少。根据加料速度的快慢，物料在塔内停留的时间可有较大的变化，塔内的温度可沿塔高分段控制。塔式装置多用于连续生产，对物料的停留时间有一定的要求。常用于一些缩聚反应，在本体聚合和溶液聚合中也有应用。在合成纤维工业中，塔式聚合反应器占的比例有30％左右。

图2-3是锦纶66树脂预缩聚塔结构示意图。塔从上到下分为三个区域：精馏区、蒸发区及预聚区。缩聚阶段初期，黏度低，此时可让反应在塔式装置内进行，塔设备内可以安装使熔体做薄层运动的塔盘。熔体在塔盘的沟槽内流动，先从塔外缘沿沟槽做圆周运动，一圈一圈流向塔盘中部，然后下降至另一塔盘，在这后一个塔盘内，熔体则沿沟槽一圈一圈地流向塔盘外缘，如此交替地进行，熔体也可以沿某些垂直管自上而下做薄层运动，提高蒸发面积。在塔的上部安装一段分馏装置，使易挥发的尚未反应的原料与小分子副产物（如水等）进行分离，前者可以回流至反应器内继续反应。

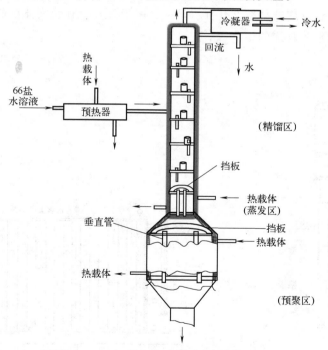

图2-3　锦纶66树脂预缩聚塔结构示意图

2.6.1.4　流化床聚合反应器

流化床聚合反应器是一种垂直圆筒形或圆锥形容器，内装催化剂或参与反应的细小颗粒，反应流体从反应器底部进入，而反应产物从顶部引出。流体在器内的流速要控制到固体颗粒在流动中浮动而不会从系统中带出，在此状态下，颗粒床层如液体沸腾一样。此反应器传热好，温度均匀且容易控制，但催化剂磨损大，床内物料返混大，对要求高转化率的反应不利，但由于具有流程简单的优势，使用日增。国内建成的流化床反应器，有引进美国 UCC 技术生产线型低密度聚乙烯（LLDPE）的，也有引进美国-意大利 Himont 丙烯液相本体聚合技术用以生产共聚物的，此外，德国 BASF 公司带搅拌器的 PP 流化床也是成功的技术。

图 2-4 与图 2-5 为烯烃气相聚合用的流化床反应器形式之一。如循环的丙烯气体从进气管进入，经过格子分布板进入锥形扩散管，从上部加入含催化剂的预聚物，并与从下部加入的原料气体进行流化接触，生成的聚合物在格子分布板中落下并从底部排出。各锥形管外边是公共的冷却室，通入沸腾的丙烷以除去热量。

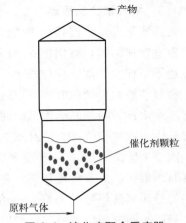

图 2-4　流化床聚合反应器结构示意图

2.6.1.5　特殊形式及新型聚合反应装置

除常见的一些聚合装置形式以外，针对各种体系的特殊性和对聚合物的要求不同，还有许多其他特殊的形式的聚合反应装置，例如板框式、挤出式、履带式、捏合式等。现就常见的几种做简单介绍。

（1）板框式

一般板框式聚合反应器如图 2-6 所示，主要用于聚合时有较大体积收缩的体系，如聚甲基丙烯酸甲酯或聚苯乙烯的生产等。

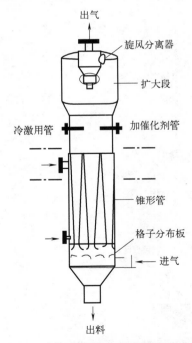

图 2-5　烯烃气相聚合用流化床反应器

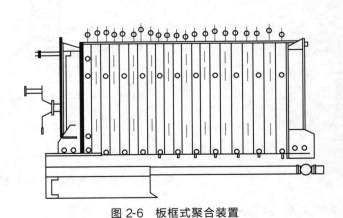

图 2-6　板框式聚合装置

（2）挤出式

此类反应器早在 20 世纪 20 年代时期用于生产合成橡胶，主要有单螺杆和双螺杆两种类型。单螺杆挤出机可用于处理黏度低于 100Pa·s 的物料，停留时间较长，传热效率低。双螺杆挤出机可用于处理黏度高于 1000Pa·s 的物料（图 2-7），停留时间短，一般在 30min，传热效率高，可防止聚合物热降解。这类反应器的螺杆直径为 0.9～1.2m，螺杆长度为 12～15m，螺杆间隙为 0.15～1.52mm，挤出型反应器的部件装配要求较高。

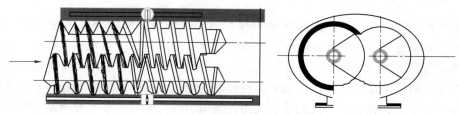

图 2-7　双螺杆挤出机

螺杆挤压机式聚合装置在尼龙 66 生产中用作后聚合器（图 2-8）。通常将固含量约为 60% 的己二胺与己二酸的溶液（两者摩尔比 1∶1）送入有分隔板和外部加热的水平前聚合器内，生成的水以水蒸气的形式不断从物料流经的各室中除去，预聚后的物料送入螺杆挤压机式的后聚合器中进一步反应，达到缩聚平衡后以聚合物的熔体排出，直接送去纺丝。

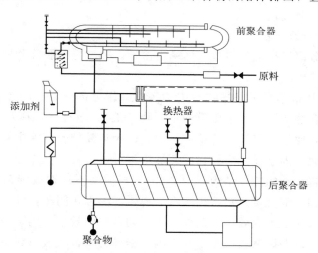

图 2-8　尼龙 66 连续生产装置示意图

（3）履带式

这是成功用在生产聚异丁烯橡胶上的一种特殊装置，如图 2-9 所示。聚异丁烯橡胶的合成反应是以 BF_3 为催化剂的阳离子聚合，温度约 $-98℃$，而且在一瞬间即可反应完毕。为了除去集中的聚合热，可以采用履带式反应器。这时，单体及催化剂均先溶于液态乙烯溶液，然后分别在不锈钢制的凹槽形履带的起点和其后的某一位置处加入。在反应的一瞬间，大量的聚合热被汽化的乙烯所带走，而乙烯的汽化温度

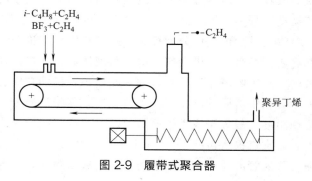

图 2-9　履带式聚合器

正好使聚合温度恒定在−98℃左右。聚合生成的薄层状聚异丁烯在履带的尽头用刮刀连续刮落，再经螺杆挤压机输出，履带循环，从而实现连续化生产。采用这种类似传送带的方式，在聚氨基甲酸酯的泡沫体中可以实现连续生产。

2.6.2 分离及后处理设备

为保证产品的纯度，减少未反应的单体、引发剂残渣、反应介质等对产品质量的影响，降低原料损耗，减少生产成本等，需要对聚合反应后得到的物料进行分离。合成聚合物的分离包括：未反应单体的脱除、回收；溶剂的脱除和回收；引发剂及其他助剂、低聚物的脱除等。脱除未反应的单体、低沸点有机溶剂的脱挥发分的分离是将挥发分从液相转变为气相的操作，其分离效率由液相和气相在界面的浓度差和扩散系数决定，最终达到的浓度由气液平衡决定。化学凝聚分离是利用合成高聚物体系中的某些组分与酸、碱、盐或溶剂（沉淀剂）作用，破坏原有的混合状态，使固体聚合物析出，进而将聚合物分离。离心分离是借助作用在粒子上或液体与粒子的混合物上的重力、离心力以及流体流动产生的动力等机械-物理的力的差异，使聚合物粒子与流体分离。分离过程与原理不同，采用的分离设备也不同。合成高分子生产过程中使用的分离设备主要包括：脱挥发分分离设备、凝聚分离设备和离心分离设备。

2.6.2.1 脱挥发分分离设备

这类设备主要分离未反应的单体和低沸点溶剂。挥发分的脱除和回收在工业上主要有闪蒸和汽提两种方法。

① 闪蒸。在减压的情况下除去物料中的挥发性组分的过程。闪蒸法脱除单体是将处于聚合压力下的聚合物溶液（或常压下的聚合物溶液），通过降低压力和提高温度的方式改变体系平衡关系，使溶于胶液中的单体析出。由于从黏稠的胶液中解析出单体比在纯溶剂中困难得多，因此，闪蒸操作需要在闪蒸器中进行。

闪蒸器一般是带搅拌的釜式结构（图2-10），材质为不锈钢或碳钢内衬防腐涂层，热量供给可通过夹套和内部直接过热熔机蒸汽来提供。为强化闪蒸，胶液在闪蒸釜中有良好的流体力学状态，以便于提高效率。此外，为达到良好的效果，闪蒸釜的装料系数要比一般设备选得小一些，以保证有较大的空间。闪蒸釜设计中，一般填料系数应小于0.6。

② 汽提。是将聚合物胶液用专门的喷射器分散于带机械搅拌并以直接蒸汽为加热介质的内盛热水的汽提器中。胶液细流与热水接触，溶剂及低沸点单体被汽化。聚合物在搅拌下成为悬浮在水中的颗粒，或聚集成疏松碎屑。溶剂及单体蒸气由汽提器顶部逸出，冷凝后收集。固体聚合物颗粒或絮状物借助循环热水的推动由汽提器侧部或底部导出，经过滤振动筛分离，得到具有一定含水量的粗产品。

汽提塔的形式可分为板式塔或填料塔。无论何种形式的塔，原料都从塔顶部入塔、底部离塔；解吸剂从塔底部入塔，与液体原料在塔内逆流接触，并于塔顶和被提馏组分一起离塔。与吸收塔相反的是，浓端在塔顶，稀端在塔底，在汽提塔内液相中溶质的平衡分压大于气相中溶质的分压，汽提过程中，需将溶质分子相变为气体，故为吸热过程，所以汽提剂温度一般等于或大于原料温度，否则汽提效果不佳。

通常汽提塔包括20~24个塔板（图2-11），塔板的间隙约500mm。塔板是带有溢流堰或降液管的孔板，与下端的塔板组成密封区，引导蒸汽流过塔板间的孔。孔的数量和直

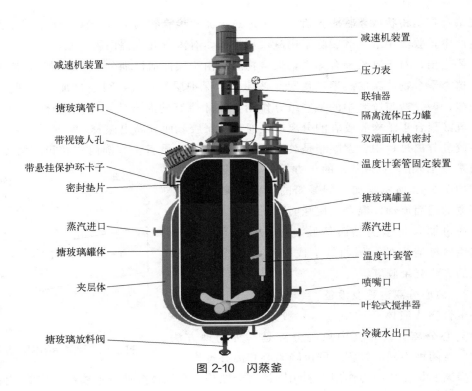

减速机装置

减速机装置
压力表
联轴器
隔离流体压力罐
双端面机械密封
温度计套管固定装置

搪玻璃管口
带视镜人孔
带悬挂保护环卡子
密封垫片

搪玻璃罐盖

蒸汽进口
搪玻璃罐体
夹层体

蒸汽进口
温度计套管
喷嘴口
叶轮式搅拌器

搪玻璃放料阀
冷凝水出口

图 2-10　闪蒸釜

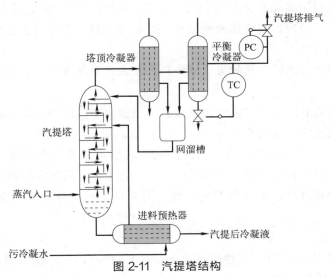

汽提塔排气

塔顶冷凝器
平衡冷凝器
PC

汽提塔
TC

网溜槽

蒸汽入口

进料预热器
汽提后冷凝液

污冷凝水

图 2-11　汽提塔结构

径需要设定，以保证通过孔的是蒸汽而非冷凝水。每个孔通常都有阀门，从而为汽提塔提供了较高的实际产量与设计产量之比。

2.6.2.2　凝聚分离过程及设备

聚合物中溶剂的脱除可采用以下三种方法：①脱除挥发分的方法，适用于低沸点溶剂；②机械离心的方法；③在聚合物中加入凝聚剂、沉淀剂等，使固体聚合物从胶液中析出的化学凝聚方法。根据体系性质、分离目的选择合适的分离方法。

例如，对于溶液聚合体系，主要通过凝聚将聚合物与溶剂分离，具体方法是加入沉淀剂，使聚合物呈粉状或絮状固体析出，再通过过滤将聚合物与溶剂分离。例如，在乙丙橡胶的生产中，胶液中溶剂的脱除采用凝聚法进行，有闪蒸和汽提两种方法。

需要指出，对于乳液聚合体系，聚合物胶粒由于表面活性剂分子层的保护作用而得到稳定，这类聚合物体系的凝聚过程即是破坏皂类保护层的过程，可通过加酸、碱、盐等，使这些酸、碱、盐与胶乳中的某些组分作用，破坏原有的混合状态，使聚合物与水分离。例如，乳液聚合丁苯橡胶胶乳的分离即是通过凝聚胶乳而分离出橡胶。

在胶乳分离过程中，絮凝箱是胶乳与凝聚剂的混合设备，有圆筒式和箱式两种结构。絮凝箱是长 1.6m，宽 0.5m 的长方箱体，内设辅助箱及挡板，如图 2-12 所示，加入絮凝箱的胶乳及絮凝剂在与箱体等宽的层面流动、混合，接触面大而均匀。

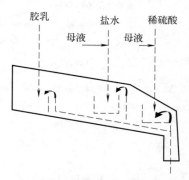

图 2-12 絮凝箱结构示意图

除通过加入化学药品破坏胶乳结构使胶乳凝聚外，也有采用冷冻凝聚的，例如氯丁橡胶的生产就是采用冷冻凝聚的方法凝聚胶乳。

2.6.2.3 离心分离过程及设备

将聚合物从液体介质中分离一般采用化学破坏分离方法和离心分离方法，其中离心分离是一种物理方法。离心分离有两种不同的过程，即沉降离心和离心过滤。

沉降离心是在离心力作用下利用固体（分散相）在液体介质（连续相）中的沉降作用而将固液分离，或利用非均相体系各组分的密度不同而将其分离，适用于分离固含量较少，固体颗粒较小，且固、液两相密度差较大的悬浮物料，也适用于分离两种互不相溶且密度不同的液-液体系。

离心过滤适用于分离固含量较大、固体颗粒较大的悬浮液物料，是工业上应用最多的一种分离类型。

常用的离心设备有间歇式、连续式两大类，根据离心机的结构，离心机又分为卧式刮刀卸料离心机和螺旋沉降式离心机等。

图 2-13 是卧式刮刀卸料离心机。该离心机是周期式循环操作，每个周期分加料、洗涤、分离、刮料、洗网五个程序。主机可以连续运行，靠时间继电器控制电磁阀，实现油压回路换向，以达到自动、半自动控制，每一周期结束后又自动开始下一个操作周期的循环。

主要特点如下。

① 采用编程器控制（PLC 和触摸屏为选装件），程序设定，无人看护的自动化操作，可实现人机对话，操作、维护方便。

② 动作元件采用电气-液压自动控制。加料、初过滤、洗涤、精过滤、卸料全过程监护。

③ 独立电气控制箱，可实现远距离控制。

④ 安全保护：转速检测，过振动保护（选装件），开盖保护（选装件），电机过载过热保护，刮刀旋转机械电气双重控制。

⑤ 机壳采用焊接式结构，结构紧凑，机器承载强度更高。

⑥ 电机与离心机主机为整体安装，方便用户安装和使用，并减小机器占用空间。

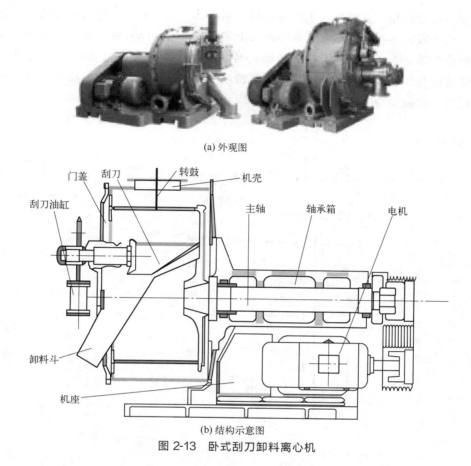

(a) 外观图

(b) 结构示意图

图 2-13 卧式刮刀卸料离心机

⑦ 全密闭结构，密封件采用硅橡胶或氟橡胶材质。

⑧ 独立式液压站，可隔离安装，方便检修。

⑨ 采用液力耦合器传动（GK1250 以上机型），起动平稳，有效保护电机不受过载损害，简化日常保养作业。

⑩ 设计隔振装置和橡胶减振基础，机器运转平稳，振动和噪声大大降低，改善生产车间和工作环境，减小机器振动对设备和环境的危害。

使用卧式刮刀离心机时，必须确保供料系统的进料量稳定，进料中的固相浓度稳定，否则将会使离心机产生较大的振动和噪声，影响离心机的使用效果或产生不安全因素。

最后采用水洗塔洗涤，长网机、挤压脱水机脱水，气流干燥机、流态化床干燥机或喷动床干燥器干燥后即可作为产品出售。需要指出，有些高分子产品也可以液态状态出售。

2.6.2.4 洗涤、脱水及干燥设备

经脱挥发分、凝聚和离心后的聚合物含有一定可溶的杂质（如引发剂、乳化剂等），通过洗涤（水洗或碱洗）可净化。例如乳液聚合丁苯橡胶的生产中，灰分的允许含量应小于 1.5%（质量分数），水洗可以充分去除橡胶中的杂质，同时还可以除去橡胶凝聚时残留的酸。水洗后，水洗液 pH 值达到中性，这样可防止物料对干燥和加工设备的腐蚀。又如聚丙烯的生产，必须进行水洗除去聚合物中的杂质，所用水洗塔为偏心搅拌萃取塔（图2-14）。水洗塔的特点：用偏心搅拌的方式代替有挡板的同心搅拌，以加强物料的轴向混

合，促使轻的分散相（浆液）与重的连续相（水溶液）充分混合，进而加强洗涤液分离效果。为了减少塔板间物相的返混，在每块板上装有上升管与降液管，各管的截面积最大为塔横断面积的 3.3%，因此，塔的生产能力与其他类型搅拌式萃取塔相比就受到一定限制。降液管的直径和连续相的流速、搅拌器的尺寸和偏心度、搅拌器的转速以及塔板高度是决定塔的水洗效果与处理能力的因素。

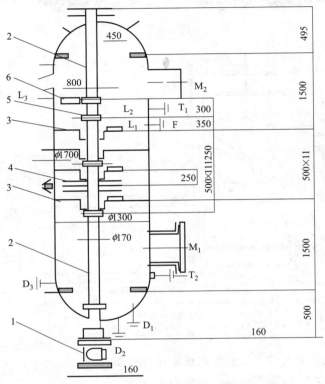

图 2-14 水洗塔结构（单位：mm）

1—底轴承组件；2—轴；3—塔盘；4—平桨搅拌；5—圆盘；
6—搅拌杆；L、T、F、M、D—相关阀门

用于聚丙烯分离的水洗塔的搅拌桨叶为桨式平直叶，桨叶长度为塔径的 1/3～1/2。偏心距过小，不利于塔的正常操作；偏心距过大，则会产生反复无常的涡流，使轴承受力不均，密封无法维持。为提高物料的轴向混合，增大萃取效率和加强湍流程度，可采用偏心搅拌。

经水洗后的粗产品中含有 40%～70%（质量分数）的水分，需要对其进行脱水及干燥使水分降至 0.5%（质量分数）以下以便打包出售。

对于粉状、块状的树脂产品，可以采用离心机脱水。对于自身黏性较大的橡胶类别，一般可采用长网机脱水（适用于热敏性较大的橡胶如氯丁橡胶等）和挤压脱水（适用于热敏性较小的橡胶如顺丁橡胶、异戊橡胶、乙丙橡胶、丁基橡胶和 SBS 弹性体等），也可用振动筛脱水（如乳液丁苯胶）和真空转鼓吸滤脱水。

脱水振动筛主要由机座、筛体、螺旋弹簧、板簧和偏心连杆等部件组成（图 2-15）。脱水振动筛的筛体用相互成 90°安装的螺旋弹簧和板簧支持在机座上，连杆通过滚珠轴承

套在偏心轴上，端部通过弹簧和筛体相连，连杆中心线向前倾，与筛体成45°夹角。当电机通过皮带轮减速，传动偏心轴带动连杆时，连杆则推动筛体在弹簧上来回振动，物料受到筛体振动力作用，沿筛体向前跳跃，物料表面的水逐渐被甩掉，经筛孔流入集水槽，而物料则向前跃进。

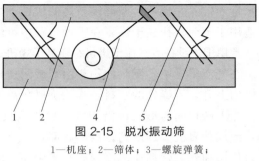

图 2-15　脱水振动筛

1—机座；2—筛体；3—螺旋弹簧；

4—板簧；5—偏心连杆

操作时需注意脱水筛的脱水效果，当出现热水冲入洗胶罐时，则需观察热水循环状态是否过大、蒸汽阀门是否关闭以及筛板孔是否堵塞等，以便及时解决问题。

挤压脱水是常见的脱水方法。在合成橡胶中，常用螺旋挤压机（图2-16）进行挤压。挤压脱水机主要由机座、减速箱、加料斗、机体、机头、辅助润滑系统和主电机及集水槽等组成。机体主要由带有加热夹套的机筒和有螺纹的螺杆配合而成。筒体是由骨架和笼条所组成的两个半圆筒，用24个螺钉旋紧，分为四段，各段笼条间的间隙依次减小，而且在两个半圆筒间的合拢部位装有相应的六对刮刀，它正好伸入螺杆和螺叶的断开部位。螺杆由轴、螺套、键所组成。与一般螺杆不同，由若干节断开式螺旋叶所构成，各节螺旋叶等深不等距，沿前进方向，螺距逐渐减小。从加料口到机头，螺纹槽的体积逐渐减小，形成对胶料的压缩，进而将胶料中的水挤出。胶料中挤出的水沿分布于机筒内壁的沟槽逆流至加料口底部的小孔排出，机体内脱水后的胶料经机头孔板挤出。利用挤压可将胶料中的水含量由40%～60%（质量分数）下降到8%～15%（质量分数）。机头的切刀，将挤出的胶料切成直径为10～20mm的圆形颗粒，以便下一步干燥对物料运输。

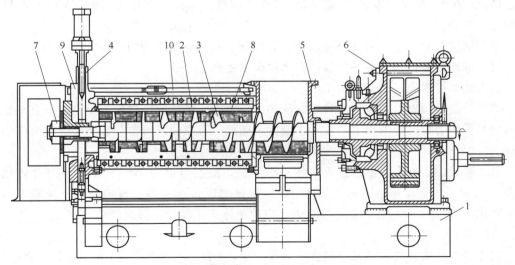

图 2-16　螺旋挤压机结构示意图

1—机座；2—机体；3—螺杆；4—调压装置；5—加料斗；6—减速箱；

7—切刀；8—笼条；9—机头；10—拉杆

通过内部液体介质的扩散与表面汽化可达到干燥物料的目的。干燥介质与湿物料之间有三种流向，并流、逆流和混合流。物料与干燥介质采取何种流向根据物料的性质和最终含水量而定。并流适合于湿度较高的快速干燥，这种方法能使物料不产生裂纹和焦化；逆流适用于不允许快速干燥，在干燥过程中可经受高温而不变质的物料。

常用干燥设备有气流干燥机、喷雾干燥机、流化床干燥机、滚筒干燥器、闪蒸干燥器等。

在气流干燥中，潮湿的物料由螺旋输送机送入气流干燥管的底部，被蒸发流夹带在干燥管内上升，干燥好的物料被吹入旋风分离器。含有固体粒子的气体以很大的流速从旋风分离器上端切向矩形入口沿切线方向进入旋风分离器的内外筒之间，由上向下做螺旋运动，形成外涡流，逐渐到达锥体底部，气流中的固体在离心力的作用下被甩向器壁，由于重力作用和气流带动而滑落到底部集尘斗。向下的气流到达底部后，绕分离器的轴线旋转并螺旋上升，形成内涡旋，由分离器的出口管排出。粉料沉降于旋风分离器底部，气流夹带不能沉降的物料自旋风分离器进入袋式除尘器，以捕集气流中带出的物料，干燥的物料再被转入下一道工序。

流态化干燥通常是将空气加热到 70～90℃，从流化床干燥器的底部吹入，经过气体分布装置后与待干燥物料接触，使颗粒悬浮，形成流态化状态，气固之间发生质、热交换，最终达到干燥物料的目的。

2.7 生产实例

上海氯碱化工股份有限公司创立于 1992 年 7 月 4 日，是一家发行 A、B 股票的上市公司。公司前身是国有特大型企业——上海氯碱总厂。公司现为国家 520 家重点企业之一，公司发展方向在上海化学工业区，这是 21 世纪初在杭州湾畔漕泾崛起的一座世界一流石油化工基地。该公司将从基本化学原料向新材料、精细化工拓展。在漕泾基地建设聚氯乙烯（PVC）、烧碱、双酚 A/聚碳酸酯/聚碳酸酯混合粒料、异氰酸酯（MDI）等世界级的化工装置。

下面简要介绍工业上制备聚氯乙烯、有机玻璃和高压聚乙烯的一些方法。

（1）非均相本体聚合——聚氯乙烯本体聚合生产

氯乙烯本体聚合一般分为两个阶段。

第一阶段，预聚合。在初级粒子表面和内部进行，依靠静电排斥力稳定粒子直至粒子之间的范德华力超过静电斥力，粒子才会发生团聚。该阶段进行搅拌有利于促进反应快速进行。

第二阶段，后聚合。继续加入单体和引发剂，控制温度为 40～70℃，当聚合转化率达到 20% 后，液态单体被固体聚合物吸收，转化率达到 40% 后，反应物呈干燥粉末，当转化率达到 70%～80% 后，即可脱除未反应的单体停止聚合，得到产品。

操作方式：间歇操作。

氯乙烯本体聚合的主要设备包含 6 台聚合釜，1 台用于预聚合，5 台用于后聚合。

预聚釜——立式不锈钢聚合釜，内装涡轮式平桨搅拌器，搅拌转速控制在 50～250r/min 之间。搅拌器的形式和大小、搅拌转速的大小将直接影响到预聚合种子颗粒的形态和大小。

后聚釜——卧式釜（50m³），内装有慢速搅拌的三条螺带组合的搅拌器。螺带与釜壁间隙极小。卧式釜转速为 6～7r/min。

常采用的聚合流程图见图 2-17。

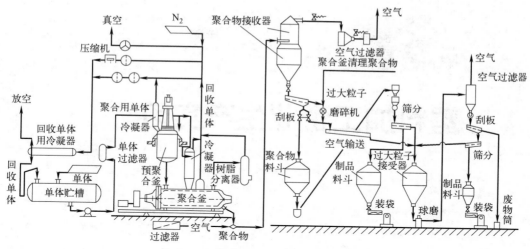

图 2-17　聚氯乙烯二段本体聚合流程图

（2）本体浇铸聚合——有机玻璃生产

第一步预聚：将各组分混合均匀，升温至 85℃，停止加热；调节冷却水，保持釜温在 93℃以下，反应到黏度达到 2000cP（厘泊，1cP＝10^{-3}Pa·s）左右，具体根据操作要求而定；过滤，预聚浆储藏于中间槽。

第二步浇模：先用碱液、酸液、蒸馏水洗清并烘干硅玻璃平板两大块，按所需成品厚度，在两块玻璃中间垫上一圈包有玻璃纸的橡胶垫条，用夹具夹好，即成一个方形模框，把一边向上斜放，留下浇铸口，把预聚浆灌腔，排出气泡，封口。

第三步聚合：把封合的模框吊入热水箱（或烘房），根据板厚分别控制温度为 25～52℃，经过 10～160h，到取样检查料源硬化为止，用直接蒸汽加热水箱内水至沸腾，保持 2h，通水慢慢冷却至 40℃，吊出模具，取出中间有机玻璃板材，去边，裁切后包装。

（3）气相本体聚合——高压聚乙烯生产

所谓高压聚乙烯是将乙烯压缩到 150～250MPa 的高压条件下，用氧或过氧化物为引发剂，于 200℃左右的温度下经自由基聚合反应而制得。

高压聚乙烯生产工艺有两种方法。

釜式法：大都采用有机过氧化物为引发剂，反应压力较管式法低，物料停留时间长。

管式法：引发剂是氧或过氧化物，反应器内的压力梯度和温度分布大，反应时间短，所得聚合物支链少，分子量分布宽，适宜制造薄膜制品及共聚物。

 思考题 ··········

（1）请简述本体聚合、溶液聚合、乳液聚合、悬浮聚合四种聚合方法中单体的聚合场所、聚合机理、生产特征和产品特征。

（2）请简述釜式反应器的结构、特点及适用领域。

（3）请简述管式反应器的结构、特点及适用领域。

（4）请问常用的聚合物分离设备有哪些？请举一例说明其结构及特点。

第3章

塑料加工企业生产实习

3.1 塑料加工企业生产实习任务及要求

① 了解塑料加工企业的组织结构、生产组织及管理模式；

② 熟悉原料车间、加工车间、质检车间的布置、规划及管理特点；

③ 熟悉塑料加工的基本特点；

④ 掌握塑料加工、检验岗位所需的基础知识和基本技能；

⑤ 熟悉挤出成型、注射成型、模压成型、压延成型等工艺过程、技术参数及控制方法、事故处理方法等；

⑥ 熟悉常用挤出机、注塑机、压延设备的结构、操作方法等；

⑦ 了解塑料加工过程中的节能措施，废水、废气、废渣的处理方法。

3.2 塑料简介

塑料是以烯烃、炔烃、多元酸、多元醇等为原料通过加聚或缩聚反应聚合而成的树脂。为提高产品的加工性，力学、光学、电学、耐磨及耐老化等性能，常常加入少量填料、增塑剂、稳定剂、润滑剂、色料等添加剂。树脂是塑料的主要成分，占塑料总质量的 $40\%\sim100\%$，某些塑料如有机玻璃、聚苯乙烯等基本由树脂构成，不含或含少量添加剂，因此，塑料的基本性能主要取决于树脂的本性。

塑料可分为热塑性与热固性两类，热塑性塑料通过加热可以再重复生产，热固性塑料则无法重新加热塑造使用。热塑性塑料的延伸率较大，一般为 $50\%\sim500\%$。线型（直链型、支链型）高分子属于热塑性塑料，而网状结构、体型结构高分子属于热固性塑料，延伸率较小。大多数塑料成型性好、质轻、耐冲击、化学稳定性较好、热导率和电导率低、热膨胀率大、易变形、易燃、低温易变脆、易老化，抗形变能力中等，介于纤维和橡胶之间。塑料被广泛应用于石化化工、医疗、食品、运输等行业。

3.3　塑料的加工及设备

3.3.1　挤出成型

挤出成型是物料通过挤出机料筒和螺杆间的作用，边受热塑化，边被螺杆向前推送，连续通过机头制备各种截面制品或半成品的一种加工方法。具有生产连续、效率高、操作简单、应用范围广等特点。按塑化方式可分为干法挤出和湿法挤出，按加压方式可分为连续挤出和间歇挤出两种。

挤出成型适用于热塑性塑料和橡胶的加工，如配料、造粒、胶料过滤等，可连续化生产，制备各种连续制品如管材、型材、板材（或片材）、薄膜、电线电缆包覆、橡胶轮胎胎面、内胎胎筒、密封条等，生产效率高。在生产合成树脂时，挤出机可作为反应器，连续完成聚合和成型加工。在加工橡胶时，压缩比不同的挤出机可以用来塑炼不同的天然橡胶。

3.3.1.1　工艺

首先，原料自料斗进入料筒，在螺杆旋转作用下，通过料筒内壁和螺杆表面的摩擦剪切作用向前输送到加料段，此时，松散固体向前输送的同时被压实；然后在压缩段，螺槽深度变浅，进一步压实，同时在料筒外加热和螺杆与料筒内壁摩擦剪切作用下，料温升高并开始熔融，压缩段结束后进入均化段。均化使物料均匀，定温、定量、定压挤出熔体，到机头后成型，经定型得到制品。

根据加工聚合物的类型和制品、半成品的形状，选定挤出机、机头和口模，以及定型和牵引等相应的辅助装置，然后确定挤出工艺参数如螺杆转速、机头压力、物料温度，以及定型温度、牵引速度等。在挤出过程中，物料一般都要经过塑炼，但定型方法有所不同。例如，挤出的塑料常需冷却定型，使其固化，但挤出的橡胶半成品，则尚需进一步硫化。采用不同的挤出设备和工艺，可得到不同的制品。

（1）粒料

将聚合物与各种添加剂混合后，送入挤出机中熔化，并进一步混合均匀。通过多孔口模，形成多根条料，再切断成粒料。切断有热切粒和冷切粒之分。热切粒条料离开口模后，一边用空气或水冷却，一边立即用旋转刀切断。冷切粒是将条料全部冷却后，再送入切粒机切粒。

（2）片材和薄膜

凡厚度在 0.25mm 以上，长度比宽度大很多的扁平制品称片材；厚度小于 0.25mm 的称薄膜。如扁平口模出来的膜状物，通过表面十分光洁的冷却转鼓冷却定型，即可制得平板膜，此法也称挤出流延法，这是制备聚丙烯薄膜的常用方法。如果将所得平板膜送入拉幅机，在纵向及横向同时拉伸 4～10 倍（也可先纵向拉伸，再横向拉伸），则可制得双轴定向薄膜。拉伸时，出现大分子取向，因此薄膜强度很高，但透水、透气性有所降低，常用于制备聚丙烯和聚酯薄膜。如物料内加发泡剂，并采用特殊螺杆和口模，也可制得低发泡沫塑料板材。

（3）包覆线

当金属裸线通过一个 T 形口模时，熔融塑料即围绕裸线而形成包覆层，包覆线被冷却卷绕后，即得各种电线电缆制品。

（4）工艺参数

① 温度。挤出成型温度包括料筒温度、塑料温度和螺杆温度，一般我们测料筒温度。温度由加热冷却系统控制。由于螺杆结构、加热冷却系统不稳定，螺杆转速变化等，挤出物料温度在径向和轴向都存在波动，从而影响制品质量，制品各点强度不一样，产生残余应力，表面灰暗无光泽。为保证制品质量，温度应稳定。

② 压力。由于螺杆和料筒结构、机头、过滤网、过滤板的阻力，塑料内部存在压力。压力存在波动。

③ 挤出速率。单位时间内挤出机口模挤出的塑料质量或长度为挤出速率。

影响挤出速率的因素：机头阻力、螺杆与料筒结构、螺杆转速、加热、冷却系统、塑料特性。当产品已定，挤出速率仅与螺杆转速有关。挤出速率也存在波动，影响制品几何形状和尺寸。温度、压力、挤出速率都存在波动现象，为了保证制品质量、减少参数波动应正确设计螺杆、控制好加热冷却系统和螺杆转速稳定性。

3.3.1.2 设备

挤出机主要包括主机、辅机、控制系统等部分（图 3-1）。

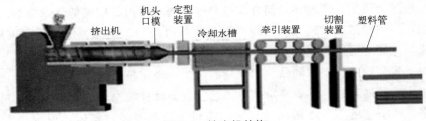

图 3-1 挤出机结构

（1）主机

主要分为挤出系统、传动系统、加热和冷却系统三部分。

① 挤出系统：由螺杆与料筒组成，是挤出机的关键部分。其作用是塑化物料，定量、定压、定温挤出熔体。

挤出机可依据不同方法分类（表 3-1）。

表 3-1 挤出机类型

分类依据	类别	分类依据	类别
按数量	无螺杆、单螺杆、双螺杆	按是否排气	排气式、非排气式
按空间位置	卧式、立式	按装配结构	整体式、分开式
按螺杆转速	普通、高速、超高速		

最常用的是卧式单螺杆非排气式整体式挤出机。

② 传动系统：驱动螺杆，提高所需的扭矩和转矩。

③ 加热和冷却系统：保证塑料和挤出系统在成型过程中温度达工艺要求。

（2）辅机

由机头、定型装置、冷却装置、牵引装置、卷取装置、切割装置组成。

（3）控制系统

由电器、仪表和执行机构组成，其主要作用是：①控制主机、辅机电动机以满足所需转速和功率；②控制主机、辅机温度、压力、流量，保证制品质量；③实现挤出机组的自动控制，保证主机、辅机协调运行。

3.3.2　注射成型

注射成型是塑料在注塑机加热料筒中塑化后，由柱塞或往复螺杆注射到闭合模具的模腔中形成制品的加工方法。此法能加工外形复杂、尺寸精确或带嵌件的制品，生产效率高。大多数热塑性塑料和某些热固性塑料（如酚醛树脂）均可用此法进行加工。用于注塑的物料需有良好的流动性，才能充满模腔以得到制品。20世纪70年代以来，出现了一种带有化学反应的注射成型，称为反应注射成型，发展迅速，适于聚氨酯、环氧树脂、不饱和聚酯树脂、有机硅树脂、醇酸树脂等一些热固性塑料和弹性体的加工。

3.3.2.1　工艺

热塑性塑料的注射成型包括加料、塑化、注射、保压、冷却、脱模等过程。热固性塑料和橡胶的成型包括类似过程，但料筒温度较热塑性塑料低，注射压力却较高，模具是加热的，物料注射完毕在模具中需经固化或硫化过程，然后趁热脱膜。

需要指出，共注射成型是将不同品种或不同色泽的物料，同时或先后注入模具内的一种成型方法，可制得不同混色花纹的制品，或各部位有不同颜色的分色制品，或更复杂一些的制品，其注塑机有两个或更多的注射装置。例如，对于有两个注射装置，一个公用喷嘴的注塑机，一般先将塑料A注入模腔，待表层固化而内部仍保持熔融时，将塑料B注入，塑料A被压向模壁形成制件外层，塑料B则形成内层，即得由塑料A包覆塑料B的多层制品。若塑料B是含发泡剂的，即可制得外层为硬皮、内层为泡沫结构的制品，通称结构泡沫塑料制品。

3.3.2.2　设备

注塑机（图3-2）主要由注射装置、合模装置和注塑模具三部分组成。注塑机的规格有两种表示法：一种是每次最大注射体积或质量，另一种是最大合模力。注塑机的其他主要参数为塑化能力、注塑速率和注射压力。

注射装置是注塑机的主要部分。作用主要是将塑料加热塑化成流动状态，加压注射入模具。注射方式有柱塞式、预塑化式和往复螺杆式。其中，往复螺杆式具有塑化均匀、注射压力损失小、结构紧凑等优点，应用较广泛。

合模装置是用可以闭合模具的定模和动模，实现模具开闭动作及顶出成品。

注塑模具简称注模。是由浇注系

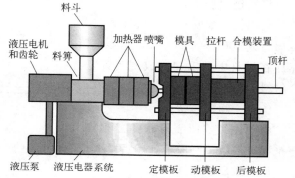

图3-2　注塑机结构

统、成型零件和结构零件所组成。①浇注系统是自注射机喷嘴到型腔的塑料流动通道；②成型零件是构成模具型腔的零件，由阴模、阳模组成；③结构零件，包括导向、脱膜、抽芯、分型等各种零件。模具分为定模和动模两大部分，分别固定于合模装置的定板和动板上，动模随动板移动而完成开闭动作。模具根据需要可加热或冷却。

3.3.3 模压成型

模压成型（又称压制成型或压缩成型）是先将粉状、粒状或纤维状的塑料放入成型温度下的模具型腔中，然后闭模加压加热而使其成型并固化的一种加工方法。模压成型可适用于热固性塑料、热塑性塑料和橡胶材料。

模压成型工艺的主要优点：①生产效率高，便于实现专业化和自动化生产；②产品尺寸精度高，重复性好；③表面光洁，无需二次修饰；④能一次成型结构复杂的制品；⑤因为批量生产，价格相对低廉。

模压成型的不足：模具制造复杂，投资较大，加上受压机限制，最适合于批量生产中小型复合材料制品。随着金属加工技术、压机制造水平及合成树脂工艺性能的不断改进和发展，压机吨位和台面尺寸不断增大，模压料的成型温度和压力也相对降低，使得模压成型制品的尺寸逐步向大型化发展，目前已能生产大型汽车部件、浴盆、整体卫生间组件等。

3.3.3.1 工艺

模压成型工艺（图 3-3）按增强材料物态和模压料品种可分为如下几种。

（1）纤维料模压法

纤维料模压法是将经预混或预浸的纤维状模压料，投入金属模具内，在一定的温度和压力下成型制备复合材料制品的方法。该方法简便易行，用途广泛。根据具体操作上的不同，有预混料模压和预浸料模压法两种。

（2）碎布料模压法

将浸过树脂胶液的玻璃纤维布或其它织物，如麻布、有机纤维布、石棉布或棉布等的边角料切成碎块，然后在模具中升温加压成型制备复合材料制品。

（3）织物模压法

将预先织成所需形状的二维或三维织物浸渍树脂胶液，然后放入金属模具中加热加压成型为复合材料制品。

（4）层压模压法

将预浸过树脂胶液的玻璃纤维布或其它织物，裁剪成所需的形状，然后在金属模具中经加温或加压制备复合材料制品。

（5）缠绕模压法

将预浸过树脂胶液的连续纤维或布（带），通过专用缠绕机提供一定的张力和温度，

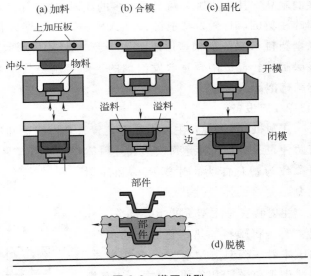

图 3-3 模压成型

缠在芯模上，再放入模具中进行加温加压制备复合材料制品。

（6）片状塑料（SMC）模压法

将 SMC 片材按制品尺寸、形状、厚度等要求裁剪下料，然后将多层片材叠合后放入金属模具中加热加压制备制品。

（7）预成型坯料模压法

先将与短切纤维制成品形状和尺寸相似的预成型坯料放入金属模具中，然后向模具中注入配制好的黏结剂（树脂混合物），在一定的温度和压力下成型。

3.3.3.2 设备

模压成型的主要设备是压制成型机。它是以液压传递为动力的压制塑料制品的一种设备。主要由机架（包括上、下横梁和立柱等）、活动横梁、工作油缸、顶出机构、液压系统和电气控制系统等部分组成。主要有上压式液压机、下压式液压机、角式液压机、层压式液压机和柱压机几种类型。图 3-4 所示是上压式液压机的结构。其工作油缸的缸体固定在上横梁上，油缸的活塞杆与活动横梁连接，上横梁与下横梁通过立柱组成一个刚性的框架结构。在液压机工作室，成型模具的上、下模分别固定在活动横梁上，当依次向工作油缸的有杆腔和无杆腔通入压力油时，油缸活塞将推动活动横梁，以立柱为导向做上、下运动，完成压制的闭模、加压和开模等动作。

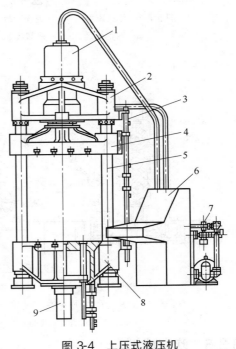

图 3-4 上压式液压机

1—工作油缸；2—上横梁；3—减速限位杆；
4—活动横梁；5—立柱；6—电气操作台；
7—液压系统；8—下横梁；9—顶出缸

3.3.4 压延成型

压延成型是将熔融塑化的热塑性塑料通过两个以上的平行异向旋转辊筒间隙，使熔体受到辊筒挤压延展、拉伸而成为具有一定规格尺寸和符合质量要求的连续片状制品，最后经自然冷却成型得到产品。压延成型工艺常用于塑料薄膜、片材、板材、人造革、地板革、复合膜等的生产。

3.3.4.1 工艺

通常将树脂和各种添加剂经计量加入高速捏合机搅拌混合，之后进入开炼机（或塑炼机）塑化、混炼、过滤杂质，再运输到金属检测器中检测，除去金属杂质后作为压延成型的供料。来自供料系统的物料由压延机压延成型后通过冷却定型装置冷却成型，经运输带和张力装置，由卷取装置卷曲制品。图 3-5 是压延成型工艺流程图。

3.3.4.2 设备

压延机不像挤出机、注射机那样直接采用粒料或粉料成型，必须与挤出机或开炼机、密炼机互相配合，以坯料为原料进入压延辊。如与挤出机组合成挤出压延生产线，压延机是附属设备，如与开炼机或密炼机组合，则压延机是主要设备。图 3-6 是三辊式压延机结构示意图。

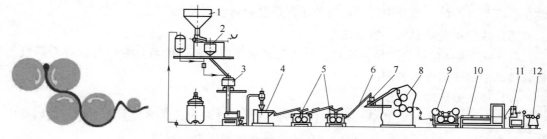

图 3-5 压延成型工艺流程图

1—料仓；2—计量装置；3—高速捏合机；4—塑化机；5—开炼机；6—运输带；7—金属检测器；
8—四辊压延机；9—冷却装置；10—运输带；11—张力装置；12—卷取装置

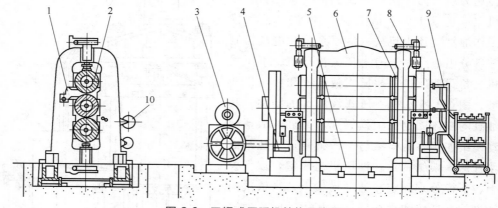

图 3-6 三辊式压延机结构示意图

1—挡料装置；2—辊筒；3—传动装置；4—润滑装置；5—安全装置；6—机架；
7—辊筒轴承；8—调距装置；9—加热装置；10—卷取装置

3.3.5 吹塑成型

3.3.5.1 工艺

塑料成型时，将挤出或注射成型所得的半熔融态管坯（型坯）置于一定形状的吹塑模具中，再向管坯中通入压缩空气将其吹胀，经冷却定型后脱模制得中空塑料制品，最早用于生产低密度聚乙烯小瓶。20 世纪 50 年代后期，随着高密度聚乙烯的诞生和吹塑成型机的发展，吹塑技术得到了广泛应用。中空容器的体积可达数千升，有的生产已采用了计算机控制。凡是熔体指数为 0.04～1.12 的都是比较优良的中空吹塑材料，如聚乙烯、聚氯乙烯、聚丙烯、聚苯乙烯、热塑性聚酯、聚碳酸酯、聚酰胺、醋酸纤维素和聚缩醛树脂等，其中聚乙烯应用得最多，所得中空容器广泛用作工业包装容器。

根据型坯制作方法，吹塑可分为挤出吹塑和注射吹塑，新发展起来的有多层吹塑和拉伸吹塑等。图 3-7 与图 3-8 所示分别为挤出、注射中空吹塑成型示意图。

3.3.5.2 设备

由于塑料吹塑成型的方法很多，按型坯成型装置的不同可分为挤出吹塑成型机、注射吹塑成型机、挤出拉伸吹塑机、注射拉伸吹塑机和多层复合吹塑机等。图 3-9、图 3-10 分别为常用吹塑机的结构示意图。其中，注射吹塑中空成型机通常以三工位居多（图 3-10），即三组芯棒

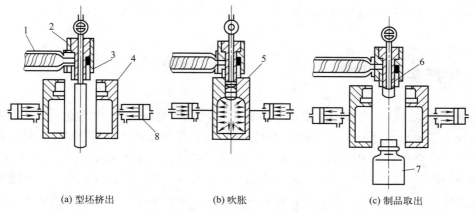

(a) 型坯挤出　　　　　(b) 吹胀　　　　　(c) 制品取出

图 3-7　挤出中空吹塑成型工艺流程

1—挤出机；2—挤出机头；3—型芯；4—半模；5—型坯；6—模唇；7—制品；8—半模传动装置

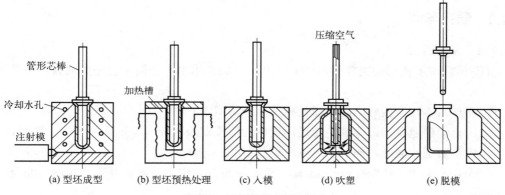

(a) 型坯成型　　(b) 型坯预热处理　　(c) 入模　　(d) 吹塑　　(e) 脱模

图 3-8　注射中空吹塑成型

互成 120°夹角，水平径向排列在转塔上，同时注射型坯模具、吹塑型坯模具和脱膜装置也对应地按照 120°夹角分布。合模后模具与芯棒贴合，当熔融树脂被注射到注射型坯模具中后，在芯棒周围就形成符合要求的型坯。它具有瓶口平整光洁、瓶颈螺纹尺寸精确的特点。开模后，该型坯随芯棒旋转 120°到吹塑工位，并获得最终制品形状和所要求的尺寸。

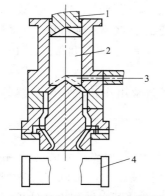

图 3-9　储料缸式间歇式挤出吹塑设备

1—活塞；2—储料缸；
3—塑料熔体；4—模具

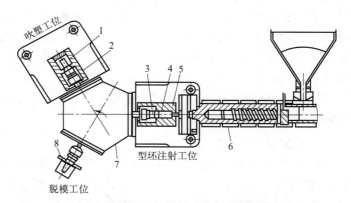

图 3-10　三工位旋转式注射吹塑设备

1—容器；2—吹塑模具；3—芯棒；4—型坯；5—型坯模具；
6—注塑机；7—转位装置；8—脱膜板

事实上，吹塑机的模头数量有单模、双模到多模等多种形式。出料也有间歇式和连续式两类。

3.4　生产实例

随着我国经济高速发展、智能化生活的开启，人们预防疾病、保健意识逐渐增强，对医疗器械产品的需求愈显旺盛，市场规模不断扩大，医疗器械产业成为当前最具发展活力的产业之一。我国国家药品监督管理局发布的《药品监督管理统计报告（2021 第三季度）》数据显示，截至 2021 年 9 月底，我国有医疗器械生产企业 2.8 万家。本节以生产一次性无菌注射器、注射针、输液器、静脉输液针、流量控制器、滴定管式输液器（小儿吊瓶）、真空定量采血器等系列产品的医疗企业为例，说明产品的原料、产品的质量检测、制备工艺、包装等内容。

3.4.1　质检车间

3.4.1.1　原料检验

在不同环境下使用的医疗器械，对于高分子的要求也不相同，但一般而言需具备下列性能。

① 物理力学性能良好，能够满足相关功能的需求；

② 耐化学性能良好，能满足使用环境内的服役期限，经消毒不会影响相关性能；

③ 成型加工性能好，易加工成各种形状制品；

④ 无毒、无"三致"（致癌、致畸、致基因突变）作用，无热源反应，溶出物及可溶出物含量低；

⑤ 不破坏邻近组织，不干扰机体的免疫机制，不引起材料表面钙化；

⑥ 有较好的抗凝血性能，材料与血液接触时，不引起溶血后血球减少，不造成血中蛋白质变性，不破坏血液的有形成分；

⑦ 材料植入体内时有足够的稳定性，且长期使用力学性能不发生明显变化（不包括降解材料）。

常用医用高分子的材料有 90 多种，如聚乙烯（PE）、聚丙烯（PP）、聚氯乙烯（PVC）、聚氨酯（PU）、聚四氟乙烯（PTFE）、聚碳酸酯（PC）、聚苯乙烯（PS）、聚醚、聚砜、聚丙烯酸酯、硅橡胶等。其中，PVC 和 PE 用量最大，各占 28% 和 24%；PS 占 18%；PP 占 16%；工程塑料占 14%。

聚氯乙烯常用作制备一次性医用导管，聚丙烯、ABS 树脂常用作一次性注射器等的主要原料。

(1) 聚氯乙烯（PVC）

PVC 具有良好的耐化学药品性、力学性能和电性能，但耐光和热稳定性差。由于 PVC 的熔点与分解温度非常接近，玻璃化转变温度较高，材料硬度大，所以加工成型困难。为便于加工各种 PVC 导管，常常在 PVC 树脂中添加增塑剂及其它助剂以降低熔点与玻璃化转变温度，提高材料的柔韧性。

有研究表明，由于增塑剂的迁移与溶出物的毒性，某些 PVC 制成的导管特别是介入导管生物相容性较差，迁移与溶出的量主要取决于配方和制备工艺，其中增塑剂选择尤为重要。目前，在加工中仍以邻苯二甲酸二辛酯（DOP）、邻苯二甲酸二（2-乙基己基）酯（DEHP）作主增塑剂。但 DOP、DEHP 为低分子物质，容易迁移析出。增塑的 PVC 用于医用导管或容器，因 DOP、DEHP 易析出而混入药液或血液中，将导致增塑剂随药液或血液进入人体。为了保障 PVC 医用塑料的卫生安全性，国内外正在开发毒性比 DOP、DEHP 更低，迁移析出性比 DOP、DEHP 更小的新型增塑剂，其中包括卫生性好的柠檬酸酯类、摩尔质量较高的聚酯类及其它高分子增塑剂。

分别参照 GB/T 10010—2009《医用软聚氯乙烯管材》，GB/T 15593—2020《输血（液）器具用聚氯乙烯塑料》检测 PVC 材料的质量，采用 YY/T 0926—2014《医用聚氯乙烯医疗器械中邻苯二甲酸二（2-乙基己基）酯（DEHP）的定量分析》检测 DEHP 含量。

（2）聚丙烯（PP）

聚丙烯（polypropylene，PP），是国际合成树脂市场中发展最为迅速、应用最为广泛的一种高分子材料。它是以丙烯聚合而成的乳白色高结晶性的聚合物，密度为 $0.89\sim0.91g/cm^3$，是目前发现最轻的塑料之一。PP 无臭、无毒、无味，结构规整，结晶度较高，力学性能优良，拉伸强度可达 30MPa 以上，抗弯曲疲劳特性优异，俗称为百折胶；耐高温，能在 100℃ 以上的高温下消毒灭菌，在不受外力时 150℃ 下也可保持形状不变；PP 耐化学性很好，几乎不吸水，除会被浓 H_2SO_4、浓 HNO_3 腐蚀外，对其它化学试剂都非常稳定。此外，PP 原材料价格便宜、容易注塑加工成型。因此，PP 在医用注射器领域得到了非常广泛的应用。

为保证一次性医用注射器的内表面与活塞之间推拉滑动性能良好，可以添加润滑剂。但润滑剂的用量必须尽可能少，即不得在一次性医用注射器外套的内表面形成润滑剂的汇聚，以免发生不良反应。而一次性医用注射器因为属于有剂量限制的医疗用具，为确保药液注入的准确性，必须对各型号的一次性医用注射器残留量进行限制。

参照国标 GB/T 12670—2008《聚丙烯（PP）树脂》规范聚丙烯的技术要求、试验方法、检验原则、标志、包装、运输和储存要求等。按 YY/T 0242—2007《医用输液、输血、注射器具用聚丙烯专用料》检测树脂质量。

（3）丙烯腈-苯乙烯-丁二烯共聚物（ABS 树脂）

ABS 是丙烯腈、丁二烯和苯乙烯的三元共聚物，丙烯腈赋予 ABS 树脂化学稳定性、耐油性、一定的刚度和硬度；丁二烯使其韧性、冲击性和耐寒性有所提高；苯乙烯使其具有良好的介电性能，并呈现良好的加工性。多数 ABS 无毒，不透水，但略透水蒸气，吸水率低，室温浸水一年吸水率不超过 1%（质量分数）且物理性能不发生变化。ABS 树脂制品表面可以抛光，能得到高度光泽的制品，比一般塑料的强度高 3~5 倍。

医用 ABS 塑料具有优良的综合物理和力学性能，较好的低温抗冲击性能，尺寸稳定性。电性能、耐磨性、抗化学药品性、染色性、成品加工和机械加工较好。ABS 树脂耐水、无机盐、碱和酸类，不溶于大部分醇类和烃类溶剂，易溶于醛、酮、酯和某些氯代烃中。ABS 树脂热变形温度低，可燃，耐热性较差。熔融温度为 217~237℃，热分解温度在 250℃ 以上。医用级 ABS 的流动性为中等，熔融指数为 11g/10min，医用级 ABS 不耐高温，高温下易变形，热变形温度为 94℃，符合抗 γ 射线消毒，湿热灭菌符合 USP Class VI UL 规定。

对于产品的质量采用 GB/T 14233.1—2022《医用输液、输血、注射器具检验方法 第 1 部分：化学分析方法》、GB/T 14233.2—2005《医用输液、输血、注射器具检验方法 第 2 部分：生物学试验方法》、GB 15810—2019《一次性使用无菌注射器》、GB 8368—2018《一次性使用输液器 重力输液式》等国家标准控制产品质量。

3.4.1.2 产品外观检测

(1) 输液器

① 导管：导管采用软质弹性材料塑化而成，塑化的导管应均匀无气泡、有弹性、透明。正常视力分辨液体或空气。滴斗上端导管长 250mm、壁厚 0.5mm、外径 5mm。滴斗下端导管长 1250mm、管壁厚 0.5mm、外径 4mm。从包装外观察导管无打折、无扁瘪。

② 插瓶针：采用 ABS 制备。

③ 保护套：采用硬质的塑料套与插瓶针、外圆锥接头相适应。

④ 过滤器：配制外径 12mm、复合膜的、能有效滤除液体中 $8 \sim 10 \mu m$ 的杂质、滤除率不小于 90% 的药液过滤器。配制外径 5mm、有效滤除空气中 0.5mm 以上的微粒、滤除率不小于 90% 的空气过滤器。

⑤ 滴斗：滴斗有弹性，能借助弹性将液体引入滴斗内，其外体积为 $10 \sim 14 cm^3$、壁厚平均在 0.8mm，最好是注塑的滴斗。

⑥ 滴管：滴管必须位于滴斗上盖的中央，长 4mm，滴斗内径与滴管的外壁距离应为 6mm，温度为 23℃±2℃。流速为 50 滴/min，滴管滴下 20 滴或 60 滴蒸馏水为 1mL。

⑦ 流量调节器：流量调节器应能调节液体流量从小至最大，调节行程在 35mm。

⑧ 注射件：注射件应采用优质的乳胶导管制成，为全密封式。

(2) 注射器

① 注射器外观：注射器外套应有足够的透明度，能清晰地看到基准线，注射器无毛边、毛刺、塑流、缺损等缺陷。

② 标尺的印刷：偏头式应印在偏头的对面一侧，中头式应印在外套卷边短轴的任意一侧，各类刻度印刷应完整、字迹清楚、线条清晰、粗细均匀。

③ 残留容量：当芯杆完全推入到外套封底时，活塞的基准线与零位线重合，其最大残留容量符合以下标准。当注射器的公称容量 $(V)<2mL$ 时，最大残留容量为 0.07mL；当 $2mL \leqslant V<5mL$ 时，最大残留容量为 0.07mL；当 $5mL \leqslant V<10mL$ 时，最大残留容量为 0.075mL；当 $10mL \leqslant V<20mL$ 时，最大残留容量为 0.1mL；当 $20mL \leqslant V<30mL$ 时，最大残留容量为 0.15mL；当 $30mL \leqslant V<50mL$ 时，最大残留容量为 0.17mL；当 $V \geqslant 50mL$ 时，最大残留容量为 0.2mL（具体见 GB 15810—2019《一次性使用无菌注射器》）。

④ 按手：按手外表面的优选最小长度 (L) 符合以下标准。当公称容量 (V) 为 1mL 时，L 为 8mm；当 V 为 2mL 时，L 为 9mm；当 V 为 5mL 以上时，L 为 12.5mm。

⑤ 活塞：橡胶活塞应无胶丝、脱屑、外来杂质、喷霜的异物。

⑥ 器身密合性能活塞与外套的密封性良好，将水注入器身内，用力推芯杆，作用 30min，外套与芯杆部不得有漏液现象。活塞与芯杆连接牢、不得因自身重量而移动、脱开。

⑦ 滑动性能：注射器具有良好的滑动性能，推注药液用力均等。

⑧ 润滑剂量：注射器的内表面（包括橡胶活塞），不得有明显可见的润滑剂汇聚现象。

（3）**静脉输液针**

① 输液针的针尖锋利，无毛边、毛刺、平头、弯钩等缺陷。

② 输液针畅通。

③ 输液针的针尖斜面与针柄平面应在同一方向，其倾斜应不大于30°。

④ 输液针的针管表面应光滑，无锈点，无制造缺陷。针管内应无异物。

⑤ 输液针的导管柔软、透明、光洁，无明显的机械性杂质异物、扭结，其透明度足以保证观察气泡和回血。

⑥ 输液针的导管与针柄、针柄与针座、针座与针管连接要牢固，在轴向20N的拉力下各连接处不得松动和分离。

⑦ 输液针的针柄与针座完整、标志清晰，不得有气泡与毛边。

⑧ 输液针各规格由柄部的颜色区分。其颜色符合国际标定色。

（4）**注射针**

① 注射针针管清洁，无杂质，针管平直。

② 注射针针管无毛边、毛刺、塑流、气泡等。

③ 用3倍放大镜，针座的锥孔无杂质。

④ 注射针尖无毛刺、弯钩、锈点。

⑤ 注射针管表面使用润滑剂时目测无微滴形成。

⑥ 针管内清洁，流过针管内壁的液体无异物。

⑦ 注射针针座与针管的连接正直、牢固。

⑧ 注射针规格以针座的颜色区分，其颜色符合国际标定色。有紫色、蓝色以及黑色，分别代表5.5号、6号以及7号针头，通常针头号数字越大代表针头越大。

⑨ 注射针的保护套完整，无孔隙，与针座相配套，保持无菌。

3.4.1.3　产品标识检测

包装的标识用来正确指导无菌器具的运输、贮存、拆包和使用，使用者应熟练地掌握无菌器具包装上应有的标识，来指导在使用过程中的贮存、拆包和使用，从标识上来评价识别优质产品，对无菌器具包装上的标识应有以下要求。

① 包装上的标识应明显、清晰、牢固，不应因经受所采用的灭菌、运输和贮存措施而脱落或模糊不清。

② 单包装上的标识应印制在表面上，应考虑油墨向包装内部迁移而影响内装物的质量。

③ 无菌器具单包装上应有下列标识：

a. 产品的名称、型号或规格；

b. "无菌"字样或无菌图形符号，"用后销毁"等字样；

c. 无热源；

d. "包装破损禁止使用"字样的警示；

e. 一次性使用说明或图形符号；

f. 产品的生产批号，以"批"字开头或图形符号；

g. 失效年月、有效期；

h. 制造厂名称、地址和商标；

i. 如配有针头，应注明规格；

j. 输液器应标识滴管滴出 20 滴或 60 滴蒸馏水相当于（1±0.1）mL 的说明；

k. 注射器的开口处应标在按手处；

l. 应有正确的生产许可证和医疗器械注册证号。

④ 中包装上有下列标识：

a. 产品的名称、型号、数量；

b. 产品生产批号或日期；

c. 失效年月；

d. 制造厂名称、地址和商标。

⑤ 外包装上有下列标识：

a. 产品的名称、型号和数量；

b. "无菌"字样或图形符号；

c. 产品生产批号或日期；

d. 灭菌批号或日期；

e. 失效年月及灭菌的化学指示标识；

f. 一次性使用的说明或图形符号；

g. 制造厂名称、地址和商标；

h. 毛重、体积（长×宽×高）；

i. "怕湿""怕热""怕压"等字样；

j. 外包装、中包装、单包装上的相同标识一致，单包装各封口处的规范。

此外，检测车间还对产品的环氧乙烷残留量、可萃取金属含量、酸碱度、易氧化物、无菌、热原（细菌内毒素方法）等方面进行检测。

该车间的实习内容为掌握各种原材料的检测规范，产品的质量控制规范及常用检测仪器的操作和影响试验结果的因素的总结，体会本车间对于整个生产过程的关键作用，产品质量是企业的生存之本，特别是医疗设备对社会的影响和重要性，更是要从质量上进行控制。

3.4.2　成型车间

一次性使用无菌注射器、输液器等属于三类医疗器械产品。三类医疗器械洁净车间需要达到 Class 5～Class 7（表 3-2）。洁净室需要将一定范围内空气中的微粒子、有害空气、细菌等污染物排除，并将无尘室内温度、洁净度、室内压力、气流速度与气流分布、噪声振动及照明、静电控制在某一需求范围内，通常根据实验室空气中的颗粒数量，对洁净室进行分类。

表 3-2　ISO 14644 国际净化标准

ISO 分类号	大于或等于关注粒径的粒子最大允许浓度/（个/m³）					
	0.1μm	0.2μm	0.3μm	0.5μm	1.0μm	5.0μm
ISO Class 1	10	2	—	—	—	—
ISO Class 2	100	24	10	4	—	—
ISO Class 3	1000	237	102	35	8	—
ISO Class 4	10000	2370	1020	352	83	—

续表

ISO 分类号	大于或等于关注粒径的粒子最大允许浓度/(个/m³)					
	0.1μm	0.2μm	0.3μm	0.5μm	1.0μm	5.0μm
ISO Class 5	100000	23700	10200	3520	532	29
ISO Class 6	1000000	23700	102000	35200	8320	293
ISO Class 7	—	—	—	352000	83200	2930
ISO Class 8	—	—	—	3520000	832000	29300
ISO Class 9	—	—	—	35200000	8320000	293000

　　洁净车间清洁消毒顺序：①由高向低级（Class 5→Class 6→Class 7）；②由上到下（天花板→墙面→地面）；③由里到外（注塑间→包装间→其他房间）。通过终灭菌的方法或无菌加工技术使产品无任何存活微生物的医疗器械为无菌医疗器械。无菌医疗器械生产中应当采用使污染降至低限的生产技术，以保证医疗器械不污染或能有效排除污染。对其生产的各个环节，特别是生产环境严格要求和控制，才能保证产品质量，防止生产环境对产品的污染。所以，无菌医疗器械在洁净区内生产，并根据产品与人体接触情况设置洁净度级别，达到规定的生产环境要求。

　　在整个生产车间必须保持无菌环境，因此进入本车间必须进行消毒处理，同时穿上特殊无菌工作服。

3.4.2.1　输液管导管生产工艺及设备

　　输液管导管采用挤出成型方法进行生产，配件主要采用注射成型方法和吹塑成型进行生产。其中管材采用挤出成型，生产工艺流程如图 3-11 所示。

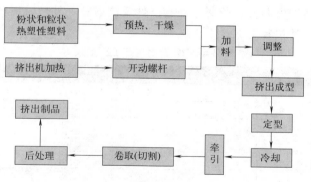

图 3-11　输液管挤出成型工艺

　　根据导管的几何尺寸和材料，设定合理的工艺参数，包括原料配方、原料干燥条件、挤出温度、螺杆转速、冷却介质的温度和流量等。对多层管壁材料的管材采用一次共挤或二次共挤复合工艺进行生产。管材的后处理依照生产管材的要求而定。对中心静脉导管等管材，还需要在导管上共挤出标识线，或在导管表面喷上刻度。

　　输液管导管生产设备包括原料干燥设备、导管挤出机组、附件生产设备、消毒设备、包装设备等。由于各种导管的形状和规格、配件和导管端部形式不同，所以所需的设备会有所差异。

　　作为输液管导管生产厂家，需要配备的基本设备包括原料干燥设备、导管挤出机、注射机等。有了基本设备，再配备专用挤出模具和注射模具即可生产医用导管。

　　图 3-12 为导管挤出机组成的示意图，主要技术指标见表 3-3。

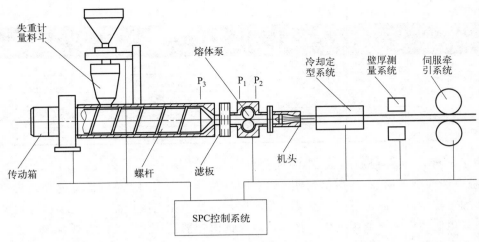

图 3-12 导管挤出机

表 3-3 医用导管挤出机主要技术指标

参数	技术指标	参数	技术指标
螺杆直径	20～80mm	转速波动	<0.5%
螺杆长径比	25～35	控温精度	±1℃
螺杆转速	0～200r/min	熔体压力波动	<1%

3.4.2.2 一次性注射器生产工艺及设备

一次性注射器主要采用高分子聚丙烯材料制成（工艺参数指标见表 3-4），分三件式和两件式，三件式结构由芯杆、胶塞、外套三件及注射针、外包装组成，两件式结构由芯杆、外套及注射针、外包装组成。

表 3-4 PP 针筒生产工艺参数

性能指标	单位	指标值
熔体密度	g/cm^3	0.7376
固体密度	g/cm^3	0.8992
模具温度范围	℃	30～80
熔体温度范围	℃	210～270
推荐模具温度	℃	40
推荐熔体温度	℃	230
顶出温度	℃	105
热变形温度	℃	129
热导率	W/(m·℃)	0.15
最大剪切应力	MPa	0.25
最大剪切速率	s^{-1}	100000
泊松比	—	0.392

主要设备有：注塑机、印刷机、组装机、吸塑包装机、自动包装机、黏合机等。

芯杆及外套均采用注塑成型的方法。注塑是使热塑性或热固性模塑料先在加热料筒中均匀塑化，而后由柱塞或移动螺杆推挤到闭合模具的模腔中成型的一种方法。主要分为加料、塑化、注射入模、保压冷却和脱模等几个步骤，流程示意图如图 3-13 所示。设备参数请见表 3-5。

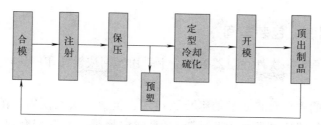

图 3-13　注塑成型工艺流程

表 3-5　海天 MA1600/540 型注塑机参数表

注塑机参数	单位	规格
注射装置		
螺杆直径	mm	40
理论注射容量	cm^3	253
注射质量	g	230
注射速率	g/s	117
注射压力	MPa	215
塑化能力	G/s	13.9
合模装置		
锁模力	kN	1600
开模行程	mm	430
最大模厚	mm	520
最小模厚	mm	180
顶出力	kN	33

按《医疗器械生产质量管理规范》附录《无菌医疗器械》的要求在 Class 5 级洁净室（区）内完成注塑、印刷、喷硅油、组装、单包装、封口，以保证产品初始污染保持在稳定的控制水平。

3.4.2.3　滴斗的生产工艺及设备

滴斗采用二次成型中的挤出吹塑方法制备。主要是将挤出成型所得的半熔融态管坯（型坯）置于滴斗模具中，在管坯中通入空气将其吹胀，使之紧贴于模腔壁上，再经冷却脱模得到中空制件。

原料为 PVC，设备主要采用挤塑机，与输液导管用挤塑机类似。模具如图 3-14 所示。

二通配件配合最小处 3.5mm，配合最大处 3.8mm。滴斗的小孔直径要求为 3.5mm。一般每套模具有 54 副，每副模具分上模和下模。

在成型车间主要要求学会操作成型设备，包括各种挤出机、注塑机等，熟练掌握各种产

图 3-14　制备滴斗的模具

品成型工艺，同时要注意观察物料在挤出成型过程中的物理化学状态的变化，结合专业课内容，了解成型的注意事项和影响因素。

3.4.3 印刷、组装、包装车间

印刷车间主要是在一次性注射器等产品上采用丝网或辊筒印刷法将刻度、产品标识等印上。

组装、包装车间主要负责产品的组装及包装。包含一次性使用无菌注射器，注射针、静脉输液针，滴定管式输液器（小儿吊瓶），真空定量采血器等配套包装，并按照包装规格封装。有自动、人工两种方式。实习内容为了解相关程序，了解医疗设备的封装过程和卫生标准。

 思考题 ··

（1）请简述塑料的种类及特点。

（2）对于热塑性塑料，常用的成型方法有哪些？请列举两种并加以说明。

（3）请简述挤出成型机的螺杆与注塑成型机螺杆的异同点。

第**4**章

橡胶企业生产实习

4.1　橡胶企业生产实习任务及要求

① 了解橡胶加工企业的组织结构、生产组织及管理模式；

② 熟悉原料车间、加工车间、质检车间的布置、规划及管理特点；

③ 熟悉橡胶加工的基本特点；

④ 掌握橡胶加工、检验岗位所需的基础知识和基本技能；

⑤ 熟悉橡胶的压延成型、注射成型、压铸成型、挤出成型、硫化等工艺过程、技术参数及控制方法、事故处理方法等；

⑥ 熟悉常用的开炼机、密炼机、压延机、硫化机等设备的结构、操作方法等；

⑦ 了解橡胶加工过程中的节能措施，废水、废气、废渣的处理方法。

4.2　原料及加工设备

橡胶是一种高弹性有机高分子材料，具有优异的抗疲劳强度、电绝缘性，良好的耐磨性和耐热性等，广泛应用于机械、仪器仪表、化工、矿山、交通运输、农业、医疗卫生等领域。伴随现代工业尤其是化学工业的迅猛发展，橡胶制品种类繁多，但其生产工艺过程却基本相同。主要包括原材料准备、塑炼、混炼、成型与硫化、修整以及检验等六个步骤。

4.2.1　橡胶制品主要原料

(1) 生胶

生胶是制备橡胶制品的母体材料，一般指未交联成型的橡胶胶料。分为天然橡胶和合成橡胶两大类，主要有以下品种：天然橡胶（NR）、丁苯橡胶（SBR）、顺丁橡胶（BR）、异戊橡胶（IR）、乙丙橡胶（EPDM）、氯丁橡胶（CR）、丁腈橡胶（NBR）、丁基橡胶（IIR）、氯化丁基橡胶（CIIR）、溴化丁基橡胶（BIIR）、硅橡胶（SR）、氟橡胶（FKM）、聚氨酯橡胶（PU）、氯醚橡胶（ECO）、氯化聚乙烯橡胶（CPE）等。

（2）配合剂

主要包括硫化剂、促进剂、增塑剂、防焦剂、填充剂、活性剂、防老剂和增强剂等。

橡胶用的配合剂简称配合剂，是和橡胶及其类似物配合在一起使用的各种化学药品。主要用于改善和提高橡胶的加工和使用性能，并降低制品的成本等。配合剂在橡胶中所起的作用很复杂，不仅决定硫化胶的力学性能及使用寿命，而且影响胶料的工艺加工性能和半成品加工质量。根据在橡胶材料中所起的作用分类，配合剂可细分为硫化剂、硫化促进剂、橡胶增塑剂、防焦剂、填充剂等。

① 硫化剂。硫化剂又称为交联剂，是能在一定条件下使橡胶线型分子通过交联而变成立体网状结构的试剂。常用硫化剂有硫黄、硒、碲、含硫化合物、金属氧化物、过氧化物、树脂、醌类和胺类等。

② 硫化促进剂。硫化促进剂简称促进剂，是能促进硫化作用的物质。可缩短硫化时间，降低硫化温度，减少硫化剂用量和提高橡胶的物理力学性能等。主要是含氮和含硫的有机化合物，有醛胺类（如硫化促进剂 H）、胍类（如硫化促进剂 D）、秋兰姆类（如硫化促进剂 TMTD）、噻唑类（如硫化促进剂 M）、二硫代氨基甲酸盐类（如硫化促进剂 ZD-MC）、黄原酸盐类（如硫化促进剂 ZBX）、硫脲类（如硫化促进剂 NA-22）、次磺酰胺类（如硫化促进剂 CZ）等。一般根据具体情况单独或混合使用。

③ 橡胶增塑剂。橡胶的增塑是指在橡胶中加入某些物质，降低橡胶分子间的作用力，从而降低橡胶的玻璃化转变温度，增强橡胶可塑性、流动性，便于压延、压出等成型操作，同时还能改善硫化胶的某些物理力学性能，如降低硬度和定伸应力、赋予较高的弹性和较低的生热率、提高耐寒性等。

橡胶增塑剂按来源可以分为石油系增塑剂、煤焦油系增塑剂、松油系增塑剂、脂肪系增塑剂以及合成增塑剂。

④ 防焦剂。防焦剂是指防止生胶在加工过程中产生早期硫化现象的物质。一般包括亚硝基化合物、有机酸类和硫代亚酰胺类（如 N-环己基硫代邻苯二甲酰亚胺）等。

⑤ 填充剂。填充剂是指能大量加入橡胶，改进橡胶某些性能并降低体积成本的物质。按效能可分为补强型填充剂和非补强型填充剂。有机填充剂有胶粉、再生胶、虫胶、纤维素等，无机填充剂有含硅化合物、金属盐和金属氧化物等。

4.2.2 橡胶（生胶）主要塑炼设备

未经加工的橡胶（生胶）一般是强韧的高弹态高分子，而橡胶成型加工需要柔软的塑性状态，因此需要在成型之前对生胶进行塑炼。

塑炼的目的：①降低弹性，增加可塑性，获得流动性，进而使混炼时配合剂易于分散均匀，便于操作；②使生胶分子量分布变窄，胶料质量均匀一致。

生胶经过塑炼后，将可塑度合乎要求的生胶或塑炼胶与配合剂在一定的温度和机械力作用下混合均匀，制成性能均一、可供成型的混炼胶的过程被称为橡胶的混炼。无论是橡胶的塑炼还是混炼过程，都需要在特定的混合机械中完成，目前常见的用于橡胶塑炼及混炼的加工机械有开炼机、密炼机以及螺杆塑炼机三种。

（1）开炼机

橡胶开炼机（图4-1）是一种设有两个相对旋转的辊筒用于橡胶的塑炼、混炼、压片、破碎的开放式混合设备。其工作原理为：工作时，两个速度不等的辊筒相向旋转，置于辊筒上的物料由于与辊筒的摩擦和黏附作用以及物料之间的黏结力而被拉入辊隙之间，在辊隙内物料受到强烈的挤压和剪切，这种剪切使物料产生大的形变，从而增加了各组分之间的界面，产生了分布混合。该剪切也使物料受到大的应力，当应力大于物料的许用应力时，物料会分散开，即分散混合。所以提高剪切作用可以提高混合塑炼效果。

图4-1 开炼机

开炼机优点：结构简单，操作简易，维修拆卸方便，容易清理。缺点：工人操作体力消耗很大，在较高温度环境中需要手工混炼翻动混炼料，而手工翻转混炼（橡）塑料片的次数多少对原料混炼的质量影响较大，此外，其生产效率低、安全性低，容易发生工伤事故，容易造成粉尘飞扬、污染环境及配方料的损失，炼胶（塑）质量好坏与操作人关系比较大。

（2）密炼机

密闭式炼胶机简称密炼机，如图4-2所示，通常用于橡胶的塑炼和混炼。密炼机是一种设有一对形状特定并相对回转的转子、在可调温度和压力的密闭状态下间歇性地对橡胶进行塑炼和混炼的机械。

图4-2 密炼机

主要由密炼室、转子、转子密封装置、加料压料装置、卸料装置、传动装置及机座等部分组成。

密炼机的工作原理：通过物料的分散、浸润、均匀分布、塑炼，达到均匀混合物料的目的。其中，在分散过程中，密炼机中各种物料在转子的作用下进行强烈的混合，其中大的团块被粉碎，逐步细化；在浸润过程中，添加剂附在生胶表面，直到被生胶包围；在均匀分布过程中，混合物中各组分在密炼室中进行位置更换，形成各组分均匀分布的状态；在塑炼过程中，混合中由于剪切、挤压作用，生胶逐步软化或塑化，达到一定流动性。这四个过程在混合中不是独立的，而是相互伴随着存在于混合过程的始终，并且相互影响。

密炼机在橡胶混炼过程中表现出比开炼机更好的性能特点，如：混炼容量大、时间短、生产效率高；能较好地抑制粉尘飞扬，噪声低，操作方便，减轻劳动强度；有益于实现自动化操作等。

（3）螺杆塑炼机

螺杆塑炼机借助螺杆和带有锯齿螺纹线的衬套间的机械作用，使生胶受到破碎、摩擦、搅拌，在高温下获得塑炼。有单螺杆一段塑炼机和双螺杆两段塑炼机两种塑炼机。

螺杆塑炼机塑炼属于连续操作，适合机械化自动化生产，具有连续生产、生产能力太、能量消耗少等特点，宜在塑炼胶品种较少、需要量大的大规模生产上采用，例如大型轮胎厂。螺杆塑炼机塑炼的主要缺点是排胶温度高，可达 180℃ 以上，胶料的质量较差，可塑度也不均匀，导致胶料的耐老化性能较差，塑炼胶的热可塑性较大。

4.3　橡胶成型、硫化方法与设备

在橡胶制品的生产过程中，利用压延机或压出机预先制成形状各异、尺寸不同的工艺过程，称为成型。把塑性橡胶转化为弹性橡胶的过程叫作硫化，它是将一定量的硫化剂（如硫黄、过氧化物、硫化促进剂等）加入由生胶制成的半成品中，在规定的温度下加热、保温，使生胶的线型分子间通过生成"硫桥"而相互交联成立体的网状结构，从而使塑性的胶料变成具有高弹性的硫化胶。橡胶的硫化过程通常在成型过程后期进行。

橡胶的成型方法主要有以下几种。

（1）压延成型

橡胶压延成型是指胶料通过辊筒间隙时，在压力作用下延展成为具有一定断面形状的胶条，或在织物上实现挂胶的工艺过程。主要用于橡胶的压片、压型、贴胶和擦胶。工艺特点为连续成型，生产能力大，操作方便，易自动化；产品质量均匀、致密、精确。压延成型主要设备有橡胶压延机。橡胶压延机是轮胎、输送带生产中必不可少的设备。压延机主要有二辊压延机、I 型三辊压延机、五辊压延机等类型（图 4-3）。

(a) 二辊压延机　　　　(b) I 型三辊压延机　　　　(c) 五辊压延机

图 4-3　几种压延机

（2）挤出成型

橡胶的挤出加工是用于挤出胎面、内胎、胶管和各种橡胶型条的加工方式，它还用于包覆电缆和电线产品等。常见的加工设备是螺杆挤出机，如图 4-4 所示。工作时，胶料借助挤出螺杆的旋转作用在机筒内搅拌、混合、塑化和压紧，然后向机头方向移动，最后从口模挤出一定形状的产品。

（3）橡胶的注射成型

橡胶注射成型是指将胶料通过注射机进行加热，

图 4-4　螺杆挤出机

然后在压力作用下从机筒注入密闭的模型中，经加压硫化而成为制品的生产方法。包括喂料、塑化、注射、保压、硫化、出模等几个过程。橡胶注射成型的设备是橡胶注射成型硫化机，如图4-5所示。注射硫化的最大特点是内层和外层的胶料温度比较均匀一致，硫化速度快，可加工大多数模压制品。

注射成型比模压生产能力大，劳动强度低，易自动化，是橡胶加工的发展方向。

(4) 橡胶的压铸成型

压铸法又称为传递模法或移模法。这种方法是将胶料装在压铸机的塞筒内，在加压下将胶料铸入模腔硫化。其特点是产品精度高、生产效率高、对设备要求低，适合于大型和复杂的以及带有嵌件橡胶制品的成型加工。压铸成型常用设备为平板硫化机以及压铸机。图4-6为平板硫化机实物图。

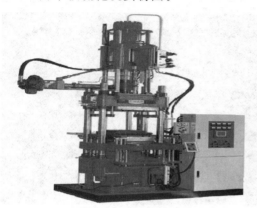

图 4-5　橡胶注射成型硫化机

图 4-6　平板硫化机

(5) 橡胶的压制成型

橡胶的压制成型是将经过塑炼和混炼预先压好的橡胶原料，按一定规格和形状配比下料后，加入压制模具中，合模后在液压机上按规定的工艺条件操作压制成形，使胶料在高温高压作用下以塑性流动充满型腔，经过特定时间完成硫化，再进行脱模、清理毛边，最后检验得到成品的方法。其主要工艺特点为模具结构简单、操作方便、适用面广。压制成型常用设备为平板硫化机。

4.4　后处理设备

橡胶制品在硫化步骤完成后往往还需要进行某些后处理，才能成为合格的成品。这包括：①橡胶模具制品的去边修整，使制品表面光洁、外形尺寸达到要求；②经过一些特殊工艺加工，如对制品表面进行处理，使特种用途的制品的使用性能有所提高；③对含有织物骨架的制品如胶带、轮胎等制品要进行热拉伸冷却和硫化，然后在充气压力下冷却，以保证制品尺寸、形状稳定和良好的使用性能。

橡胶模具制品在硫化时，胶料必然会沿着模具的分型面等部位流出，形成溢流胶边，也称为毛边或飞边，胶边的多少及厚薄取决于模具的结构、精度、平板硫化机平板的平行度和装胶余胶量。现在的无边模具生产的制品，胶边特别薄，有时起模时就被带掉或轻轻一擦就可以去掉。这种模具成本较高，易损坏，大多数橡胶模制品在硫化之后都需要修整处理。

4.4.1 手工修整

手工修整是对橡胶模具进行手工修边的过程。手工修边是一种古老的修边方法，它包括手工用冲头冲切胶边；用剪刀、刮刀等刀具去除胶边。手工操作修整的橡胶产品的质量和速度也会因人而异，要求修整后制品的几何尺寸必须符合产品图纸要求，不得有刮伤、划伤和变形。修整前必须清楚修整部位和技术要求，掌握正确的修整方法和正确使用工具。

4.4.2 机械修整

机械修整是指使用各种专用机器和相应的工艺方法对橡胶模具制品进行修边的过程，相关切削设备及刀具如图 4-7 所示，它是目前较先进的修整方法。

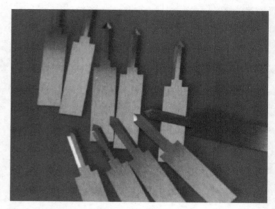

图 4-7 橡胶切削机及橡胶切削刀具

① 机械冲切修边是借助压力机械和冲模、冲刀，去除制品的胶边。此方法适用制品和其胶边能放在冲模或冲刀底板上的模型制品，如瓶塞、皮碗等。对于含胶率较高、硬度小的制品一般采用撞击法冲击切边，这样，可减少由制品弹性较大造成的刀切后边部不齐、侧面凹陷；而对含胶率较低、硬度较高的制品，可以直接采取刀口模的方法冲切。另外，冲切还分为冷切和热切，冷切是指在室温条件下冲切，要求设备的冲切压力较高，冲切的质量较好；热切指在较高的温度下冲切，冲切时应防止高温接触制品的时间过长，影响产品质量。

② 机械切削修边适用于外形尺寸较大制品的修边，使用的是切削刀具。一般切削机械都是专用机器，不同制品使用不同的切刀。

③ 机械磨削修边，对于带有内孔和外圆的模具橡胶制品，通常使用磨削的方法。磨削的刀具含有一定粗细粒子的砂轮，磨削修边的精度较低，磨削表面较粗糙，有可能夹有残余的砂粒，影响使用效果。

4.5 成品及其检验

4.5.1 成品

橡胶制品应用广泛，品种也很多。不同的橡胶种类具有不同的性能，从而被应用于不同的领域。

（1）天然橡胶（NR）

综合性能比较全面，加工工艺简单，缺点是耐油、耐热、耐寒、耐化学、耐老化等性能太差，远不及其他合成橡胶。主要用于轮胎、胶管、胶带、医疗用品、体育用品及一些其他工业用品。

（2）丁苯橡胶（SBR）

综合性能与天然橡胶相当，耐磨耗及热老化性能优于天然橡胶，与天然橡胶和多种合成橡胶并用，加工性能好，是一种通用橡胶。主要用于胶管、轮胎、胶带、胶鞋以及各种工业橡胶制品。

（3）顺丁橡胶（BR）

加工性能好，具有优异的耐磨性和弹性、生热少、耐低温性能好、耐屈挠性能良好。缺点是撕裂强度和抗滑性不好。广泛用于轮胎、胶管、胶带、胶鞋以及其他橡胶制品方面。

（4）氯丁橡胶（CR）

耐臭氧、耐气候老化、耐油、耐溶剂、阻燃，绝缘性、耐水性、气密性、拉伸强度等方面的性能均较好。缺点是耐寒性差、密度大。适用于胶管、胶带、输送带、电线电缆、空调橡胶制品，以及建筑、船舶、汽车等密封制品。

（5）丁腈橡胶（NBR）

可长期在120℃以下温度使用，气密性较好（仅次于丁基橡胶），耐油、耐磨、抗撕裂等性能功能极佳，适用于汽车、机械方面胶管、密封件、电缆护套、海绵制品等。但是，该材料属于半导体橡胶，因此不适宜做绝缘性产品。

（6）氢化丁腈橡胶（HNBR）

可长期在−40～180℃工作环境中使用，加工性能好、强度高、耐磨性优、永久变形小，同时具有独特的抗臭氧和耐硫化氢的作用。适用于发动机密封制品、油封、油田、钻杆用橡胶制品、低温油管、空调管和电子系统保护零件。

（7）三元乙丙橡胶（EPDM）

耐热、耐臭氧、耐大气老化、耐低温、耐电绝缘、耐酸、耐碱等各方面性能极佳。广泛用于建筑、汽车、轮船门窗密封、电线电缆、汽车、摩托车零部件和其他工业制品。

（8）硅橡胶（SR）

可长期在低温中使用，透明、无毒、无味、绝缘性能佳、加工性能好。缺点是耐磨性、撕裂性能和耐油、耐化学介质差。广泛用于电热电器、电子电气行业、航空、国防、机械、建筑工业、医疗、食品、卫生领域，以及厨房用品、家庭日用杂制品等。

（9）氟橡胶（FPM）

具有优异的耐高温（250℃）和良好的介电性能，以及优异的耐氧化、耐油、耐化学腐蚀、耐磨损等性能。缺点是加工工艺比较困难。广泛应用于航天、航空导弹火箭等科学领域以及工业设备各方面，如胶管、密封件、电线、隔膜、胶带等制品以及防腐衬里。

（10）丁基橡胶（IIR）

气密性能在各种橡胶中最好，具有优异的耐热老化性能、耐臭氧老化性能，以及电绝缘性能，同时有较宽的温度使用区间。广泛用于轮胎、汽车零部件、电线电缆、胶管、胶带、建筑防水片材、堵塞材料（如药瓶盖）门窗密封条以及化工设备防腐等。

（11）聚硫橡胶（TR）

具有良好的耐油性、耐烃类溶剂、耐大气老化、耐水以及低温屈挠性能。同时对各种材料有非常好的黏结性，用作汽车密封材料，不干性橡胶腻子、化工设备衬里、马路漆、耐油性油漆、耐油性胶管和中空玻璃密封材料等。

（12）聚丙烯酸酯橡胶（ACM 和 ANM）

使用温度可达 175～200℃，气密性、耐气候老化、耐热性、耐油性能都很好。缺点是耐水性、耐低温性能差。加工性能难掌握，硫化工艺对模具有腐蚀性。主要用于汽车工业的密封件和特殊要求的胶管、胶布，同时还应用于制备与高温油接触的电线电缆手套、胶黏剂等。

（13）乙烯醋酸乙酯橡胶（EVW）

可长期在 175℃高温下使用，优异的阻燃性能和耐油性能，产品在高温状态下压缩变形小。适用于地铁、高层建筑以及船用高性能无卤阻燃电线电缆和其他密封制品。

（14）氯化聚乙烯（CPE）

是一种耐热、耐候、耐燃的特种合成橡胶，电性能和耐化学品性能优良，此外还具有耐油、耐臭氧、耐热老化等优点，广泛用于耐燃、耐候性好的电线电缆，密封制品以及要求耐温、耐酸、耐燃的胶管、胶带和胶辊等工业制品。

4.5.2　检验

企业生产的产品在出厂时必须采用相应的测试技术检测产品性能是否达标，防止不合格的产品流入市场。工业上对橡胶性能的检测通常引用 GB/T 528—2009《硫化橡胶或热塑性橡胶　拉伸应力应变性能的测定》、GB/T 3512—2014《硫化橡胶或热塑性橡胶　热空气加速老化和耐热试验》、GB/T 1690—2010《硫化橡胶或热塑性橡胶　耐液体试验方法》以及 GB/T 1689—2014《硫化橡胶　耐磨性能的测定（用阿克隆磨耗试验机）》等相关标准。部分常规检验方法及标准如下。

（1）外观、颜色测试

测试数量：按规定比例。

测试方法：在足够的光照条件下目测产品的外观，并与最初确定的样品对比颜色。

判定标准：制品应无裂口、气泡、杂物、缺胶和修边过度现象，制品表面应无较大批锋、毛边（不影响产品试装效果），并应有橡胶特有的光泽；制品表面不得有喷霜、吐蜡等发白现象；手感不粘手、不能有脱色现象；制品外观、颜色不得有明显差异。

（2）尺寸测试

测试器具：卡尺、投影仪。

测试方法：按图纸标准的尺寸进行测量（关键尺寸需做破坏性切片）。

测试数量：按规定比例。

判定标准：按图纸标准、并保证在公差范围之内。

（3）硬度测试

测试器具：针式橡塑硬度计、球形硬度计。

材料规格：厚度应≥6mm，平坦区域直径≥20mm。

若单层材料不够6mm，则叠加层数≤3层，试样应平行叠加，若3层材料的厚度仍不够6mm，则以厂商提供的试片为准。

测试方法：拿住硬度计，平稳地把压足压在试样上，不能有任何振动，并保持压足平行于试样表面，以使压针垂直地压入试样，所施加的力要刚好使压足和试样完全接触，除另有规定，必须在压足和试样完全接触后1s内读数，如果是其它间隔时间读数则必须说明。

测试点：分别在材料的中央和边缘测至少4个点（取平均值）。

测试数量：按规定比例。

记录方式：指针所指的刻度为被测物的硬度，一次性读数，记下最高和最低值。（注：发泡橡胶用C型微孔材料硬度计，其它橡胶制品用邵尔A型硬度计。）

（4）**压缩永久变形测试**

测试器具：老化机、压缩装置（永久实验仪）。

材料规格：用永久变形专用裁刀或用模压法制备哑铃形试样，直径（29±0.50）mm，厚（15±0.50）m。

测试件数：至少3件（试样不应有气泡、杂质和损伤）。

测试温度、时间：将待测试片放入永久限制器中，压缩到限制器厚度（9.38mm），放到已加热至规定温度的老化箱中，24h后取出在室温下冷却30min，再测量其厚度。

标准：

普通橡胶包括顺丁橡胶、丁苯橡胶、天然橡胶、异戊橡胶等：24h，70℃，max，30%；三元乙丙橡胶：24h，70℃，max，30%；丁腈橡胶：24h，100℃，max，30%；硅橡胶：24h，175℃，max，30%。

（5）**拉伸应力应变性能测试**

测试器具：拉力试验机。

测试规格：用拉力实验专用裁刀（1型），厚（2.0±0.20）mm。

测试件数：5件。

测试速度：450mm/min。

测试方法：先在试样平行部分中间位置标出2.5cm距离，此标线（宽度≤0.5mm）对测试结果不会有影响；打开拉力机开关和测试软件，夹好待测试片两端，夹具夹持试样时，要使试样纵轴与上、下夹具中心连线相重合；并且要松紧适宜，以防止试样滑脱和断在夹具内；测试完毕保存结果。

（6）**热空气老化**

测试器具：老化实验箱。

试样规格：用永久变形专用裁刀或模压法制备试样，直径（29±0.50）mm，厚（12.5±0.50）mm。

测试件数：不少于3件。

测试温度：根据实验需要，老化实验温度可以选择50℃、70℃、100℃、120℃、150℃、200℃、300℃等。50～100℃范围内，温度允许偏差±1℃；101～200℃范围内，温度允许偏差±2℃；201～300℃范围内，温度允许偏差±3℃。

老化时间：可以选择24h、48h、72h、96h、144h或更长时间。

测试方法：取相同材料3件测其硬度，取2件放入对应测试温度的老化箱中，1件置于室温下，72h 后取出，冷却至室温后与另 1 件作外观对比，并测其硬度。

结果计算方法：硬度变化值＝老化测试后的数值－老化测试前的数值

标准：按国家标准 GB/T 3512—2014《硫化橡胶或热塑性橡胶 热空气加速老化和耐热试验》对照。

(7) 耐水性测试 （常规送货无特殊要求不做此项测试）

测试器具：玻璃瓶。

材料规格：无。

测试件数：至少 2 件。

测试温度与时间：室温，120h。

测试方法：取材料 2 件，测量其尺寸、质量、硬度并记录，放入已配好的无机盐水中，120h 后取出，擦干水分，立即测其尺寸、质量、硬度，计算变化情况。无机盐水配制：5％～6％（质量分数）氯化钙＋5％～6％（质量分数）氯化镁＋10％～15％（质量分数）氯化钠＋10％次氯酸钠（质量分数）。

标准：尺寸变化（mm），max：0.08。硬度变化（A），max：±2（对达不到硬度测试要求的，此硬度变化标准不适用）。质量变化（％），max：0.8（对于质量小于 1g 的部件，此质量变化标准不适用）。按国家标准 GB/T 1690—2010《硫化橡胶或热塑性橡胶 耐液体试验方法》对照。

(8) 耐盐酸测试

测试器具：玻璃瓶。

材料规格：无。

测试件数：至少 2 件。

测试温度与时间：室温，120h。

测试方法：取材料 2 件，测其尺寸、质量、硬度并记录，放入 17％（质量分数）盐酸溶液中［体积比，即 600mL 水中加入 500mL 盐酸，盐酸纯度为 36％～38％（质量分数）］，120h 后取出，用自来水洗净、擦干，立即测其尺寸、硬度、质量，计算变化情况。

标准：

硬度变化（A），max：±4（对达不到硬度测试要求的，此硬度变化标准不适用）。质量变化（％），max：±3（对于质量小于 1g 的部件，此质量变化标准不适用）。尺寸变化（mm），max：按国家标准 GB/T 1690—2010《硫化橡胶或热塑性橡胶 耐液体试验方法》对照。

(9) 耐丙酮测试

测试器具：玻璃瓶。

测试规格：无。

测试件数：2 件为宜。

测试温度与时间：室温，120h。

测试方法：取材料 2 件，测其尺寸、质量、硬度并记录，放入 20％（质量分数）水和溶液的丙酮中［200mL 丙酮＋800mL 水，丙酮纯度 99.5％（质量分数）］，120h 后取出，用自来水洗净、擦干，立即测试其尺寸、硬度、质量，计算变化情况。

标准：

硬度变化（A），max：±4（对达不到硬度测试要求的，此硬度变化标准不适用）。

质量变化（％），max：±3（对于质量小于1g的部件，此质量变化标准不适用）。尺寸变化（mm），max：按国家标准 GB/T 1690—2010《硫化橡胶或热塑性橡胶　耐液体试验方法》对照。

（10）耐碱测试（常规送货无特殊要求不做此项测试）

测试器具：玻璃瓶。

测试规格：无。

测试件数：至少2件。

测试温度与时间：室温，120h。

测试方法：取材料2件，测其尺寸、质量、硬度并记录，放入已配好的碱液中〔质量比：5％（质量分数）的氢氧化钠＋5％（质量分数）的硫酸铵〕，120h后取出，用自来水洗净、擦干，立即测试其尺寸、硬度、质量，计算变化情况。

标准：

硬度变化（A），max：±4（对达不到硬度测试要求的，此硬度变化标准不适用）。质量含量变化（％），max：±3（对于质量小于1g的部件，此质量变化标准不适用）。尺寸变化（mm），max：按国家标准 GB/T 1690—2010《硫化橡胶或热塑性橡胶　耐液体试验方法》对照。

（11）油压铰O形橡胶密封圈的寿命测试

目的：测试O形橡胶密封圈的实际使用性能，此项仅对样品测试。

测试方法：把O形橡胶密封圈、阻尼油和铰芯装配后，参照国标 JC/T 764—2008《坐便器坐圈和盖》与盖板组装做5万次开合试验（不低于一套）。

标准：①测试过程中不得有漏油漏水现象；②试验后拆开铰芯，阻尼油不能有异味、变黑等异常现象出现。

4.6　生产实例

橡胶行业作为我国国民经济的重要基础产业之一，它不仅为人们提供日常生活不可或缺的日用、医用等轻工橡胶产品，而且向采掘、交通、建筑、机械、电子等重工业和新兴产业提供各种橡胶制生产设备或橡胶部件，如轮胎、输送带、胶管、传送带、橡胶履带等。全球每年消耗生胶量的70％以上都用于汽车行业，其中60％用于轮胎，40％用于汽车橡胶制品。

橡胶的性能和用途。除天然橡胶外，合成橡胶可分为通用合成橡胶、半通用合成橡胶、专用合成橡胶和特种合成橡胶。其中，天然橡胶主要来源于三叶橡胶树，主要成分是聚异戊二烯。通用橡胶是指部分或全部代替天然橡胶使用的胶种，如丁苯橡胶、顺丁橡胶、异戊橡胶等，主要用于制造轮胎和一般工业橡胶制品。通用橡胶的需求量大，是合成橡胶的主要品种。下面以生产丁苯橡胶企业为例介绍其合成、装置、工艺流程及废水处理等流程。

4.6.1　丁苯橡胶合成工艺介绍

4.6.1.1　丁苯橡胶介绍

丁苯橡胶是产量最大的通用合成橡胶，由1,3-丁二烯和苯乙烯经共聚制得。

$$n\mathrm{CH_2}\!=\!\mathrm{CH}\!-\!\mathrm{CH}\!=\!\mathrm{CH_2}+n\mathrm{C_6H_5}\!-\!\mathrm{CH}\!=\!\mathrm{CH_2}\longrightarrow$$
$$\{\mathrm{CH_2}\!-\!\mathrm{CH}\!=\!\mathrm{CH}\!-\!\mathrm{CH_2}\!-\!\mathrm{CH}(\mathrm{C_6H_5})\!-\!\mathrm{CH_2}\}_m$$

丁苯橡胶生胶是浅黄褐色弹性固体，密度随苯乙烯含量的增加而增大，耐油性差，但介电性能较好；生胶抗拉强度只有 $20\sim35\mathrm{kgf/cm^2}$（$1\mathrm{kgf/cm^2}=0.098\mathrm{MPa}$），加入炭黑补强后，抗拉强度可达 $250\sim280\mathrm{kgf/cm^2}$；其黏合性、弹性和形变发热量均不如天然橡胶，但耐磨性、耐自然老化性、耐水性、气密性等却优于天然橡胶，因此是一种综合性能较好的橡胶。丁苯橡胶是合成橡胶第一大品种，综合性能良好，价格低，多数场合可代替天然橡胶使用，主要用于轮胎工业、汽车部件、胶管、胶带、胶鞋、电线电缆以及其它橡胶制品。

4.6.1.2 装置介绍

某企业丁苯橡胶年产值为 10 万吨/年，生产的牌号主要有松香 1500E、1502E，它们是非充油软胶，门尼黏度范围为 $54\sim59$。SBR-1500E 广泛用于以炭黑为补强剂和对颜色要求不高的产品，如轮胎胎面、翻胎胎面、输送带、胶管、模制品和压出制品等。SBR-1502E 广泛用于颜色鲜艳和浅色的橡胶制品，如轮胎胎侧、透明胶鞋、胶布、医疗制品和其他一般彩色制品等。SBR-1712E 广泛用于乘用车轮胎胎面胶、输送带、胶管和一般黑色橡胶制品等。

现有 1500E 和 1502E 两条生产线，各 12 台聚合釜，共 24 台。装置控制均由 DOS（磁盘操作系统）全程控制，采用先进的配方管理控制系统 GMS，可在不停车状况下，自动切换牌号。

工序主要包括单体贮存及配制、化学品配制、聚合、单体回收、胶乳贮存及掺混、凝聚、干燥、包装、氨冷冻、产品贮存及装车等。

4.6.1.3 工艺流程

聚丁苯橡胶冷法连续聚合工艺流程请见图 4-8。

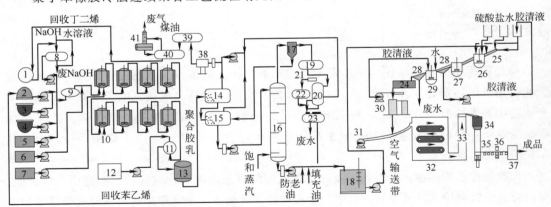

图 4-8 聚丁苯橡胶冷法连续聚合工艺流程图

1—丁二烯原料储槽；2—苯乙烯原料储槽；3—调节剂计量槽；4—乳化剂混合液储槽；5—水槽；6—活化剂计量槽；7—氯化剂计量槽；8—阻聚剂计量槽；9—冷却器；10—聚合釜；11—转化率调节器；12—终止剂计量罐；13—缓冲罐；14—第一闪蒸槽；15—第二闪蒸槽；16—苯乙烯脱气塔；17—气体分离器；18—混合槽；19—冷凝器；20—升压分离器；21—喷射氯器；22—冷凝器；23—苯乙烯倾析槽；24—挤压脱水机；25—絮凝槽；26—胶粒化槽；27—转化槽；28—振动筛；29—胶粒洗涤槽；30—粉碎机；31—鼓风机；32—干燥箱；33—输送器；34—自动计量器；35—压胶机；36—金属检测器；37—包装机；38—压缩机；39—冷凝器；40—丁二烯贮槽；41—洗器罐

工艺流程中各操作单元介绍如下。

（1）单体接收与控制单元

单体配制单元是将精制苯乙烯、回收苯乙烯、精制丁二烯以及回收丁二烯按照一定比例混合成油相。本岗位罐区有三个立罐，七个卧罐。立罐贮存苯乙烯，其中一个为新鲜苯乙烯罐，两个为回收苯乙烯罐；卧罐用于贮存丁二烯，其中三个为新鲜丁二烯罐，一个为碱液罐，三个为回收丁二烯罐。这一单元与其他单元不同的是其处于空旷的露天环境中，利于通风。

（2）助剂配制与接收单元

根据聚合需要，将各种固体、化学品按配方配制成溶液，供生产时使用。涉及的各种助剂作用如下。

① 引发剂——过氧化氢二异丙苯。过氧化氢二异丙苯在 Fe^{2+} 存在下可产生游离基，引发单体进行连锁聚合。

② 调节剂——硫醇。可用于调节聚合物的分子量，防止支化和交联，提高聚合物的可溶性和加工性。

③ 活化剂——硫酸亚铁。硫酸亚铁与引发剂的过氧键反应，发生电子转移而形成初级游离基后进行链引发。

④ 除氧剂—— $Na_2S_2O_4/NaOH$。主要用于消除氧对聚合反应的影响，具体反应如下：

$$2Na_2S_2O_4+O_2+4NaOH \Longrightarrow 4Na_2SO_3+2H_2O$$
$$Na_2S_2O_4+O_2+2NaOH \Longrightarrow Na_2SO_4+Na_2SO_3+H_2O$$

⑤ 扩散剂。常用扩散剂是高级脂肪酸的金属皂化物等表面活性剂的混合物。其作用是进一步提高胶乳体系的稳定性和分散性，不出现絮凝现象。

⑥ 氯化钾。氯化钾可以降低体系的表面张力，增大胶乳颗粒粒度，使体系黏度降低，改善流动性；同时，氯化钾属于强电解质，它的加入可以降低乳化剂临界胶束浓度，提高乳化剂的乳化能力、乳液的稳定性和聚合后期的反应速度。

⑦ 脱盐水。作为单体的分散介质，借助乳化剂的作用，使单体均匀地分散在水中呈稳定状态，同时有利于散热。

⑧ 乳化剂——歧化松香酸钾皂/脂肪酸钾皂。使碳氢相溶于水中形成稳定乳液体系，并借助于它形成胶束作为聚合反应场所。

⑨ 硫酸。调节凝聚系统的 pH 值，使胶乳体系的表面张力升高，胶乳处于不稳定状态，但硫酸与松香酸皂作用生成松香酸，松香酸难溶于水，失去了乳化能力，从而使胶粒在机械力的作用下不断碰撞凝结，生成较大胶团而从胶浆中析出，即胶浆凝聚。松香酸残存在橡胶成品中，可改善橡胶成品的加工性能和防老化性能。

⑩ 防老剂。老化反应多为自由基反应，加入防老剂能吸收自由基形成稳定物质，可以起到防止老化的作用。

⑪ 三烷基氯化铵。作助凝剂和预硫化剂用，它可以加快橡胶硫化速度，提高橡胶的定伸强度。

（3）聚合单元

将丁二烯和苯乙烯按一定比例连续配制成碳氢相，与活化剂、除氧剂、歧化松香酸钾、脂肪酸皂等按一定比例混合配制成乳液，通过乳化剂的作用，将碳氢相单体分散在水相介质中进行乳化，首釜加入引发剂，同时施行调节剂分点加入，进入聚合釜在 5～8℃下进行聚合反应。所得白色胶乳转化率达到 66％左右。

（4）单体回收单元

在闪蒸槽中利用两种单体组分的挥发度不同，减压后丁二烯先排出，二级闪蒸后将丁二烯气相压缩，泵送至单体接收与控制单元；脱除丁二烯后的胶乳送入脱气塔塔顶（塔内是负压环境），真空水蒸气从塔底送入，两者逆向接触，对浆液进行汽提脱除苯乙烯，冷凝压缩的苯乙烯也送入单体接收与控制单元，压缩后回收使用。

（5）胶乳掺混单元（缓冲罐区）

脱气后的胶乳进行掺混的目的是使最终产品能达到要求的性能指标。主要包括：将门尼黏度偏高和偏低的胶乳进行掺混，使最终产品的门尼值达到稳定的合格范围，加入适量的防老剂，使聚合物在后处理及产品存放过程中避免因老化而降低性能，在填充型橡胶中加入填充剂，如油和炭黑等填充剂的油乳液。

（6）凝聚单元

凝聚是从脱气后的胶乳中析出固体聚合物的过程。聚合物胶粒由于表面皂分子层的保护作用而得到稳定，凝聚工艺即为破坏皂类保护层的过程。加入电解质或酸类（如浓硫酸）可以破坏碱性丁苯胶乳而使聚合物集结为块状或颗粒状，再经进一步处理后得到固体橡胶。

（7）干燥单元

除去水的胶粒，经过挤压脱水除去胶粒内大部分的水分，然后在单层箱式干燥器中利用热空气循环的方法将其中的水分及其他可挥发成分汽化并由干燥介质带走。在热风循环干燥过程中要控制好热空气的温度，使橡胶能均匀适度地干燥而又不因干燥过度产生塑化。最后，用压块机将产品压制成 35kg 左右的长方体，经薄膜包装后进入仓库贮存。

4.6.2　丁苯橡胶污水处理装置

丁苯橡胶生产废水排放量较大，成分复杂，通常含有浮胶颗粒、乳清、脂肪等大分子有机污染物，难以被生物降解。目前主要有混凝气浮、水解酸化-好氧生物工艺、物理活性污泥、电解絮凝等方法处理废水。其中，混凝气浮工艺，COD（化学需氧量）去除率低于 20％，不利于后续生物处理；水解酸化-好氧生物工艺效果好，但是工艺流程长，环境差；物理活性污泥法处理效果较差；电解絮凝法成本高。相对而言，催化氧化/生化组合工艺是处理高浓度、难降解有机废水公认的先进技术，能使废水中的难降解污染物有效降解。

某企业丁苯胶排放废水的水质如下：pH 值为 5～8，COD、NH_3-N、TP（总磷）分别为（400～600）mg/L、（40～60）mg/L、（0.5～0.8）mg/L，BOD_5/COD 值为 0.2～0.3。对该丁苯橡胶废水进行气相色谱/质谱（GC/MS）定性分析，废水中所含有机组分如下：二甲基氰胺、甲苯、丁烯酸乙酯、乙苯、苯乙烯、苯胺、苯甲醇、甲基苯基酮、萘、五甲基苯、苯乙酮、苯基乙烯基硫醚、甲基萘、异丙基苯酚、三甲基苯乙酮、甲氧基苯甲醇、叔丁基苯甲酸、二苯基海因。由此可见，丁苯橡胶废水有机物含量高、可生化性差；废水组成复杂，主要成分为苯系物，难以被生物降解，属于高浓度难降解有机工业废水。可采用下面工艺过程进行处理（图4-9）。

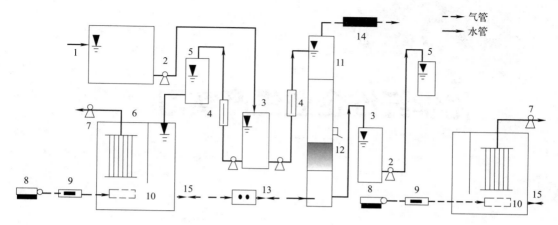

图4-9 水路系统工艺流程图

1—水解酸化池；2—离心泵；3—调节池；4—液体流量计；5—高位水箱；6—MBR池；

7—抽吸泵；8—空气泵；9—气体流量计；10—穿孔曝气器；11—臭氧催化氧化塔；

12—取样口；13—臭氧发生器；14—尾气破解装置；15—污泥排放口

 思考题

（1）请简述橡胶的特点。

（2）常用橡胶有哪些？列举两种常用橡胶并说明其用途。

（3）橡胶为何需要硫化？硫化的方法有哪些？有何特点？

（4）减缓橡胶老化的途径有哪些？当前发展趋势如何？

（5）请举例说明橡胶生产中的污水处理方法。

第 **5** 章

化学纤维企业生产实习

5.1 化学纤维企业生产实习任务及要求

① 了解化纤生产企业的组织结构、生产组织和管理模式；

② 熟悉原料车间、加工车间、质检车间的布置、规划及管理特点；

③ 熟悉化纤加工的基本特点；

④ 掌握化纤加工、检验岗位所需的基础知识和基本技能；

⑤ 熟悉溶液纺丝、熔体纺丝的原料处理、成型工艺过程、技术参数及控制方法、事故处理方法等；

⑥ 熟悉挤出机、纺丝设备、纤维牵伸机等设备的结构、操作方法等；

⑦ 了解化纤生产过程中的节能措施，废水、废气、废渣，特别是 COD 值高的废水处理方法。

5.2 原料及纺前准备

5.2.1 原料

纤维的主要原料有天然高分子与合成高分子两大类。

天然高分子用于制备再生纤维。将天然高分子如棉、麻、竹子、树、灌木等经一系列化学处理和机械加工，除去杂质，并使其具有能满足再生纤维生产的物理和化学性能。例如，黏胶纤维的基本原料是浆（纤维素），它是将棉短绒或木材等富含纤维素的物质，经备料、蒸煮、精选、脱水和烘干等一系列工序制备而成的。

合成高分子用于制备合成纤维。具体制备过程是将有关单体通过一系列化学反应聚合成具有一定官能团、一定分子量和分子量分布的线型高分子。作为化学纤维的生产原料，成纤聚合物的性质不仅在一定程度上决定纤维的性质，而且对纺丝、后加工工艺也有重大影响。

对成纤聚合物一般要求如下。

① 成纤聚合物大分子必须是线型的、能伸直的分子。支链尽可能少，没有庞大侧基，大分子间没有化学键。

② 聚合物分子之间有适当的相互作用力，或具有一定规律性的化学结构和空间结构。

③ 聚合物应具有适当高的分子量和较窄的分子量分布。

④ 聚合物应具有一定的热稳定性，且具有可熔性或可溶性，其熔点或软化点应比允许使用温度高很多。

5.2.2　纺前准备

纺丝的方法主要有熔体纺丝、溶液纺丝两种。

对于具有良好热性能的成纤聚合物，其熔点低于热分解温度，则可通过将常温下呈固体的聚合物加热成具有良好流动性的熔融体，以供纺丝用；对于热稳定性不良的聚合物，加热后没有熔融态，而是直接产生热分解的聚合物，可将固态的聚合物加工成粉末，用溶剂将粉末状聚合物配成溶液，作为纺丝液溶液。表5-1所列是几种主要成纤聚合物的热分解温度和熔点。因此，成纤聚合物必须保证在熔融时不分解，或能在普通溶剂中溶解形成浓溶液，并具有充分成纤能力和随后使纤维性能强化的能力，最终所得纤维具有一定的良好综合性能。

表 5-1　几种主要成纤聚合物的热分解温度和熔点

聚合物	热分解温度/℃	熔点/℃
聚乙烯	350~400	138
等规聚乙烯	350~380	176
聚丙烯腈	200~250	320
聚氯乙烯	150~200	170~220
聚乙烯醇	200~220	225~230
聚己内酰胺	300~350	215
聚对苯二甲酸乙二酯	300~350	265
纤维素	180~220	—
醋酸纤维素酯	200~230	—

（1）熔体纺丝的准备

熔体纺丝可以是聚合物熔体直接纺丝，也可以将聚合物熔体经铸带、切粒等工序制成"切片"，再以切片为原料，加热熔融成熔体进行纺丝。

其中，切片纺丝法需要在纺丝前将聚合物切片干燥，以便减少纺丝断丝率，并减少聚合物水解等带来的负效应。然后，将切片加热至熔点以上、热分解温度以下，将切片制成纺丝熔体。切片的熔融是在螺杆挤出机中完成的。切片自料斗进入螺杆，随着螺杆的转动被强制向前推进，同时螺杆套筒外的加热装置将切片加热熔融，熔体以一定的压力被挤出而输送至纺丝箱体中进行纺丝，切片纺丝产品质量较高。

与切片纺丝相比，直接纺丝省去了铸带、切粒、干燥切片及再熔融等工序，因此工艺流程简化、车间占地面积减小、生产成本降低、生产效率提高。但是，采用聚合物熔体直接纺丝，对于某些聚合过程如己内酰胺的聚合，留存在熔体的一些单体和低聚物难以去除，不仅影响纤维质量，而且恶化纺丝条件，使生产线的工艺控制也比较复杂。因此，对产品质量要求比较高的品种，一般采用切片纺丝法。

（2）纺丝溶液的配制

纺丝溶液的配制过程主要如下所示。

首先，将线型聚合物加入溶剂中，溶剂先向聚合物内部渗入，聚合物的体积不断增大，大分子之间的距离增加，然后大分子以分离的状态进入溶剂，从而完成溶解，即先溶胀后溶解。所得溶液经过滤和脱泡等纺前准备工序后再送去纺丝。

5.3 成型方法与设备

如前所述，聚合物可采用熔体纺丝或溶液纺丝两种形式。通常，将成纤聚合物熔体或浓溶液，用纺丝泵（或称计量泵）连续、定量且均匀地从喷丝头（或喷丝板）的毛细孔中挤出，成为液态细流，然后在空气、水或特定凝固浴中固化成为初生纤维的过程，称作"纤维成形"，或称"纺丝"，这是化学纤维生产过程的核心工序。纺丝过程所涉及的成型设备较多，以下简要介绍几种主要设备。

（1）螺杆挤压机

螺杆挤压纺丝是指切片在螺杆套筒内熔融后用于纺丝的方法。螺杆挤压机是螺杆挤压纺丝的核心设备。干燥聚合物切片从料斗连续加入螺杆加料段。螺杆在套筒内旋转，套筒用电热分段加热，切片熔融后经螺杆挤出，分配到各纺丝部位。熔体经计量泵压入喷丝组件，冷却凝固后卷绕到纺丝筒管。

螺杆挤压机分为立式挤压机与卧式挤压机，在卧式挤压机中，螺杆和套筒是水平安装的（图5-1），装拆和维修较方便，但螺杆为一悬臂梁，挠度较大，螺杆头部易磨损。而

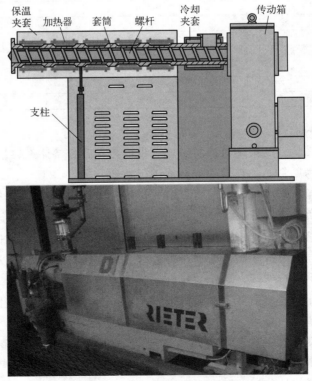

图 5-1　卧式螺杆挤压机

立式挤压机的螺杆和套筒垂直安装，不易变形，占地面积较小，但需要较高的厂房，减速箱密封要求高，装拆和维修较麻烦。因此，卧式挤压机应用较广。

（2）计量泵

计量泵又称为纺丝泵，是用于化学纤维生产的精密部件。其作用是精确计量、连续输送高聚物熔体或溶液，保证丝条线密度均匀。主要由一对齿数相等的齿轮、两块泵板、两根轮轴、一副联轴器和若干螺松所组成（图5-2）。

图 5-2　计量泵

（3）喷丝板

喷丝板按外形分为圆形及矩形两种（图5-3），按喷丝孔的形状分为圆孔及异型孔两种。材料用含钛的奥氏体不锈钢，能耐高温、耐腐蚀、性韧、质软，容易冲挤加工成型。

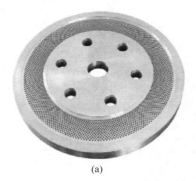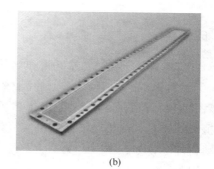

(a) (b)

图 5-3　圆形喷丝板（a）及矩形喷丝板（b）

5.4　后处理设备

纺丝过程中得到的初生纤维结构还不完善，物理、力学性能也差，不能直接用于纺织加工以制成各种织物，必须经过一系列后加工工序，以改进其结构并提高其性能。后加工过程包括从牵伸到成品包装等一系列工序，而其中牵伸和热定型，是生产任何合成纤维都不可缺少的，这些工序对成品纤维的结构和性能有十分重要的影响。

5.4.1　牵伸

牵伸的目的是提高纤维的断裂强度，降低断裂伸长率，提高耐磨性和对各种形变的疲劳强度。

牵伸的方式有多种，按拉伸次数分，有一道牵伸和多道牵伸；按牵伸介质分，有干牵伸、蒸汽牵伸和湿牵伸，相应牵伸介质分别是空气、水蒸气和水浴、油浴或其他溶液；按牵伸温度又可分为冷牵伸和热牵伸。总牵伸倍数是各道牵伸倍数的乘积，一般熔体纺丝纤维的总拉伸倍数为3～7倍，湿法纺丝纤维可达8～12倍。生产高强度纤维时，牵伸倍数更高，甚至高达数十倍。牵伸过程通常在纤维牵伸机上进行，牵伸机如图5-4所示。

5.4.2 热定型

热定型的目的是消除纤维的内应力，提高纤维的尺寸稳定性，并且进一步改善其力学性能。热定型可以在张力下进行，也可以在无张力下进行，前者称为紧张热定型，后者称为松弛热定型。热定型的方式和工艺条件不同，所得纤维的结构和性能也不同。纤维热定型通常在定型机中进行，定型机是纺织染整行业中主要耗能设备之一。它是一种利用热空气对织物进行干燥和整理并使之定型的装置。

图 5-4　纤维牵伸机

5.5 成品及其检验

5.5.1 成品

高分子纺织纤维分类：天然纤维和化学纤维。

（1）天然纤维
天然纤维包括植物纤维、动物纤维和矿物纤维。

① 植物纤维，如：棉花、麻、果实纤维。

② 动物纤维，如：羊毛、兔毛、蚕丝。

（2）化学纤维
化学纤维包括再生纤维、合成纤维和无机纤维。

① 再生纤维，如：黏胶纤维、醋酯纤维。

② 合成纤维，如：锦纶、涤纶、腈纶、氨纶、维纶、丙纶、氯纶。

5.5.2 常见纺织纤维的纺织性能

① 羊毛：吸湿、弹性、服用性能均好，不耐虫蛀，适用酸性和金属结合染料。

② 蚕丝：吸湿、透气、光泽和服用性能好，适用酸性及直接染料。

③ 棉花：透气、吸湿、服用性能好，耐虫蛀，适用直接、还原、偶氮、碱性媒介、硫化、活性染料。

④ 黏胶纤维：吸湿、透气、颜色鲜艳、原料来源广、成本低，性质接近天然纤维，适用染料同棉花。

⑤ 涤纶：挺、爽、保形性好、耐磨、尺寸稳定、易洗快干，适用分散染料、重氮分散染料、可溶性还原染料。

⑥ 锦纶：耐磨性特别好、透气性差，适用酸性染料、散染料。

⑦ 腈纶：蓬松性好、有皮毛感，适用分散染料、阳离子染料。

⑧ 维纶：吸湿性最好，通常用于绳索、渔网等。

⑨ 丙纶：质地最轻，耐磨、耐穿、不起球。

⑩　氯纶：不易燃烧，常用作针织内衣、毛绒、工业滤布、工作服等。

⑪　氨纶：弹性最高，高伸长、高弹性，常用作紧身用品，但不着色，强力最低。

为了保证纤维产品的质量，需要对纤维品质进行检测。所谓纤维的品质是指纤维制品的使用价值，需要满足许多指标。部分指标适用于通用领域的所有纤维，另一些指标则是针对某些特定应用领域。

反映纤维品质的主要指标如下。

①　物理性能指标，包括纤维的细度、密度、光泽、吸湿性、热性能、电性能等。

②　力学性能指标，包括断裂强度、断裂伸长、初始模量、断裂功、回弹性、耐多次变形性等。

③　稳定性能指标，包括对高温和低温的稳定性、对光和大气的稳定性（耐光性、耐气候性）、对高能辐射的稳定性、对化学试剂（酸、碱、氧化剂、还原剂、溶剂等）的稳定性、对微生物作用的稳定性（耐腐性、防蛀性）、耐（防）燃性、对时间的稳定性（耐老化性）等。

④　加工性能指标，包括纺织加工性能和染色性。其中，纺织加工性能包括纤维的抱合性、起静电性（属于电性能）、静态和动态摩擦系数等，染色性包括染色难易、上色率和染色均匀性。对于帘线纤维，加工性能主要是指与橡胶的黏合性。

⑤　短纤维品质的补充指标，包括切断长度和超长纤维含量、卷曲度和卷曲稳定度。

⑥　实用性能，包括保形性、耐洗涤性、洗可穿性、吸汗性、透气性、导热性、保温性、抗沾污性、起毛结球性等。

5.6　生产实例

化学纤维是以天然高分子化合物或人工合成的高分子化合物为原料，经过制备纺丝原液、纺丝和后处理等工序制得的具有纺织性能的纤维。我国化学纤维产品主要有涤纶长丝、涤纶短丝、锦纶长丝、氨纶、黏胶短纤等。观研报告网发布的《中国化纤行业竞争态势研究与发展战略调研报告（2023—2030年)》显示，我国是化学纤维生产大国。近年来我国化学纤维产量总体呈现较快的增长态势。目前我国化纤纺织产业集聚效用凸显，形成了以浙江、江苏以及福建等为主的化纤纺织产业集聚地区。我国化学纤维行业规模以上企业数达到2167家，仪征化纤等几家企业达到世界级水平，多数化纤生产企业年生产规模在1万～2万吨。截至2022年第三季度，我国化纤企业上市公司超过30家，如荣盛石化、恒逸石化、恒力石化、桐昆股份等企业，具有很大发展潜力。

下面主要以维尼纶（聚乙烯醇缩醛纤维）为例介绍纤维的生产。

5.6.1　聚乙烯醇合成流程简介

首先，采用天然气裂解制得原材料乙炔，然后经过硫酸酸洗塔及氢氧化钠碱洗塔的净化处理后送入合成反应器内和醋酸进行合成，生成醋酸乙烯。粗醋酸乙烯经过粗馏后送入精馏。经过粗馏塔提气，脱去溶解性气体，再经过精馏塔脱去醋酸和轻组分。精制后的醋酸乙烯反应制得聚醋酸乙烯，产品从低黏度到高黏度有十几个品种，一部分聚醋酸乙烯由碱引发和碱反应进行醇解，生成块状聚乙烯醇（PVA)，粉碎成颗粒状聚乙烯醇，经过水洗、干燥、粉碎进行包装打包储存起来。

以下将对净化工序、合成工序、精馏工序、聚合工序、醇解及回收工序、乳液聚合、纺丝等主要工序，从各工序所要求的各环节分别详细介绍。

5.6.2　乙炔净化工序

含有水蒸气、二氧化碳以及高级炔烃等杂质的乙炔混合气体经过阻火塔（阻火塔有三个作用：进行生产事故的阻断，保证安全；分离部分水；消除静电离子）。阻火塔下方排水，混合气体从上方进入换热器，换热器中通入冷冻水，用以除去混合气体中的饱和水，通过冷却系统进行换热，然后通过硫酸洗涤系统，进行气液分离后通入氢氧化钠水溶液，用以除去混合气体中的二氧化碳组分。经过上述酸洗塔和碱洗塔净化过后的乙炔纯度基本达到 99%（质量分数）以上，随后进行气液分离，分离出的气体进行聚合。

先进行酸洗后进行碱洗的原因是避免先碱洗以后气体会带部分水，再进入浓硫酸中进行酸洗会剧烈放热且降低硫酸浓度。放热会导致乙炔汽化，体积增大，从而使塔内的气压急剧增大，形成物理性爆炸，酿成事故。降低硫酸浓度则会降低酸洗效果，影响去除气体中水蒸气的有效率。

5.6.3　合成工序

(1) 原材料性质

1）乙炔

理化性质：熔点（118.656kPa）−80.8℃；沸点−84℃；相对密度 0.6208（−82℃）；折射率 1.00051；闪点（开杯）−17.78℃；自燃点 305℃；在空气中爆炸极限 2.3%～72.3%（体积分数）；微溶于水，易溶于乙醇、苯、丙酮等有机溶剂，在丙酮中溶解度为237g/L（15℃，1.5MPa），溶液稳定。

主要用途：乙炔是有机合成的重要原料之一。它是合成橡胶、合成纤维和塑料的单体，广泛用于氧炔切割和焊接。

健康危害表现：乙炔对人体的危害是具有弱麻醉作用。急性中毒的表现为：工人接触10%～20%（质量分数）乙炔时，可引起不同程度的缺氧症状，出现头痛、头晕、全身无力等；吸入高浓度乙炔，初期为兴奋、多语、哭笑无常，后眩晕、头痛、恶心和呕吐，共济失调、嗜睡等；严重患者出现昏迷、紫绀、瞳孔对光反应消失、脉弱而不齐。停止吸入，症状可消失。

急救措施：急性中毒者，应立即脱离中毒现场移至空气新鲜处。注意保暖，呼吸困难时输氧。呼吸停止者，立即进行人工呼吸。进入高浓度环境中进行事故处理与救援时，必须佩戴空气呼吸器。

预防措施：生产过程密闭，加强全面通风。工作现场严禁吸烟。避免长时间直接接触。进入罐或其他高浓度区作业时，需有人监护。溶解乙炔的充装要控制流速，注意防止静电积聚。储存于阴凉、通风仓库内。库温不宜超过 30℃。远离火种、热源。应与氧气、压缩空气、卤素（氟、氯、溴）、氧化剂等分开存放。储存间内的照明、通风等设施应采用防爆型，开关设仓外。一定要配备相应品种和数量的消防器材。

2）醋酸

理化性质：强烈刺激性酸味的无色液体；熔点 16.5℃（289.6K）；沸点 118.1℃（391.2K）；相对密度 1.05；闪点 39℃；爆炸极限 4％～17％（体积分数）；纯的乙酸在低于熔点时会冻结成冰状晶体；20℃时蒸气压 1.5kPa；溶解性：能溶于水、乙醇、乙醚、四氯化碳及甘油等有机溶剂。

燃烧爆炸危险性：闪点 39℃；爆炸极限：4.0％～17％（体积分数）；能与氧化剂发生强烈反应，与氢氧化钠、氢氧化钾等反应剧烈，稀释后对金属有腐蚀性。

消防方法：用雾状水、干粉、抗醇泡沫、二氧化碳灭火。用水保持火场中容器冷却。用雾状水驱散蒸气，赶走泄漏液体，使其稀释成为不燃性混合物。并用水喷淋去堵漏的人员。

泄漏处理：污染排放类别为 Z；泄漏处理即切断火源，穿戴好防护眼镜、防毒面具和耐酸工作服，用大量水冲洗溢漏物，使之流入航道，被很快稀释，从而减少对人体的危害。

健康危害性：健康危害性评价为 2，3，2；阈限值（TLV）为 50；大鼠经口 LD50 为 3530（mg/kg）；吸入后对鼻、喉和呼吸道有强烈的刺激作用；皮肤接触，轻者出现红斑，重者引起化学灼伤；误服浓醋酸，口腔和消化道可因休克致死。

急救：若皮肤接触，先用水冲洗，再用肥皂彻底洗涤；若眼睛接触，眼睛受刺激用水冲洗，严重的须送医院诊治；若吸入蒸气得使患者脱离污染区，安置休息并保暖；误食立即漱口，给予催吐剂催吐，急送医院诊治。

防护措施：空气中深度浓度超标时，应佩戴防毒面具；戴化学安全防护眼镜；戴橡皮手套防护手。工作后，淋浴更衣，不要将工作服带入生活区。

储运：适装船型为 3。

适装舱型：不锈钢舱。

储运注意事项：注意货物温度保持为 20～35℃，即货物温度要大于其凝固点 16.7℃，防止冻结。装卸货完毕时要尽量排尽管系中的残液。

3）导热油

导热油又称传热油，正规名称为热载体油（GB/T 4016—2019），英文名称为 heat transfer oil，所以也称热导油、热煤油等。

导热油是一种热量的传递介质，由于其具有加热均匀、调温控温准确、能在低蒸气压下产生高温、传热效果好、节能、输送和操作方便等特点，近年来被广泛应用于各种场合，而且其用途和用量越来越多。

导热油作为工业油传热介质具有以下特点。

在几乎常压的条件下，可以获得很高的操作温度，即可以大大降低高温加热系统的操作压力和安全要求，提高了系统和设备的可靠性；可以在更宽的温度范围内满足不同温度加热、冷却的工艺需求，或在同一个系统中用同一种导热油同时实现高温加热和低温冷却的工艺要求，即可以降低系统和操作的复杂性；省略了水处理系统和设备，提高了系统热效率，减少了设备和管线的维护工作量，即可以减少加热系统的初投资和操作费用。

在事故原因引起系统泄漏的情况下，导热油与明火相遇时有可能发生燃烧，这是导热油系统与水蒸气系统相比所存在的问题。但在不发生泄漏的条件下，由于导热油系统在低压条件下工作，故其操作安全性要高于水和蒸汽系统。导热油与另一类高温传热介质熔盐相比，当操作温度为 400℃ 以上时，熔盐较导热油在传热介质的价格及使用寿命方面具有绝对的优势，但在其它方面均处于明显劣势，尤其是在系统操作的复杂性方面。

（2）醋酸乙烯的合成

常压下，以醋酸锌为催化剂（一般负载在活性炭上），乙炔和醋酸蒸气在 200℃ 左右发生反应而得。

$$HC\equiv CH + CH_3COOH \longrightarrow H_2C=CH(OCOCH_3)$$

伴随上述反应还发生一些副反应，生成乙醛、丁烯醛（巴豆醛）、二乙烯基乙炔等。为避免上述副反应产物对醋酸乙烯的聚合产生不良影响，反应获得的粗制品需精制。该方法生产的醋酸乙烯产率高，以乙烯计为 92%～98%，以醋酸计为 95%～98%。

5.6.4 醋酸乙烯精馏流程

① 脱气：通过脱气去除醋酸乙烯中含有的溶解性气体。
② 粗馏：除去醋酸乙烯中含有的轻组分（主要指 VAc、H_2O、CH_3CHO、丙酮）。
③ 轻组分系统：回收 VAc，精制乙醛，除去丙酮。
④ VAc 精制系统：精制出成品 VAc。
⑤ HAc 精制系统：精制出成品 HAc。

5.6.5 醋酸乙烯聚合流程

聚醋酸乙烯，又称聚乙酸乙烯酯、醋酸乙烯树脂（vinyl acetate resin）或乙酸乙烯树脂。是由醋酸乙烯聚合而得的无定型聚合物，属热塑性树脂。理化性质：分子量 2 万～20万。随聚合方法不同可制得无色胶乳或无色透明珠状固体。固体相对密度 1.19；折射率1.47；玻璃化转变温度 28～40℃；拉伸强度 34MPa；介电常数（10^3 Hz）1.15；吸水性2%～5%。溶于芳烃、酮、醇、酯和三氯甲烷。黏着力强，耐稀酸、稀碱。在阳光及125℃ 温度下稳定。遇浓碱和浓酸分解。醋酸乙烯以自由基引发剂引发，可用乳液、悬浮、本体和溶液聚合法生产。

用于制备聚乙烯醇纤维的聚醋酸乙烯一般采用溶液聚合的方法，主要在于溶液聚合较易控制且产品质量好，能保证制备的聚醋酸乙烯具有良好的分子规整性、聚合度分布较均匀，有利于制备得到性能优良的纤维。

首先，将含有 20%～22%（质量分数）甲醇的醋酸乙烯溶液、引发剂偶氮二异丁腈、甲醇溶液加入预热器，预热到 60℃。在第一聚合釜中，60～65℃，常压下约有 20%（质量分数）醋酸乙烯发生聚合，由釜底抽出，一部分进入循环，另一部分用泵送入下一个反应釜，温度保持为 63～65℃，反应 2.5h，转化率提高至 50%～60%，接着进入精馏塔。蒸馏时，由塔底吹入甲醇蒸气，从塔顶不断加入纯水。由釜底取出约 25%（质量分数）的聚醋酸乙烯的甲醇溶液，用甲醇稀释至 22%（质量分数）供醇解用（图 5-5）。

5.6.6 聚醋酸乙烯醇解流程

采用聚醋酸乙烯在碱作用下醇解可制得成纤用聚乙烯醇，反应式如下：

$$PVAc + nCH_3OH \xrightarrow{NaOH} PVA + nCH_3OAc$$

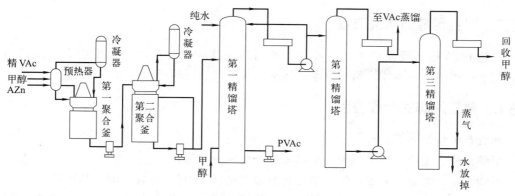

图 5-5　醋酸乙烯聚合工艺流程图

在发生上述反应时，还有以下两种副反应发生，含水量增大，副反应影响增大。

$$PVAc + nNaOH \longrightarrow PVA + nNaOAc$$

$$CH_3OAc + NaOH \longrightarrow CH_3OH + NaOAc$$

根据碱用量，有高碱醇解和低碱醇解两种方法。

聚醋酸乙烯和甲醇一起进入醇解釜，在由甲醇溶解的氢氧化钠溶液中进行醇解，生成块状聚乙烯醇，再送入粉碎机，粉碎成颗粒状，最后送入干燥机中进行干燥，得到成品颗粒状聚乙烯醇 PVA（图 5-6），质量标准如表 5-2 所述。

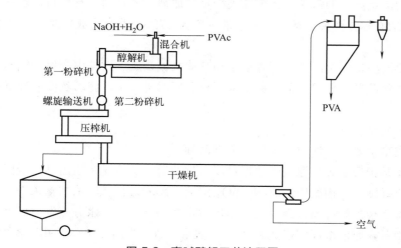

图 5-6　高碱醇解工艺流程图

表 5-2　纤维级聚乙烯醇树脂质量指标

项目	高碱醇解	低碱醇解
平均聚合度	1750±50	1750±50
挥发分/%	≤8.0	≤9.0
氢氧化钠的质量分数/%	≤0.30	≤0.30
残留乙酸根的质量分数/%	≤0.20	≤0.20
醋酸钠的质量分数/%	≤7.0	≤2.3
纯度/%	≥84.7	≥88.4
透明度/%	≥90.0	≥90.0
色度/%	≥86.0	≥86.0
膨润度/%	190±15	145±15

5.6.7 聚乙烯醇的水洗流程

产品 PVA 送入浸渍槽中进行浸泡，然后送入膨润槽，在洗涤槽中用金属网传递过滤，在浆料槽中进行缓冲，然后脱水，送至纺丝车间进行纺丝。

5.6.8 聚乙烯醇的回收流程

回收系统包括如下三种。

甲醇系统：主要是分离提纯醇解单元中未反应的甲醇；

甲酯系统：主要是分离甲酯（主要是醋酸甲酯），并将其分解为醋酸和甲醇；

醋酸系统：主要是分离提纯醋酸，然后将其打到 VAc 车间与乙炔反应生产醋酸乙烯。

5.6.9 聚乙烯醇纺丝

PVA 纤维可通过湿法纺丝制备。具体工序如下：①配制纺丝原液；②纤维成型；③后处理。

(1) 纺丝原液配制

通过溶解、混合、过滤、脱泡等一系列工序得到纺丝原液。

首先，在间歇式溶解釜中，将聚乙烯醇于 98℃溶于水配成 14%～18%（质量分数）的水溶液，为满足产品的需求，还可加入少量添加剂、消光剂、有色料及硼酸等。对于平均聚合度为 1750±50 的聚乙烯醇，水溶液浓度为 15%（质量分数）时，落球黏度计黏度为 135Pa·s。

为防止原液中未完全溶解的凝胶粒子和其他机械杂质、搅拌中产生的气泡对纤维产生不良影响，纺丝液在送入纺丝前，可以采用板框压滤机二次过滤纺丝液后静置脱泡，温度保持在 98℃。

(2) 纤维成型

纤维的成型主要有干法成型与湿法成型两种。

湿法成型是指聚乙烯醇原液经烛形过滤器过滤后，从喷丝头喷出进入凝固浴中，在凝固浴中凝固成纤维。常用凝固浴有 Na_2SO_4 溶液、NaOH 溶液、有机溶液等。

干法纺丝是聚乙烯醇原液经喷丝头喷出后，在热空气中使水分蒸发而成型。干法一般用于长丝的制备，原液浓度一般达到 35%（质量分数）左右，喷丝头孔数较少，为 100～200 孔。纺丝速度要快，200m/min 以上，产量不大，生产中多用湿法纺丝（图 5-7）。

湿法纺丝中用的无机盐一般能在水中解离，生成的离子对水分子有一定的亲和能力，常把大量的水吸附在其周围，形成水化层。当原液细流进入凝固浴后，通过凝固浴组分和原液组分的双扩散作用，原液中大量的水分子被凝固浴中的无机盐所夺取，从而使原液中的大分子沉淀出来凝固成纤维。相对而言，硫酸钠价廉易得因而在工业上应用广泛。凝固浴温度一般为 41～46℃。此方法喷丝头拉伸率一般取−30%～−10%，以便提高产品均匀度和强度。PVA 纤维湿法纺丝的方法与腈纶相同，纺丝机也分为立式和卧式两大类。喷丝头有圆形和方形孔，孔数为 4000～48000。

(3) 后处理

以湿法纺丝制备 PVA 短纤维后加工流程有短纤维后加工和长束纤维后加工两种，前

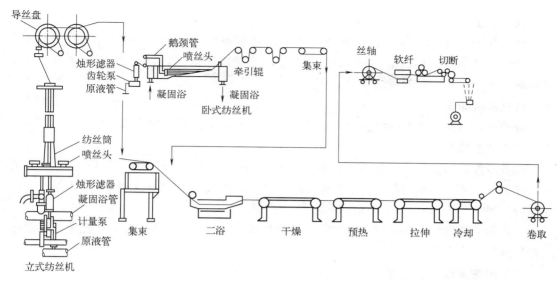

图 5-7　PVA 湿法成型及后处理

者是丝束先经切断而后再进行缩醛化和其他工艺的后加工过程，适用于民用短纤维；后者则是丝束先经缩醛化后再经加工，最后进行牵引切纺成纱，适用于生产某种产业用牵切纱。图 5-8 与图 5-9 分别为短纤维后处理加工流程和长束纤维后处理加工流程示意图。

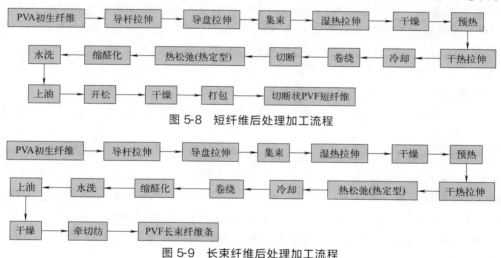

图 5-8　短纤维后处理加工流程

图 5-9　长束纤维后处理加工流程

5.6.10　PVA 纤维的性能与品质指标

(1) 密度

聚乙烯醇纤维的相对密度 1.26～1.30，与羊毛、聚酯纤维、醋酸纤维接近，比聚酰胺纤维、聚丙烯腈纤维稍重一些，但比棉纤维、黏胶纤维轻得多。

(2) 长度

根据用途选择。

(3) 线密度

根据用途选择。

（4）强度

聚乙烯醇纤维的强度较好，普通短纤维的断裂强度为 $3.54 \sim 5.75$cN/dtex（1cN＝0.0098N，1dtex＝0.1g/km），略高于棉纤维，工业用纤维断裂强度高于 6.19cN/dtex，干态强度大于湿态。

（5）断裂伸长率

普通纺织用聚乙烯醇纤维的断裂伸长率为 $10\% \sim 30\%$，比棉纤维高一倍多。

（6）弹性模量

制备条件不同，弹性模量不同。棉型短纤维弹性模量为 $35.4 \sim 44.25$cN/dtex，毛型短纤维为 $44.25 \sim 48.67$cN/dtex，工业用纤维为 $70.2 \sim 92.92$cN/dtex。

（7）弹性

聚乙烯醇纤维的伸长弹性度比羊毛、聚酯纤维、聚丙烯腈纤维等差，但比棉短纤维和黏胶纤维好。

（8）耐热水性和耐热性

耐热水性和耐热性对聚乙烯醇纤维具有重要意义。耐热水性和耐热性一般用水中软化点、沸水收缩率、煮沸减量等指标表示。水中软化点是纤维收缩 10% 时的热水温度，这是聚乙烯醇纤维半成品的耐热水性能指标。经缩醛化后的聚乙烯醇成品纤维，用专用方法测试的水中软化点一般在 $110℃$ 左右。

沸水收缩率是纤维在水中煮沸 30min 时的收缩率。聚乙烯醇短纤维的沸水收缩率为 1% 左右。煮沸减量是纤维在沸水重煮沸 30min 时质量减轻的百分数。聚乙烯醇短纤维的煮沸减量为 0.6% 左右。干热软化点是纤维在热空气中收缩 10% 时的温度。聚乙烯醇纤维的干热软化点一般为 $215℃$ 左右，温度到 $220 \sim 230℃$ 便已经软化。

（9）吸湿性

PVA 纤维吸湿性良好，是合成纤维中吸湿性最好的，在标准状态下的回潮率为 $4.5\% \sim 5.0\%$。

（10）耐化学药品性

PVA 纤维耐化学药品综合性能优良，10%（质量分数）HCl 或 30%（质量分数）H_2SO_4 对其强度无损，在 50%（质量分数）NaOH 中只是颜色发黄，强度不受影响。和其他合成纤维相比，聚乙烯醇纤维耐酸、耐碱性都较好，而涤纶不耐碱，锦纶不耐酸。

此外，聚乙烯醇纤维耐光、耐磨、抗虫噬、耐霉菌腐蚀性良好。

思考题

（1）制备纤维的高分子原料需要满足哪些条件？

（2）请简述溶液纺丝的原理、工艺过程及相关设备。

（3）请简述熔体纺丝的原理、工艺过程及相关设备。

第6章

涂料、皮革、胶黏剂企业生产实习

6.1 涂料、皮革、胶黏剂企业生产实习任务及要求

① 了解涂料、皮革、胶黏剂生产企业的组织结构、生产组织及管理模式；

② 熟悉原料车间、加工车间、质检车间的布置、规划及管理特点；

③ 熟悉涂料、皮革和胶黏剂加工的基本特点；

④ 掌握涂料、皮革和胶黏剂加工、检验岗位所需的基础知识和基本技能；

⑤ 熟悉涂料的常规制备工艺，了解绿色涂料的发展趋势；

⑥ 熟悉常用胶黏剂的配方及应用领域；

⑦ 熟悉皮革的原料处理、成型工艺过程、技术参数及控制方法、事故处理方法等；

⑧ 了解涂料、皮革、胶黏剂生产过程中废液、废气、废渣处理的常用方法。

6.2 涂料

6.2.1 涂料简介

涂料是涂覆在物体表面，并能与被涂物形成牢固附着的连续固态薄膜的一类涂装材料，具有保护、装饰、绝缘、防腐、耐热、防霉、标志等性能，主要包含成膜物质、分散介质、颜填料和助剂四大部分，可以是固体或液体，以液体居多。

涂料种类较多，按成膜物质分为醇酸树脂漆、环氧树脂漆、丙烯酸树脂漆、不饱和聚酯漆、酚醛树脂漆、硝基漆、聚氨酯漆、氯化橡胶漆、乙烯基树脂漆等；按固化机理可分为非转化型和转化型两大类。

其中，非转化型涂料，如挥发性涂料和热塑性粉末涂料等，是通过溶剂挥发或熔合作用，形成致密的涂膜。常见的挥发性涂料有硝基涂料、过氯乙烯涂料、热塑性丙烯酸树脂涂料和沥青树脂涂料等。转化型涂料，如热固性涂料，靠化学反应交联成膜。此类涂料的树脂分子量较低，它们通过缩合、加聚或氧化聚合交联成网状大分子固态涂膜。①由于缩

合反应大多需要外界提供能量，因此一般需要加热使涂膜固化，即需要烘干，例如氨基涂料、热固性丙烯酸树脂涂料等，固化温度都在 120℃ 以上。②依靠氧化聚合成膜的涂料，依赖于空气中 O_2 的作用，既可常温固化，又可加热固化，如酚醛涂料、醇酸涂料和环氧酯型环氧树脂涂料等。③依靠加成聚合反应固化成膜的涂料，一般可在常温下较快地反应固化成膜，所以此类涂料一般为双组分涂料，如丙酸聚氨酯涂料、双组分环氧树脂涂料和湿固化聚氨酯涂料。

目前涂料被广泛应用运输工具、建筑、电子产品、皮革、造纸、印染及日用品的涂饰。

6.2.2 涂料常用成膜物质

涂料中的成膜物质是使涂料牢固附着于被涂物表面，形成连续薄膜的主要物质，是构成涂料的基础，决定涂料的基本性质。合成高分子成膜物质主要有醇酸树脂、聚酯树脂、丙烯酸树脂、聚氨酯树脂、环氧树脂、氨基树脂、氟硅酸树脂、高氯化聚乙烯、氯化橡胶等。常用的天然成膜高分子有以矿物为来源的沥青、以植物为来源的生漆、以动物为来源的虫胶等。其中，沥青来源广泛、价格便宜、耐腐蚀性能良好。生漆是我国特产，来源不同性能不一，有的耐候性好，有的耐溶剂性好或力学性能优良，根据性能不同应用领域也不一样。下面主要介绍人工合成的高分子成膜物质。

6.2.2.1 醇酸树脂涂料

醇酸树脂涂料是以醇酸树脂为主要成膜物质的一类涂料。醇酸树脂涂料用途广、适应性强。主要性能：漆膜干燥后耐候性好、不易老化、保光性能持久、耐摩擦、柔韧性强，可采用喷涂、刷涂施工方法，经烘干后耐油、耐水、绝缘性都大大提高。醇酸树脂可与其他树脂配成多种不同性能的自干或烘干磁漆、底漆、面漆和清漆，广泛用于桥梁等建筑物以及机械、车辆、船舶、飞机、仪表、木器等涂装。

醇酸树脂可由多元酸、多元醇和油类（脂肪酸）经缩聚化反应生成。原料主要有植物油（或脂肪酸）、多元醇、有机酸与多元酸等（表 6-1）。

表 6-1 制备醇酸树脂的常用原料

配料		物　质
植物油		桐油、亚麻仁油、豆油、棉籽油、妥尔油、红花油、脱水蓖麻油、蓖麻油、椰子油等。植物油经水解得到的脂肪酸为各种饱和脂肪酸和不饱和脂肪酸的混合物
多元醇		多元醇按羟基官能团的数量，主要有二元醇、三元醇、四元醇和六元醇。二元醇主要有乙二醇、1,2-丙二醇、1,3-丙二醇、新戊二醇、1,3-丁二醇、二乙二醇等；三元醇主要有丙三醇（甘油）、三羟甲基丙烷等；四元醇主要有季戊四醇；六元醇主要有二季戊四醇
有机酸、多元酸	一元酸	苯甲酸、松香酸、对叔丁基苯甲酸、2-乙基己酸、月桂酸（十二烷酸）、辛酸、癸酸等。一元酸中的苯甲酸可以提高耐水性，由于增加了苯环单元，可以改善涂膜的干性和硬度，但用量不能太多，否则涂膜变脆
	二元酸或多元酸	邻苯二甲酸酐（最常用，原料充足，价格便宜，与多元醇反应时是放热反应，反应温度较低）、间苯二甲酸（提高耐候性和耐化学品性，但其熔点高、活性低，用量不能太大）、对苯二甲酸、己二酸、癸二酸（含有多亚甲基单元，可以用来平衡硬度、柔韧性及抗冲击性）、偏苯三酸酐（制得的醇酸树脂比相同油度的邻苯二甲酸、间苯二甲酸制得的干燥快且硬度高，调整偏苯三酸酐在配方中的用量，可制得含剩余羧基的醇酸树脂，经用胺中和成盐可制得水溶性醇酸树脂）、均苯四甲酸酐等

生产醇酸树脂的方法主要有醇解法和脂肪酸法两种。

其中，以植物油、甘油、邻苯二甲酸酐为原料，采用醇解法制醇酸树脂原理如下。

(1) 植物油与甘油的醇解反应

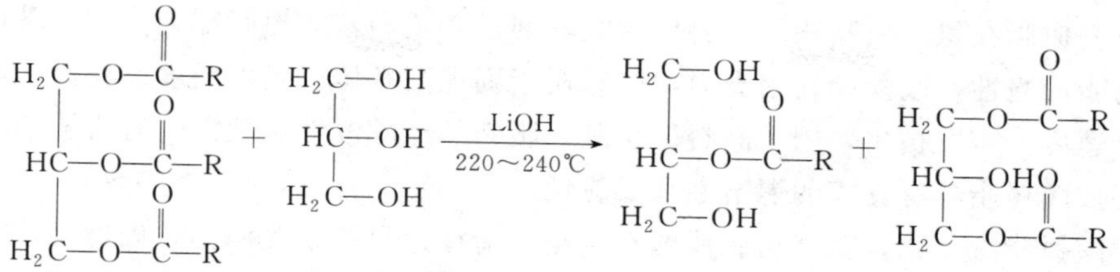

醇解时，用碱性催化剂（CaO、LiOH、蓖麻酸锂等），240℃左右完成。

(2) 甘油单酯与邻苯二甲酸酐的酯化反应

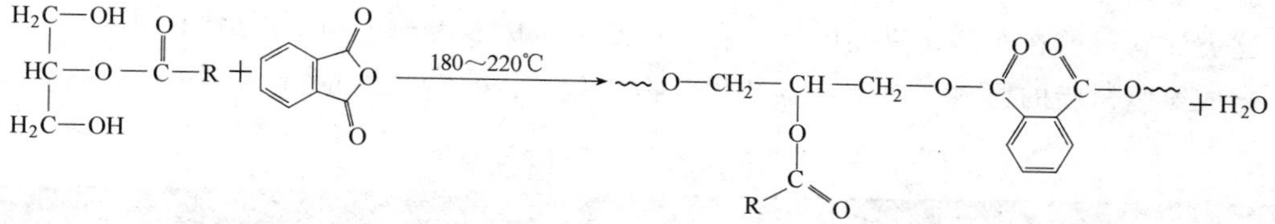

醇解法生产醇酸树脂有醇解和酯化缩聚两个工序。酯化反应为可逆反应，在酯化缩聚过程中，需把酯化生成的水不断脱除，才能使缩聚反应顺利进行。脱水的方法主要有熔融脱水和共沸脱水两种。相应地，酯化缩聚工艺有两种：熔融法和溶剂法。

熔融法不加共沸溶剂，反应在较高的温度下进行，通过加热把酯化生成的水蒸气除去。该法操作安全，设备简单且利用率高，但树脂颜色深，分子结构不均匀，且不同批次树脂的性能差别大，工艺操作较困难，酯化阶段始终要在惰性气体保护下进行，增加生产成本，主要用于合成聚酯。

溶剂法是在缩聚体系中加入共沸溶剂来除去酯化反应生成的水。优点是制备的醇酸树脂颜色较浅，质量均匀，产率较高，酯化温度较低且易控制，设备易清洗等。但是，设备利用率比熔融法低，且因为有低沸点的溶剂，操作安全性不如熔融法。目前，醇解法生产醇酸树脂的酯化工艺主要采取溶剂法，所用溶剂主要有二甲苯。

首先，把油加入反应釜中，然后，按照油∶甘油∶催化剂的质量比为1∶（0.2～0.4）∶（0.0002～0.0004）加入甘油和催化剂，催化剂为 CaO、LiOH、PbO 等。在惰性气体保护下，加热到200～250℃，催化剂与油反应生成皂，最后将达到一个平衡点，即甘油一酯、甘油二酯、甘油三酯和游离的甘油量不再变化。醇解完成后，即可进入聚酯化反应。将温度降到180℃，分批加入苯酐和反应物总质量3%～10%的回流溶剂二甲苯，在180～220℃之间缩聚。

聚酯化反应宜采取逐步升温工艺，保持正常出水速率，避免反应过于剧烈造成物料夹带，影响单体配比和树脂结构。另外，搅拌也应遵从先慢后快的原则，使聚合平稳、顺利地进行。

聚酯化反应需要关注出水速率和出水量，并按规定时间取样，测定酸值和黏度，达到规定后降温、稀释，经过过滤，制得漆料。

6.2.2.2 氨基树脂涂料

氨基树脂涂料是以氨基树脂和醇酸树脂等树脂混合为主要成膜物质的一类涂料。用于制备涂料的氨基树脂有三种：一种是三聚氰胺甲醛树脂，另外两种是脲醛树脂和苯代三聚氰胺甲醛树脂。但是若单纯用氨基树脂制备涂料，加热固化后的漆膜硬而脆，附着力差，因此，氨基树脂在氨基树脂漆中主要作为交联剂，必须和基体树脂配合使用。基体树脂克服氨基树脂的脆性，改善涂料附着力，氨基树脂则提高基体树脂的硬度、光泽、耐化学性以及烘干速度。需要指出，用于涂料的氨基树脂必须经醇改性以便溶于有机溶剂，并且需要与主要成膜树脂具有良好的混溶性和反应性。

与醇酸树脂漆相比，氨基树脂漆的特点是：清漆色泽浅，光泽高，硬度高，有良好的电绝缘性；色漆外观丰满，色彩鲜艳，附着力优良，耐老化性好，具有良好的抗性；干燥时间短，施工方便，有利于涂漆的连续化操作。尤其是三聚氰胺甲醛树脂，它与不干性醇酸树脂、热固性丙烯酸树脂、聚酯树脂配合，可制得保光保色性极佳的高级白色或浅色烘漆。这类涂料目前在车辆、家用电器、轻工产品、机床等方面得到了广泛的应用。

合成氨基树脂的原料主要有：氨基化合物、醛类、醇类（表 6-2）。

表 6-2　合成氨基树脂的主要原料

原料类型	物　质
氨基化合物	尿素、三聚氰胺、苯代三聚氰胺
醛类	甲醛、多聚甲醛
醇类	甲醇、工业无水乙醇、乙醇、异丙醇、正丁醇、异丁醇和辛醇

（1）脲醛树脂合成

脲醛树脂是尿素和甲醛在碱性或酸性条件下缩聚而成的树脂，反应可在水中进行，也可在醇溶液中进行。尿素和甲醛的摩尔比、反应介质的 pH 值、反应时间、反应温度等对产物的性能有较大影响。反应包括弱碱性或微酸性条件下的加成反应、酸性条件下的缩聚反应以及用醇进行的醚化反应。

① 加成反应（羟甲基化反应）。尿素和甲醛的加成反应可在碱性或酸性条件下进行，在此阶段主要产物是羟甲基脲，并依甲醛和尿素摩尔比的不同，可生成一羟甲基脲、二羟甲基脲或三羟甲基脲。

$$H_2N-\overset{\overset{\displaystyle O}{\|}}{C}-NH_2 + HCHO \xrightleftharpoons{OH^- \text{ 或 } H^+} H_2N-\overset{\overset{\displaystyle O}{\|}}{C}-\underset{\underset{\displaystyle H}{|}}{N}-CH_2OH$$

$$H_2N-\overset{\overset{\displaystyle O}{\|}}{C}-CH_2 + 2HCHO \xrightleftharpoons{OH^- \text{ 或 } H^+} HOH_2C-\underset{\underset{\displaystyle H}{|}}{N}-\overset{\overset{\displaystyle O}{\|}}{C}-\underset{\underset{\displaystyle H}{|}}{N}-CH_2OH$$

② 缩聚反应。在酸性条件下，羟甲基脲与尿素或羟甲基脲之间发生羟基与羟基或羟基与酰胺基间的缩合反应，生成亚甲基。通过控制反应介质的酸度、反应时间可以制得分子量不同的羟甲基脲低聚物，低聚物间若继续缩聚就可制得体型结构聚合物。

$$HOH_2C-\underset{\underset{\displaystyle H}{|}}{N}-\overset{\overset{\displaystyle O}{\|}}{C}-NH_2 + HOH_2C-\underset{\underset{\displaystyle H}{|}}{N}-\overset{\overset{\displaystyle O}{\|}}{C}-\underset{\underset{\displaystyle H}{|}}{N}-CH_2OH \xrightleftharpoons{H^+,\ -H_2O}$$

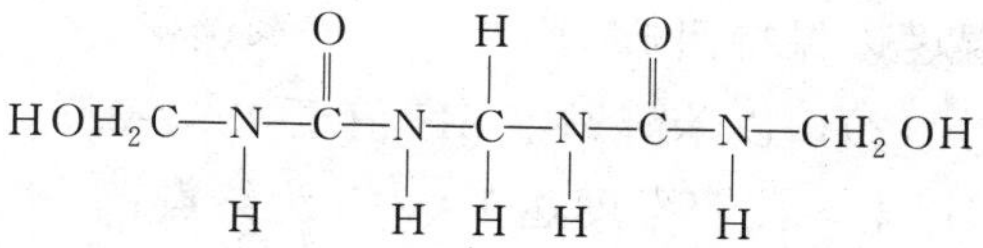

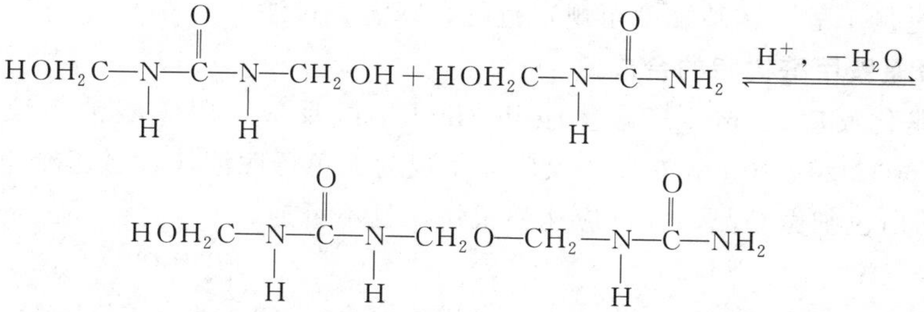

$$\text{HOH}_2\text{C—N—C—N—C—N—C—N—CH}_2\text{OH}$$

$$\text{HOH}_2\text{C—N—C—N—CH}_2\text{OH} + \text{HOH}_2\text{C—N—C—NH}_2 \underset{}{\overset{\text{H}^+,\ -\text{H}_2\text{O}}{\rightleftharpoons}}$$

$$\text{HOH}_2\text{C—N—C—N—CH}_2\text{O—CH}_2\text{—N—C—NH}_2$$

③ 醚化反应。羟甲基脲低聚物具有亲水性，不溶于有机溶剂，因此不能用作溶剂型涂料的交联剂。用于涂料的脲醛树脂必须用醇类醚化改性，醚化后的树脂中具有一定数量的烷氧基，使树脂的极性降低，从而使其在有机溶剂中的溶解性增大，可用作溶剂型涂料的交联剂。

用于醚化反应的醇类，其分子链越长，醚化产物在有机溶剂中的溶解性越好。用甲醇醚化的树脂仍具有水溶性，用乙醇醚化的树脂有醇溶性，而用丁醇醚化的树脂在有机溶剂中则有较好的溶解性。

醚化反应是在弱酸性条件下进行的，此时发生醚化反应的同时，也发生缩聚反应，如：

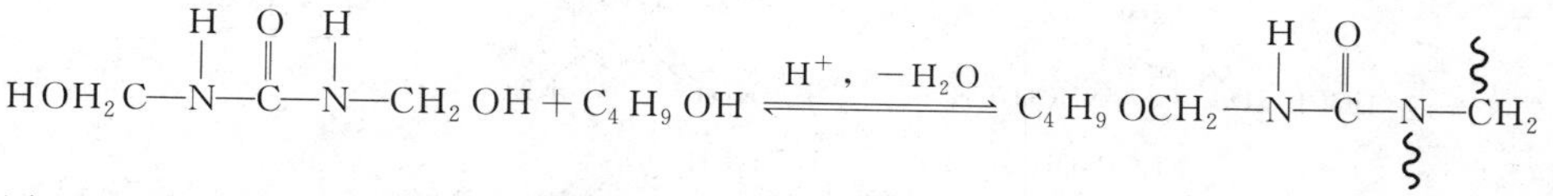

$$\text{HOH}_2\text{C—N—C—N—CH}_2\text{OH} + \text{C}_4\text{H}_9\text{OH} \underset{}{\overset{\text{H}^+,\ -\text{H}_2\text{O}}{\rightleftharpoons}} \text{C}_4\text{H}_9\text{OCH}_2\text{—N—C—N—CH}_2$$

制备丁醚化树脂时一般使用过量的丁醇，这有利于醚化反应的进行。弱酸性条件下，醚化反应和缩聚反应是同时进行的。

合成工艺：尿素和甲醛先在碱性条件下进行羟甲基化反应，然后加入过量的丁醇，反应物的 pH 值调至微酸性，进行醚化和缩聚反应，控制丁醇和酸性催化剂的用量，使两种反应平衡进行。在羟甲基化过程中也可加入丁醇。脲醛树脂的醚化速度较慢，故酸性催化剂用量略多，随着醚化反应的进行，树脂在脂肪烃中的溶解度逐渐增加。醚化反应过程中，通过测定树脂对 200 号油漆溶剂油的容忍度来控制醚化程度。

丁醚化脲醛树脂制备的典型配方如表 6-3 所示。

表 6-3　丁醚化脲醛树脂的原料配方

项目	尿素	37%甲醛	丁醇(1)	丁醇(2)	二甲苯	苯酐
分子量	60	30	74	74		
物质的量/mol	1	2.184	1.09	1.09		
质量分数/%	14.5	42.5	19.4	19.4	4.0	0.3

合成步骤如下：

① 将甲醛加入反应釜中，用 10%（质量分数）氢氧化钠水溶液调节 pH 值至 7.5～8.0，加入已破碎尿素；

② 微热至尿素全部溶解后，加入丁醇（1），再用 10%氢氧化钠水溶液调节 pH＝8.0；

③ 加热升温至回流温度，保持回流 1h；

④ 加入二甲苯、丁醇（2），以苯酐调整 pH 值至 4.5～5.5；

⑤ 回流脱水至 105℃以上，测容忍度达 1：2.5 为终点；

⑥ 蒸出过量丁醇，调整黏度至规定范围，降温，过滤。

（2）三聚氰胺甲醛树脂的合成

① 羟甲基化反应。1mol 三聚氰胺和 3mol 甲醛反应，用碳酸钠溶液调节 pH 值至 7.2，在 50～60℃反应 20min 左右，反应体系成为无色透明液体，迅速冷却后可得三羟甲基三聚氰胺的白色细微结晶，此反应速率很快，且不可逆。

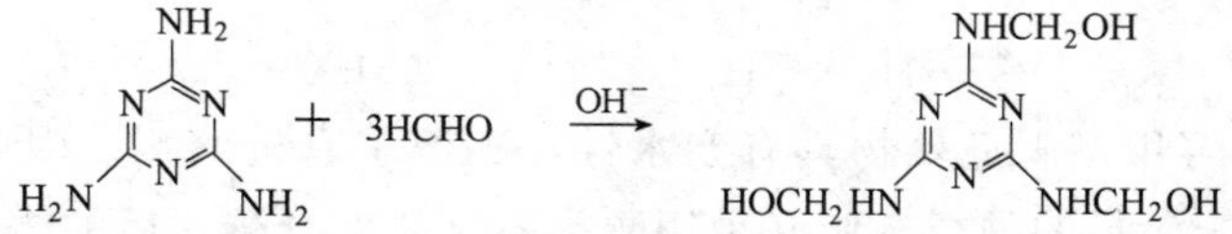

在过量的甲醛存在下，可生成多于三个羟甲基的羟甲基三聚氰胺，此时反应可逆。甲醛过量越多，三聚氰胺结合的甲醛就越多。一般 1mol 三聚氰胺和 3～4mol 甲醛结合，得到处理纸张和织物的三聚氰胺树脂；和 4～5mol 甲醛结合，经醚化后得到用于涂料的三聚氰胺树脂。

② 缩聚反应。在弱酸性条件下，多羟甲基三聚氰胺分子间的羟甲基与未反应的活泼氢原子之间或羟甲基之间可缩合成亚甲基：

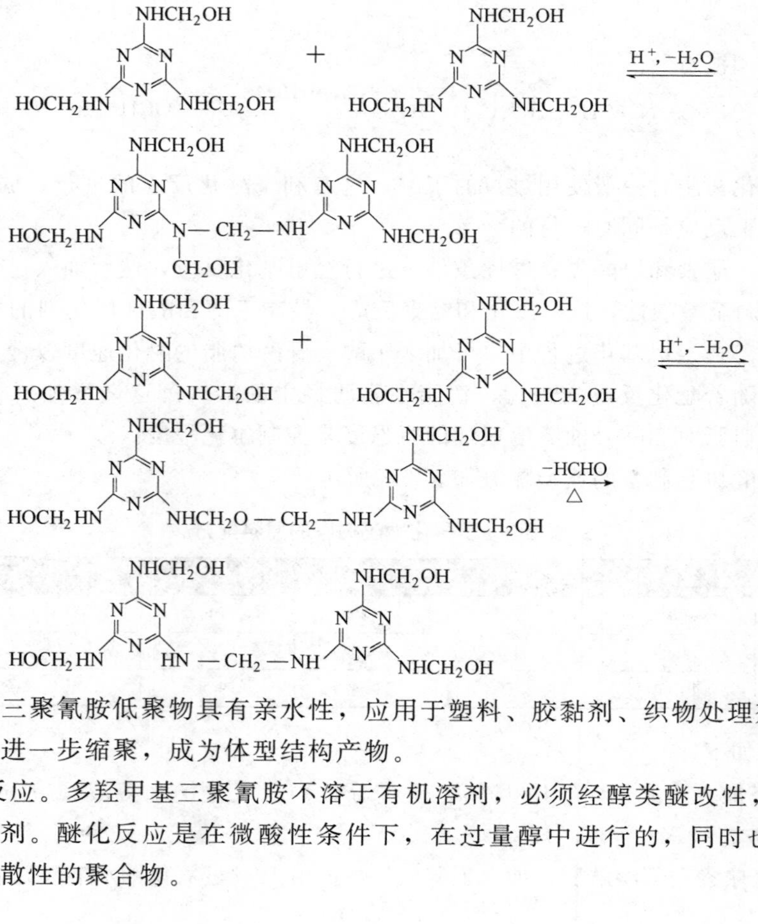

多羟甲基三聚氰胺低聚物具有亲水性，应用于塑料、胶黏剂、织物处理剂和纸张增强剂等方面，经进一步缩聚，成为体型结构产物。

③ 醚化反应。多羟甲基三聚氰胺不溶于有机溶剂，必须经醇类醚改性，才能用作溶剂型涂料交联剂。醚化反应是在微酸性条件下，在过量醇中进行的，同时也进行缩聚反应，形成多分散性的聚合物。

$$\underset{\substack{\text{NHCH}_2\text{OH} \\ \text{HOCH}_2\text{HN} \quad \text{NHCH}_2\text{OH}}}{\text{三嗪环}} + \text{ROH} \xrightarrow[\text{H}^+,\,-\text{H}_2\text{O}]{} \underset{\substack{\sim\sim\text{NCH}_2\text{OR} \\ \text{HOH}_2\text{CN} \quad \text{NCH}_2\text{OR}}}{\text{三嗪环}}$$

在微酸性条件下，醚化和缩聚是两个竞争反应。若缩聚快于醚化，则树脂黏度高，不挥发分低，与中长油度醇酸树脂的混溶性差，树脂稳定性也差；若醚化快于缩聚，则树脂黏度低，与短油度醇酸树脂的混溶性差，制成的涂膜干性慢，硬度低。所以必须控制条件，使这两个反应均衡进行，并使醚化略快于缩聚，达到既有一定的缩聚度，使树脂具有优良的抗性，又有一定的烷氧基含量，使其与基体树脂有良好的混溶性。

丁醇醚化三聚氰胺树脂的生产过程分反应、脱水和后处理三个阶段。

① 反应阶段。各种原料投入后，在微酸性介质中同时进行羟甲基化反应、醚化反应和缩聚反应。二步法在反应过程中，物料先在微碱性介质中主要进行羟甲基化反应，反应到一定程度后，再转入微酸性介质中进行缩聚和醚化反应。一步法工艺简单，但必须严格控制反应介质的 pH 值，二步法反应较平稳，生产过程易于控制。

② 脱水阶段。将水分不断及时地排出，有利于醚化反应和缩聚反应正向进行。脱水有蒸馏法和脱水法两种方式。蒸馏法一般是加入少量的苯类溶剂进行苯类溶剂-丁醇-水三元恒沸蒸馏，苯类溶剂中苯毒性较大，一般是采用甲苯或二甲苯，其加入量约为丁醇量的10%，采用常压回流脱水，通过分水器分出水分，丁醇返回反应体系。脱水法是在蒸馏脱水前先将反应体系中部分水分离出去，以降低能耗，缩短工时。

③ 后处理阶段。包括水洗和过滤两个处理过程。通过水洗，除去亲水性物质，提高产品质量，增加树脂储存稳定性和抗水性。而过滤，是为了除去树脂中未反应的三聚氰胺以及未醚化的羟甲基三聚氰胺低聚物、残余的催化剂等杂质。

水洗方法是在树脂中加入 20%～30%（质量分数）的丁醇，再加入与树脂等量的水，然后加热回流，静置分层后，减压回流脱水，待水脱尽后，再将树脂调整到规定的黏度范围，冷却过滤后即得透明而稳定的树脂。

三聚氰胺甲醛树脂制备典型配方如表 6-4 所示。

表 6-4 丁醇醚化三聚氰胺甲醛树脂的典型生产配方

	项目	三聚氰胺	37%甲醛	丁醇(1)	丁醇(2)	碳酸镁	苯酐	二甲苯
	分子量	126	30	74	74	—	—	—
低醚化度	物质的量/mol	1	6.3	5.4	—	—	—	—
	质量分数/%	11.6	46.9	36.8	—	0.04	0.04	4.6
高醚化度	物质的量/mol	1	6.3	5.4	0.8	—	—	—
	质量分数/%	10.9	44.2	34.7	5.8	0.03	0.04	4.3

具体步骤：

① 将甲醛、丁醇（1）、二甲苯投入反应釜中，搅拌下加入碳酸镁、三聚氰胺；

② 搅匀后升温，并回流 2.5h；

③ 加入苯酐，调整 pH 值至 4.5～5.0，再回流 1.5h；

④ 静置，分出水层；

⑤ 开动搅拌，升温回流出水，直到 102℃以上，树脂对 200 号油漆溶剂油容忍度为1∶（3～4）；

⑥ 蒸出部分丁醇，调整黏度至规定范围，降温过滤。

要生产高醚化度三聚氰胺树脂，可在上述树脂中加入丁醇（2），继续回流脱水，直至容忍度达到 1：（10～15），蒸出部分丁醇，调整黏度至规定范围，降温过滤。

（3）苯代三聚氰胺甲醛树脂的合成

苯代三聚氰胺甲醛树脂的合成原理与三聚氰胺甲醛树脂基本相同。苯代三聚氰胺与甲醛在碱性条件下先进行羟甲基化反应，然后在弱酸性条件下，羟甲基化产物与醇类进行醚化反应的同时也进行缩聚反应。由于苯环的引入，官能度降低，分子中氨基的反应活性也有所降低。苯代三聚氰胺的反应性介于尿素与三聚氰胺之间。

丁醚化苯代三聚氰胺甲醛树脂的合成工艺如下。

一般配方中，苯代三聚氰胺、甲醛、丁醇的摩尔比为 1：（3～4）：（3～5）。

制备时分两步进行，第一步在碱性介质中进行羟甲基化反应，第二步在微酸性介质中进行醚化和缩聚反应。水分可用分水法或蒸馏法除去。

典型生产配方如表 6-5 所示。

表 6-5　丁醚化苯代三聚氰胺甲醛树脂的典型生产配方

项目	苯代三聚氰胺	37%甲醛	丁醇	二甲苯	苯酐
分子量	187	30	74		
物质的量/mol	1	3.2	4		
质量分数/%	22.8	32.9	36.2	8.1	0.07

具体步骤：

① 将甲醛投入反应釜中，搅拌，用 10%（质量分数）氢氧化钠调节 pH 值至 8.0；

② 加入丁醇和二甲苯，缓缓加入苯代三聚氰胺；

③ 升温，常压回流至出水量约为 10%；

④ 加入苯酐，调节 pH 值至 5.5～6.5；

⑤ 继续回流出水至 105℃以上，取样测纯苯混溶性达 1：4，透明为终点；

⑥ 蒸出过量丁醇，调整黏度到规定的范围，冷却过滤。

（4）共缩聚树脂的合成

为改善某些聚氨酯的特性，可以采用不同交联剂混合制备聚氨酯。例如，丁醚化三聚氰胺树脂是使用最广泛的交联剂，但其附着力较差，固化速度较慢。以尿素取代部分三聚氰胺合成丁醚化三聚氰胺脲醛共缩聚树脂，既可提高涂膜的附着力和干性，又可降低成本。

典型生产配方如表 6-6 所示：

表 6-6　丁醚化三聚氰胺脲醛共缩聚树脂的典型生产配方

项目	三聚氰胺	尿素	37%甲醛	丁醇	二甲苯	苯酐
分子量	126	60	30	74		
物质的量/mol	0.75	0.25	5.5	5.5		
质量分数/%	15.3	2.4	7.2	66	6.5	2.6

具体步骤：

① 将丁醇、甲醛、二甲苯投入反应釜中，开动搅拌，用 10%（质量分数）氢氧化钠调节 pH 值至 8.0～8.5，加入三聚氰胺；

② 升温至 50℃，待三聚氰胺溶解后，加入尿素；

③ 升温回流出水，待出水量达 30％左右，加入苯酐，调节 pH 值至微酸性；

④ 回流出水至 105℃以上，测树脂对 200 号油漆溶剂油容忍度达 1：2 时终止。

6.2.2.3　丙烯酸树脂涂料

丙烯酸树脂涂料由于选用单体的不同，可以制成热塑性和热固性两大类涂料。热塑性丙烯酸树脂涂料具有很好的硬度，色泽浅不泛黄，具有很好的耐久性，主要用于要求耐候性、保光性良好的铝合金表面。热固性丙烯酸树脂涂料多采用氨基树脂、环氧树脂、聚氨酯低聚物等作固化剂进行固化。漆膜力学性能、丰满度、耐候性好，硬度大，保色好，光亮度高，有一定的耐水、耐油性，广泛用于内外墙涂装、皮革涂装、木器家具、地坪涂装，在汽车、摩托车、自行车、卷钢等产品上应用也十分广泛。

原料：丙烯酸酯类单体（丙烯酸酯类和甲基丙烯酸酯类）和非丙烯酸类单体（苯乙烯、丙烯腈等单体）；丙烯酰胺、N-羟甲基丙烯酰胺、N-丁氧甲基（甲基）丙烯酰胺、二丙酮丙烯酰胺等丙烯酰胺类单体；二乙烯基苯等多乙烯基苯类单体；乙烯基三甲氧基硅烷、乙烯基三乙氧基硅烷、乙烯基三异丙氧基硅烷、γ-甲基丙烯酰氧基丙基三甲氧基硅烷等有机硅烷类单体。根据涂料树脂的使用要求不同，选择合适的软、硬单体和功能单体。通常，甲基丙烯酸甲酯、苯乙烯、丙烯腈是最常用的硬单体，丙烯酸乙酯、丙烯酸丁酯、丙烯酸 2-乙基己酯为最常用的软单体。长链的丙烯酸及甲基丙烯酸酯（如月桂酯、十八烷酯）具有较好的耐醇性和耐水性。

功能性单体有含羟基的丙烯酸酯类、丙烯酰胺类、乙烯基硅氧烷类、叔碳酸乙烯酯等，它们的分子中都有功能基，在树脂固化时能与其他树脂中的官能团反应交联。含羧基的单体有丙烯酸和甲基丙烯酸，羧基的引入可以改善树脂对颜料、填料的润饰性及对基材的附着力，而且与环氧基团有反应性，对氨基树脂的固化有催化活性。

为提高耐乙醇性要引入苯乙烯、丙烯腈和甲基丙烯酸的高级烷基酯，以降低酯基含量。可以考虑二者并用，以平衡耐候性和耐乙醇性。甲基丙烯酸的高级烷基酯有甲基丙烯酸月桂酯、甲基丙烯酸十八烷基酯等。

涂料工业用的丙烯酸树脂不是均聚物，而是由丙烯酸酯类、甲基丙烯酸酯类及其他烯类单体等不同的单体在自由基引发剂引发下，在溶液中聚合而得到的共聚树脂。其聚合机理属于自由基聚合机理，包括链引发、链增长、链终止或链转移等过程。共聚单体的分子结构不同，其共聚活性不同。选用不同的共聚单体、不同的配比、不同的引发剂等都会影响共聚树脂的分子结构，进而影响树脂的性能。

溶剂型丙烯酸树脂主要是单体通过溶液聚合制得的。溶液聚合的工艺流程简单，但要合成质量稳定、符合要求的共聚树脂，原料的规格必须严格把关。引发剂中若含水则必须除去，可采用有机溶剂溶解的方法，将下层的水分除去。引发剂的溶液可直接使用，但其用量必须严格计量。溶液共聚合多采用釜式间歇法生产，生产设备一般采用带夹套的不锈钢或搪瓷釜，通过夹套换热，以蒸汽加热或冷水冷却。同时，反应釜装有搅拌和回流冷凝器，有单体及引发剂的进料口，还有惰性气体入口，惰性气体入口的管口必须在反应液面以下。并且安装有防爆膜，除此之外，还必须有滴加系统，单体滴加器要有两只，以便在竞聚率相差太远时，分批按不同比例滴加单体，以保证共聚物组成均匀。引发剂溶液必须有另外的滴加器以确保体系中浓度恒定。其基本工艺如下。

① 共聚单体的计量和混合。单体经计量后加入单体配制器，混合均匀后加入单体滴加器中待用。单体计量要准确，最好精确到 0.2% 以内，保证配方的准确实施。同时，应该现配现用。

② 引发剂溶解和计量。引发剂加入引发剂溶解器中溶解，放置分层，分出水层（若原料中含有水），准确计算投入量，过滤后加入引发剂滴加器中备用。

③ 充氮气置换空气。空釜时通入氮气，预先赶走釜内空气，然后按配方加入溶剂，某些工艺允许加入部分单体和引发剂。

④ 继续通入氮气，开动搅拌，打开蒸汽阀加热，并打开冷凝器的冷却水。待温度升至规定温度以下 20℃ 时（可视各釜停止加热后余热能使反应物升温的程度），关闭蒸汽停止加热，待反应物温度自行升温到规定温度。

⑤ 滴加单体溶液和引发剂溶液。滴加速度必须均匀，在规定时间（一般 2～4h）内滴完，滴加过程尽量保持温度恒定。滴加速度不能太快，否则可能引起体系温度升高太快造成冲料，还可能引起支链化反应，造成交联度增加而产生不溶粒子。

⑥ 补充滴加引发剂溶液并保温反应。单体滴完后，采取分次补充滴加引发剂溶液的方法，以提高反应速率和单体转化率。单体滴加完后，保温反应 2h，可第一次补加引发剂溶液。再保温反应 2h 左右，可补充第二次引发剂溶液。然后继续保温反应至转化率和黏度达到要求。

⑦ 冷却、出料、包装，必要时可过滤。

6.2.2.4　环氧树脂涂料

环氧树脂涂料具有多种优异性能，发展很快，品种多、产量大。为了更好地提高其性能，常加入其他树脂进行改性，得到更满足使用要求的涂料。其突出性能是附着力强，特别是对金属表面的附着力更强，耐化学腐蚀性好，广泛用作金属防腐涂料、地坪涂料、汽车底漆、船舶涂料、食品罐头内外壁涂料、冰箱和洗衣机外层涂料、工厂设备和管道防腐涂料、储槽内外壁防腐涂料、集装箱涂料、桥梁防腐涂料和海上钢铁部件防腐涂料等。

环氧树脂的种类繁多，不同类型的环氧树脂的合成方法不同。环氧树脂的合成方法主要有两种。

① 多元酚、多元醇、多元酸或多元胺等含活泼氢原子的化合物与环氧氯丙烷等含环氧基的化合物经缩聚而得。

② 链状或环状双烯类化合物的双键与过氧酸经环氧化而成。

本节主要介绍双酚 A 型环氧树脂、酚醛型环氧树脂、部分脂环族环氧树脂以及缩水甘油胺类多官能团环氧树脂的合成方法。

(1) 双酚 A 型环氧树脂

双酚 A 型环氧树脂是由双酚 A 和环氧氯丙烷在氢氧化钠催化下反应制得。环氧氯丙烷与双酚 A 的摩尔比必须大于 1:1 才能保证聚合物分子末端含有环氧基。一般，环氧氯丙烷过量越多，环氧树脂的分子量越小。若要制备分子量高达数万的环氧树脂，必须采用等摩尔比。工业上环氧氯丙烷的用量一般为双酚 A 化学计量的 2～3 倍。

$$(n+1)HO \underset{\overset{CH_3}{|}}{\overset{CH_3}{|}} OH + (n+2)H_2C \overset{O}{-} CH - CH_2Cl \xrightarrow{NaOH}$$

$$H_2C \!-\! CH \!-\! CH_2 \!-\! \left[O \!-\! \underset{CH_3}{\overset{CH_3}{C}} \!-\! O \!-\! CH_2 \!-\! \underset{OH}{CH} \!-\! CH_2 \right]_n \!\! O \!-\! \underset{CH_3}{\overset{CH_3}{C}} \!-\! CH_3$$

合成工艺主要有一步法、两步法两种。

一步法：一步法是将一定摩尔比的双酚 A 和环氧氯丙烷在 NaOH 作用下进行缩聚，用于合成低、中分子量的双酚 A 型环氧树脂。可在水溶液或有机溶液中进行，产物的提纯可用水洗或溶剂萃取法。

两步法：两步法又有本体聚合法和催化聚合法两种。

① 本体聚合法。是将低分子量的环氧树脂和双酚 A 加热溶解后，在 200℃ 高温下反应 2h 即得产品。本体聚合法是在高温下进行，副反应多，生成物中有支链，产品不仅环氧值低，而且溶解性差，反应过程中甚至会出现凝锅现象。

② 催化聚合法。是将低分子量的双酚 A 型环氧树脂和双酚 A 加热到 50～120℃ 溶解，然后加入催化剂使其反应，因反应放热而自然升温，放热完毕后冷却至 150～170℃ 反应 1.5h，过滤即得产品。

一步法与两步法相比，一步法由于在水介质中呈乳液状态进行，后处理较困难，树脂分子量分布较宽，有机氯含量高，不易制得环氧值高、软化点也高的树脂产品。而两步法是在有机溶剂中呈均相状态进行的，反应较平稳，树脂分子量分布较窄，后处理相对较容易，有机氯含量低，环氧值和软化点可通过原料配比和反应温度来控制。两步法具有工艺简单、操作方便、投资少，以及工时短、无三废、产品质量易控制和调节等优点，因而日益受到重视。

实例 1：低分子量 E44 环氧树脂的制备

配方如表 6-7 所示。

表 6-7　低分子量环氧树脂配方

原料	用量/kg	原料	用量/kg
双酚 A	1.0	第一份 30％（质量分数）NaOH 水溶液	1.43
环氧氯丙烷	2.7	第二份 30％（质量分数）NaOH 水溶液	0.775
苯	适量		

将双酚 A 投入溶解釜中，加入环氧氯丙烷，开动搅拌，用蒸汽热至 70℃ 溶解。溶解后，将物料送至反应釜中，在搅拌下于 50～55℃，4h 内滴加完第一份 NaOH 溶液，在 55～60℃ 下继续维持反应 4h。在 85℃、21.33kPa 下减压回收过量的环氧氯丙烷。回收结束后，加苯溶解，搅拌加热至 70℃ 然后在 68～73℃ 下，在 1h 内滴加第二份碱溶液，在 68～73℃ 下维持反应 3h。然后冷却静置分层，将上层树脂苯溶液移至回流脱水釜，下层的水层可加苯萃取一次后放掉。在回流脱水釜中回流至蒸出的苯清晰无水时止，冷却、静置、过滤后送至脱苯釜脱苯，先常压脱苯至液温达 110℃ 以上，然后减压脱苯，至液温 140～143℃ 无液体馏出时，出料包装。

实例 2：中分子量 E-12 环氧树脂的合成

配方如表 6-8 所示。

表 6-8　中分子量环氧树脂配方

原料	用量/kg	原料	用量/kg
双酚 A	1	30%（质量分数）NaOH 水溶液	1.185
环氧氯丙烷	1.145	苯	适量

将双酚 A 和 NaOH 溶液投入溶解釜中，搅拌加热至 70℃溶解，趁热过滤，滤液转入反应釜中冷却至 47℃时一次加入环氧氯丙烷，然后缓缓升温 80℃。在 80～85℃反应 1h，再在 85～95℃维持至软化点合格为止。加水降温，将废液水放掉，再用热水洗涤数次，至中性和无盐，最后用去离子水洗涤。先常压脱水，液温升至 115℃以上时，减压至 21.33kPa，逐步升温至 135～140℃。脱水完毕，出料冷却，即得固体环氧树脂。

实例 3：高分子量环氧树脂的合成

将低分子量环氧树脂（预含叔胺催化剂）及双酚 A 投入反应釜，通氮气，加热至 110～120℃，此时放热反应开始，控制釜温至 177℃左右，注意用冷却水控制反应，使之不超过 193℃，以免催化剂失效。在 177℃所需保温的时间，取决于制得的环氧树脂的分子量：若 1mol 环氧基的环氧树脂的质量在 1500g 以下，保持 45min；若 1mol 环氧基的环氧树脂的质量在 1500g 以上，则保持 90～120min。

（2）酚醛型环氧树脂

酚醛型环氧树脂是利用酚羟基与环氧氯丙烷反应来合成的。酚醛型环氧树脂的合成分两步进行，第一步，由苯酚与甲醛合成线型酚醛树脂，第二步，由线型酚醛树脂与环氧氯丙烷反应合成酚醛型环氧树脂，反应原理如下：

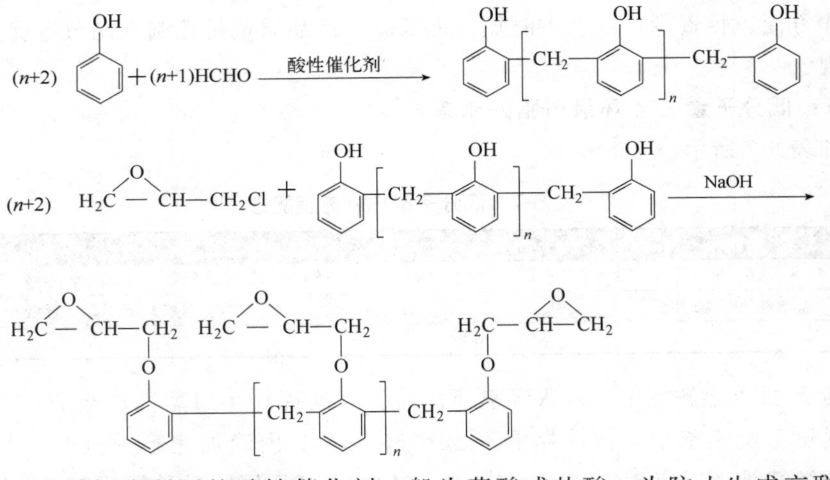

合成线型酚醛树脂所用的酸性催化剂一般为草酸或盐酸。为防止生成交联型酚醛树脂，甲醛的物质的量必须小于苯酚的物质的量。

将工业酚、甲醛以及水依次投入反应釜中，在搅拌下加入适量的草酸，缓缓加热至反应物回流并维持一段时间后，冷却至 70℃左右，再补加适量 10%（质量分数）HCl，继续加热回流一段时间后，冷却，以 10%（质量分数）氢氧化钠溶液中和至中性。以 60～70℃的温水洗涤树脂数次，以除去未反应的酚和盐类等杂质，蒸去水分，即得线型酚醛树脂。然后在温度不高于 60℃的情况下，向合成好的线型酚醛树脂中加入一定量的环氧氯丙烷，搅拌，分批加入约 10%（质量分数）的氢氧化钠，保持温度在 90℃左右反应约

2h，反应完毕用热水洗涤至洗水溶液 pH 值在 7～8 之间。脱水后即得棕色透明酚醛型环氧树脂。

（3）脂肪族环氧树脂

需要指出，环氧树脂需要加入固化剂才能固化成膜。常用的固化剂可分为胺类固化剂、酸酐类固化剂、合成树脂类固化剂、聚硫橡胶类固化剂（表 6-9）。

表 6-9　常用固化剂

胺类固化剂	多元胺类固化剂、叔胺和咪唑类固化剂、硼胺及其硼胺配合物固化剂
酸酐类固化剂	邻苯二甲酸酐、四氢邻苯二甲酸酐等单官能团酸酐；均苯四甲酸酐、苯酮四酸二酐等双官能团酸酐；偏苯三酸酐等游离型酸酐
合成树脂类固化剂	酚醛树脂固化剂、聚酯树脂固化剂、氨基树脂固化剂和液体聚氨酯固化剂等
聚硫橡胶类固化剂	液态聚硫橡胶固化剂、多硫化物等

6.2.2.5 聚氨酯涂料

聚氨酯（polyurethane，PU），即聚氨基甲酸酯，是主链上含有许多氨基甲酸酯基

（ —NH—$\overset{\overset{\text{O}}{\|}}{\text{C}}$—O— ）的大分子化合物的统称。它是由有机二异氰酸酯或多异氰酸酯与二羟基或多羟基化合物通过加聚反应制得。聚氨酯涂料具有很好的力学性能，漆膜坚硬、光亮、丰满、耐磨及附着力好；防腐性能好，漆膜耐酸、耐碱；室温固化或加热固化；可和多种树脂拼用，制成多种聚氨酯涂料。聚氨酯涂料可用于汽车行业、航空、海洋、建筑、塑料、机电、石化等各个领域。

(1) 原料

聚氨酯的合成原料主要有多异氰酸酯、低聚物多元醇、扩链剂、催化剂等，具体请见表 6-10。

表 6-10　制备聚氨酯常用原料

种　类		物　　质
异氰酸酯	芳香族多异氰酸酯	甲苯二异氰酸酯(TDI)、二苯基甲烷二异氰酸酯(MDI)、聚合二苯基甲烷二异氰酸酯(PDDI)
	芳酯族多异氰酸酯	苯二亚甲基二异氰酸酯(XDI)、四甲基苯二亚甲基二异氰酸酯(TMXDI)
	脂环族多异氰酸酯	4,4-二环己基二异氰酸酯(H_{12}MDI)、甲基环己烷二异氰酸酯(HTDI)
	脂肪族多异氰酸酯	六亚甲基二异氰酸酯(HDI)、异佛尔酮二异氰酸酯(IPDI)
低聚物多元醇	聚醚多元醇	聚乙二醇、聚丙三醇、环氧乙烷-环氧丙烷共聚物、聚四氢呋喃二醇
	聚酯多元醇	多数是由多元酸和多元醇经脱水缩聚而成，或者酯与醇发生酯交换反应制备
	其他多元醇	聚丁二烯二醇及其加氢化合物、聚己内酯二醇、聚碳酸酯二醇和有机硅多元醇等
扩链剂		主要是双官能度扩链剂或三、四官能度的交联剂。主要是多官能度的低分子量醇，如乙二醇、一缩二乙二醇、1,2-丙二醇、一缩二丙二醇、1,4-丁二醇、1,6-己二醇等
催化剂	叔胺类	三亚乙基二胺、二甲基环己胺、二甲基乙醇胺
	有机金属化合物	二丁基二月桂酸锡、辛酸亚锡、环烷酸锌、环烷酸铝、环烷酸铅
溶剂		除考虑溶解度、挥发速度等原因，还需考虑原料中异氰酸酯基可以与醇、醇醚中的羟基反应，因此，不能用醇、醇醚溶剂。常用酯类溶剂，如醋酸乙酯、醋酸丁酯、醋酸溶纤剂等，酮类如环己酮也可用

(2) 合成

① 单组分聚氨酯涂料用树脂的合成。下面以氨酯油为例说明合成原理、工艺、配方及操作。

合成原理：先由干性油与甘油之类的多元醇发生酯交换反应生成甘油二酸酯，甘油二酸酯再与二异氰酸酯反应生成氨酯油。

$$2 \begin{array}{c} H_2C{-}OH \\ | \\ HC{-}O{-}\overset{O}{\overset{\|}{C}}{-}R \\ | \\ H_2C{-}O{-}\overset{O}{\overset{\|}{C}}{-}R \end{array} + OCN{-}R'{-}NCO \longrightarrow \begin{array}{c} H_2C{-}O{-}\overset{O}{\overset{\|}{C}}{-}N{-}R'{-}N{-}\overset{O}{\overset{\|}{C}}{-}O{-}CH_2 \\ | \quad\quad H \quad\quad H \quad\quad | \\ HC{-}O{-}\overset{O}{\overset{\|}{C}}{-}R \quad\quad\quad R{-}\overset{O}{\overset{\|}{C}}{-}O{-}CH \\ | \quad\quad\quad\quad\quad\quad | \\ H_2C{-}O{-}\overset{O}{\overset{\|}{C}}{-}R \quad\quad R{-}\overset{O}{\overset{\|}{C}}{-}O{-}CH_2 \end{array}$$

工艺：将干性油、多元醇、催化剂加入反应釜中，通入 N_2，于 230～250℃下加热搅拌 1h，等醇解反应符合要求后（检验其甲醇容忍度），分析羟基与酸值，根据分析结果计算二异氰酸酯的用量，然后加入溶剂共沸脱水，将反应液冷却到 50℃以下。

将二异氰酸酯加入上述冷却后的醇解产物，加完后，充分搅拌 0.5h，加热，将温度升至 80～90℃，加入催化剂，使异氰酸酯基充分反应完全，冷却至 50～55℃，添加少量甲醇作反应终止剂，以防异氰酸酯基残留，在储存时发生凝胶。另外还添加一定的溶剂，过后再加抗结皮剂和催干剂。

合成时，—NCO 基团与—OH 基团的摩尔比一般在 0.90～1.0 之间，使羟基稍微过量。比值太高则产品不稳定，太低则羟基过量太多，耐水性差。树脂的油度较高，一般为 60%～70%（质量分数），用亚麻油、大豆油等干性油作溶剂。若配方中的不挥发成分中含甲苯二异氰酸酯（TDI）较多［超过 26%（质量分数）］，就要用芳烃作溶剂，若含 TDI 较低，就用石油系作溶剂。如果使用芳香族二异氰酸酯合成氨酯油，则其泛黄性比醇酸树脂更严重，使用豆油或脱水蓖麻油、较低的油度及脂肪族二异氰酸酯合成的氨酯油黄变性较小。配方如表 6-11 所示。

表 6-11 配方

原料	规格	用量
豆油	双漂	893kg
三羟甲基丙烷	工业级	268kg
环烷酸钙	金属含量 4%	0.2%（按豆油质量计算，余同）
二甲苯	聚氨酯级	100kg
异佛尔酮二异氰酸酯	工业级	559.4kg
二月桂酸二丁基锡	工业级	1.2‰
丁醇		5%

操作过程如下。

首先，依配方将豆油、三羟甲基丙烷、环烷酸钙加入醇解釜，通入 N_2 保护，加热使体系呈均相后开动搅拌；使温度升至 240℃；醇解约 1.5h，测醇容忍度，合格后降温至 180℃，加入 5%的二甲苯共沸，至无水带出，将温度降至 60℃。

接着，在 N_2 的继续保护下，将配方量二甲苯的 50%加入反应釜，将异佛尔酮二异氰酸酯滴入聚合体系，约 2h 滴完；用剩余二甲苯洗涤异佛尔酮二异氰酸酯滴加罐并加入反应釜。

最后，保温 1h，加入催化剂；将温度升至 90℃，保温反应；5h 后取样测—NCO 含量，当—NCO 含量小于 0.5%时，加入正丁醇封端 0.5h。降温，调固含量，过滤，包装。

② 双组分聚氨酯涂料用树脂的合成。双组分聚氨酯涂料中，一组分为带—OH 的组分，简称甲组分，另一组分为带—NCO 的异氰酸酯组分，简称乙组分。施工时将甲、乙

组分按比例混合，利用—NCO 和—OH 的反应生成聚氨酯固化涂膜。若乙组分加入量太少，不能充分与羟基组分反应，则漆膜发软或发黏，耐水解、耐化学药品等性能都会降低；若加入量太多，则多余的—NCO 就吸收空气中的潮气转化成脲，增加交联密度和耐溶剂性，但漆膜较脆，不耐冲击。因此—NCO/—OH 的比例要通过实验来确定。一般—NCO/—OH 为 1.1～1.2。为了满足某些特殊要求，—NCO/—OH 为 0.9～1.5。

因此双组分聚氨酯涂料用树脂的合成包括多异氰酸酯的合成和羟基树脂的合成两部分。

多异氰酸酯组分要求具有良好的溶解性以及与其他树脂的混溶性，要求有足够的官能度和反应活性，而且与甲组分混合后，允许涂布操作时间较长，毒性要少，并要求产品中游离异氰酸酯基在 0.7%（质量分数）以下。因此，直接使用甲苯二异氰酸酯（TDI）、六亚甲基二异氰酸酯（HDI）、苯二亚甲基二异氰酸酯（XDI）等配制聚氨酯涂料达不到要求，因为 TDI、HDI、XDI 等二异氰酸酯单体蒸气压高、易挥发，危害人们健康。所以，必须把二异氰酸酯单体加工成低挥发性的产品。

加工成不挥发性的多异氰酸酯组分有三种：加合物、缩二脲和异氰酸酯三聚体。其中加合物和缩二脲对其他树脂的混溶性优良，而异氰酸酯三聚体与其他树脂的混溶性稍差，漆膜也较脆，但它干得快，泛黄性和耐热性较好。

例如，TDI-TMP 加合物［3 个 TDI 分子与 1 个三羟甲基丙烷（TMP）的加成物］可采用下面原理合成。TDI 中第 4 位上的—NCO 的活性比第 2 位的高，因此，与 TMP 反应时，是第 4 位上的—NCO 优先反应。

配方如表 6-12 所示。

表 6-12 制备 TDI-TMP 加合物实例配方

原料	规格	用量/kg
三羟甲基丙烷	工业级	13.4
环己酮	工业级	7.620
醋酸丁酯	聚氨酯级	61.45
苯	工业级	4.50
甲苯二异氰酸酯	工业级	55.68

步骤：将三羟甲基丙烷、环己酮、苯加入反应釜，开动搅拌，升温使苯将水全部带出，降温至 60℃，得三羟甲基丙烷的环己酮溶液。

将甲苯二异氰酸酯、80%（质量分数）的醋酸丁酯加入反应釜，开动搅拌，升温至 50℃，开始滴加三羟甲基丙烷的环己酮溶液，3h 加完；用剩余醋酸丁酯洗涤三羟甲基丙烷的环己酮溶液配制釜。

升温至 75℃，保温 2h 后取样测—NCO 含量。—NCO 含量为 8%～9.5%（质量分数）、固体分为（50±2）%（质量分数）为合格，合格后经过滤、包装，得产品。

TMP 加合物的问题在于二异氰酸酯单体的残留问题。目前，国外产品的固化剂中游离 TDI 含量都小于 0.5%（质量分数），国标要求国内产品中游离 TDI 含量要小于 0.7%（质量分数）。为了降低 TDI 残留，可以采用化学法和物理法。化学法即三聚法，这种方法在加成反应完成后加入聚合型催化剂，使游离的 TDI 三聚化。物理法包括薄膜蒸发法和溶剂萃取法两种。采用三聚法效果最好，可使游离 TDI 含量降至 0.2%～0.3%（质量分数）。

双组分聚氨酯涂料用羟基树脂主要有短油度的醇酸型、聚酯型、聚酰胺型、丙烯酸树脂型和有机硅树脂型等低聚物多元醇。作为羟基树脂首先要求它们与多异氰酸酯具有良好的相容性。另外，其羟基的平均官能度应该大于 2，以便引入一定的交联度，提高漆膜综合性能。醇酸型、聚酯型多元醇耐候性较差，可以用于室内物品的涂饰；而聚酯型、丙烯酸树脂型则室内、户外皆可以使用。

6.2.2.6 沥青涂料

沥青涂料是指以天然沥青或人造沥青，加油料或不加油料为主要成膜物质的涂料。具有来源丰富、价格低廉、施工方便的优点。并且耐水性优异，耐化学性能和绝缘耐热性良好，是一种很好的保护、防腐装饰的涂料。主要品种有纯沥青漆、加油沥青涂料、加树脂沥青涂料。可用于排水管、集装箱货柜底板、混凝土基础等作防水防潮防腐涂装。

6.2.2.7 硝基涂料

硝基涂料是以硝化棉为主要成膜物质的一类涂料。硝基涂料品种很多，由于涂料中硝化棉的比例不同，改性树脂不同，以及增塑剂的品种不同，所以性能、用途也不尽相同。其优点是：涂膜干燥快、坚硬、耐磨，有良好的耐化学品性，耐水、耐弱酸和耐汽油、酒精的侵蚀且柔韧性好。调配合适的增塑剂，可制成柔韧性很好的软性硝基涂料，如硝基皮革漆。

6.2.2.8 过氯乙烯树脂涂料

过氯乙烯树脂涂料是以过氯乙烯树脂为基础的涂料，还包括其他树脂、增塑剂、稳定剂、颜料及有机溶剂，是一种挥发性涂料，其优点是：自然干燥较快，仅次于硝基涂料，适合多种施工方法。有优良的耐化学稳定性，能在常温下耐 25%（质量分数）的硫酸、硝酸及 40%（质量分数）烧碱达几个月之久。有良好的耐候性、耐水、耐湿热及很好的防火性能，特别适用于各种室外球场、体育场看台等。

6.2.3 颜料、填料、助剂和溶剂

6.2.3.1 颜料

颜料是一种有色的颗粒粉状物质，一般不溶于水、油、溶剂和树脂等介质，是涂料中的次要成膜物质。就其用途而言，颜料可分为着色颜料、防腐颜料、功能颜料三种。其中，着色颜料可赋予涂层美丽的色彩，具有良好的遮盖性，可以提高涂层的耐日晒性、耐久性和耐气候变化等性能，常见有钛白粉、铬黄等。功能颜料如防锈颜料，可使涂层具有良好的防锈能力，延长寿命，它是防锈底漆的主要原料。从化学组成来分，颜料又可分为无机颜料和有机颜料两大类，就其来源又可分为天然颜料和合成颜料。天然颜料以矿物为来源，如：朱砂、红土、雄黄、孔雀绿以及重质碳酸钙等。

(1) 着色颜料

着色颜料主要是提供颜色和遮盖力，可分为无机颜料和有机颜料两类，在涂料配方中，主要使用无机颜料，有机颜料主要作着色助剂，多用于装饰性涂料。常用着色颜料请见表 6-13。

表 6-13 常用着色颜料

种类	物质
白色颜料	钛白粉、立德粉、氧化锌、铅白、锑白等，以钛白粉为主
红色颜料	氧化铁红、钼铬红、镉红等
黄色颜料	氧化铁黄、铬酸铅、镉黄等
绿色颜料	铅铬绿、铬绿、钴绿等
蓝色颜料	铁蓝(又称华蓝、普鲁士蓝)、群青(含有多硫化钠和特殊结构的硼酸铝的半透明蓝色颜料)等
黑色颜料	用量最大的黑色颜料是炭黑，吸油量大，色纯；氧化铁黑(Fe_3O_4)
有机颜料	耐晒黄、联苯胺黄、颜料绿 B、酞菁蓝、甲苯胺红、芳酰胺红等

(2) 防腐颜料

按照防腐蚀机理可分为物理防腐颜料、化学防腐颜料和电化学防腐颜料三类。物理防腐颜料一般具有化学惰性，通过屏蔽作用发挥防腐功能；化学防腐颜料具有缓蚀性，含有用水可浸出的阴离子，能钝化金属表面或影响腐蚀过程，它们主要是含铅和铬的盐类，因其毒性和污染问题，目前有被其他颜料替代的趋势；电化学防腐颜料常是金属颜料，具有比金属还低的电位，起到阴极保护作用。常用防腐颜料请见表 6-14。

表 6-14 常用防腐颜料

种类	物质
铅系颜料	红丹(属于化学和电化学防腐颜料，能对钢材表面提供有效的保护，但因具有毒性，故限制了它在现代涂料工业中的应用)、碱式硅铬酸铅(毒性比红丹弱)、碱式硫酸铅、铅酸钙
锌系颜料	铬酸钾锌、磷酸锌和四盐基铬酸锌
其他颜料	氧化铁红、云母氧化铁、玻璃鳞片、石墨粉及金属颜料(铝、不锈钢、铅和锌等)

近年来研制的低毒性防腐颜料包括铬酸钙、钼酸钙、磷酸镁、磷酸钙、铝酸锌、偏硼酸钡、铬酸钡等，可以单独使用或与传统的缓蚀颜料搭配使用，此外，某些体质颜料如滑石粉和云母，也具有防腐性能。

(3) 功能颜料

具有防污、防霉、防火、示温、发光、防锈等特定功效的颜料统称为功能颜料。主要品种有：多功能的偏硼酸钡、船底防污漆用防污颜料、随温度而变色的示温颜料、夜间发光的发光颜料、具有珍珠光泽的珠光颜料等。常见功能颜料及相关功能请见表 6-15。

表 6-15 常用功能颜料

种类	物质
防污颜料	主要有氧化亚铜(能有效地阻止海洋生物在船底上附着滋生)和氧化汞(可与氧化亚铜配合使用，目前因有毒较少使用)
示温颜料	可逆示温颜料，不可逆示温颜料。使用示温颜料做成色漆，刷涂在不易测温度变化的地方，可以从漆膜颜色的变化观察到温度的变化
发光颜料	荧光颜料(碱性嫩黄、碱性玫瑰精、碱性桃红等三芳基甲烷类化合物等溶于树脂制成的颜料；分散染料中的分散荧光黄 FFL 和分散荧光黄 H5GL 等原染料，经颜料化处理即得成品荧光颜料)；磷光颜料(又称夜光颜料、夜光粉或磷光体，如高纯的硫化锌)；珠光颜料(云母钛、氯氧化铋、碱式碳酸铅、天然鱼鳞粉等)

6.2.3.2　填料

常用的填料主要有碳酸钙、滑石粉、重晶石、二氧化硅、云母和瓷土等，作用如表 6-16 所列。

表 6-16　常用填料的作用

物质	功　能
碳酸钙	包括重质碳酸钙(天然石灰石经研磨而成)和轻质碳酸钙(人工合成)两类，广泛用于各类涂料
滑石粉	天然存在的层状或纤维状无机矿物，能提高漆膜的柔韧性，降低其透水性，消除涂料固化时的内应力
重晶石	耐酸、碱，但密度高，主要用于调和漆、底漆和腻子
二氧化硅	天然二氧化硅又称石英粉，可以提高漆膜的力学性能。合成二氧化硅按照生产工艺分为沉淀二氧化硅和气相二氧化硅，气相二氧化硅在涂料中起到增稠、触变、防流挂等作用
云母	呈薄片状，能降低漆膜的透气、透水性，减少漆膜的开裂和粉化，多用于户外涂料
瓷土	是天然存在的水合硅酸铝。它具有消光作用，能作二道漆或面漆的消光剂，也适用于乳胶漆

6.2.3.3　助剂

涂料助剂品种繁多，应用广泛，在涂料生产和应用的各个阶段：树脂合成、颜填料分散研磨、涂料储存、施工都需要使用助剂。它可以控制树脂的结构，调整树脂的分子量大小和分布，提高颜料分散效率，改善涂料施工性能，赋予涂膜特殊功能。涂料助剂按照其使用和功能可分为以下几类：

① 涂料生产用助剂：如润湿剂、分散剂和消泡剂；
② 涂料储存用助剂：如防沉剂、防结皮剂、防霉剂、防腐剂和冻融稳定剂；
③ 涂料施工用助剂：如触变剂、防流挂剂和电阻调节剂；
④ 涂料成膜用助剂：如催干剂、流平剂、光引发剂、固化促进剂和成膜助剂；
⑤ 改善涂膜性能用助剂：如附着力促进剂、增光剂、防滑剂、抗划伤助剂和光稳定剂；
⑥ 功能性助剂：如抗菌剂、阻燃剂、防污剂、抗静电剂和导电剂。

经常使用的助剂如表 6-17 所列。

表 6-17　常用助剂种类

助剂种类	物　质
分散剂	聚氨酯、聚丙烯酸酯、聚酰胺盐、聚羧酸铵溶液、聚硅氧烷、表面活性剂等
流平剂	溶剂型流平剂(高沸点芳烃、酮、酯、醇、四氢化萘、十氢化萘等)；相容性受限制的长链树脂[聚丙烯酸酯类、醋酸纤维素，聚丙烯酸酯类流平剂又可分为纯聚丙烯酸酯、改性聚丙烯酸酯(或与硅氧烷拼合)、丙烯酸碱容树脂等]；相容性受限制的长链有机硅树脂常用的有聚二甲基硅氧烷、聚甲苯基硅氧烷、有机基改性聚硅氧烷等
消泡剂	矿物油类消泡剂(通常由载体、活性剂、展开剂等组成。常用载体为水、轻油、脂肪醇等；活性剂常用的有蜡、硅油、脂肪族酰胺、脂肪酸酯、高分子量聚乙二醇、天然油脂、金属皂、疏水性二氧化硅等)；有机硅类消泡剂(聚二甲基硅氧烷和改性聚二甲基硅氧烷)；聚醚类等非硅聚合物类消泡剂
光泽助剂	主要为消光剂(硬脂酸铝等金属皂、改性油，微粉脂肪酰胺蜡、微粉聚乙烯棕榈蜡等半合成蜡，低分子聚乙烯蜡、聚丙烯蜡、聚四氟乙烯以及它们的改性衍生物的合成蜡)、功能性填料(合成二氧化硅、硅藻土、硅酸镁、硅酸铝等)等
触变剂	有机膨润土、气相二氧化硅、蓖麻油衍生物、聚乙烯蜡、触变性树脂等，可以防止储存时颜料沉降或使沉降软化以提高再分散性
增稠剂	无机增稠剂(有机膨润土、水性膨润土、有机改性水辉石等)、有机增稠剂如水合增稠剂(纤维素等)、静电排斥增稠剂(水溶性聚丙烯酸盐、碱增稠的聚丙烯酸酯等)、缔合增稠剂(非离子型纤维素、丙烯酸类聚合物、聚氨酯、憎水改性丙烯酸类乳液、憎水改性羟乙基纤维素等)
催干剂	显著提高漆膜的固化速度，使用较为广泛的催干剂是环烷酸、辛酸、松香酸、亚油酸的铅盐、钴盐和锰盐

6.2.3.4 溶剂

涂料的分散介质又称为溶剂或稀释剂。除无溶剂涂料外,一般液体涂料中都加有分散介质,通常溶剂在涂料中占比达到50%(体积分数)。分散介质在涂料中起着溶解或分散成膜物质的作用,并能改善颜料润湿与分散性能,调整成膜物质和涂料的黏度,改善涂料流动性,使涂料形成平整光滑的涂膜,以满足各种涂料施工工艺的要求。涂料涂覆在物件表面后形成液膜,分散介质从液膜中挥发,使液膜干燥成固态的漆膜。水性涂料的分散介质为水,溶剂型涂料的分散介质为有机溶剂。有机溶剂的选用除要考虑其对基料的相溶性外,还需要注意其挥发性、毒性、闪点及价格等。

有机溶剂既可以使用单一溶剂,也可以使用混合溶剂。各种溶剂的溶解能力及挥发性等因素对于成漆在生产、储存、施工及漆膜光泽、附着力、表面状态等多方面性能都有极大影响。

溶剂的品种很多,按照沸点高低可分为低沸点溶剂(沸点<100℃)、中沸点溶剂(沸点100~150℃)、高沸点溶剂(沸点>150℃),而按其化学成分和来源可分为表6-18中的几大类。

表 6-18　常用溶剂

种类	物质
萜烯溶剂	松节油等
石油溶剂	汽油、松香水
煤焦溶剂	苯、甲苯、二甲苯、重芳烃(三甲基苯)类溶剂等
酯类溶剂	醋酸丁酯、醋酸乙酯、醋酸戊酯等
酮类溶剂	丙酮、甲乙酮、甲异丙酮、环己酮、异佛尔酮等
醇类溶剂	能与水混合,常用的有乙醇、异丙醇、丁醇等。对涂料的溶解力差,仅能溶解虫胶或聚乙烯醇缩丁醛树脂,与酯类、酮类溶剂配合使用时,可增加其溶解力。乙醇不能溶解一般树脂,但能溶解硝基纤维、虫胶等
其他溶剂	常用的有含氯溶剂、硝化烷烃溶剂、醚醇类溶剂等

需要指出,常用的有机溶剂具有挥发性,且有毒性。在涂料涂覆成液膜后,有机溶剂从液膜中挥发出来,不仅对环境造成极大污染,对资源也造成浪费,所以,现代涂料行业正在努力减少溶剂的使用量,开发出了各种不含或少含有机溶剂的环保型涂料。目前,水性涂料、粉末涂料及高固体涂料是当前绿色涂料的主要产品。绿色环保涂料具有隔绝热量、阻止燃烧、防紫外线和辐射、预防虫害、防霉防蛀等特殊功能,并且对人体和生活环境不会造成任何伤害。防抗潮湿、耐擦耐腐、透气、抗冻、光洁度、硬度以及强附力等性能高,能有效地使用5年以上,其寿命比传统涂料要长。最为关键的是,对人健康和环境无公害,是一种高性能的涂料。

此外,研究人员还开发出一些既能溶解或分散成膜物质,又能在涂料涂覆成液膜后与成膜物质发生化学反应而保留在漆膜中的化合物,原则上讲这类化合物也属于溶剂,称为反应溶剂或活性稀释剂。

6.2.4 涂料生产工艺及设备

6.2.4.1 漆料、清漆生产工艺及设备

(1) 漆料

涂料生产过程一般是将自制树脂或外购树脂先制成漆料,然后再制成清漆或色漆。树

脂的生产工艺因树脂种类的不同而有很大的差异，即使是同一类型的树脂其生产工艺也不尽相同。

漆料生产工艺：漆料作为生产液态清漆和色漆的半成品，其生产工艺有两种形式。一种是将固态或液态树脂溶解在相应的溶剂中，例如将环氧树脂、硝基树脂或过氯乙烯等树脂加入盛有相应溶剂的溶解釜中，在搅拌下使树脂溶解，可以是常温，也可以加热加速溶解，所得溶液经净化即得相应的漆料，然后储存于储槽中备用。另一种工艺是热炼法工艺，将几种不同的成膜物质在一定温度下炼制成漆料，它包括配料、热炼、稀释和净化四个工序。将树脂按计量投入热炼釜中，迅速升温到规定温度，保温一定时间待指标达到要求后，迅速输送到稀释罐，降温后用溶剂稀释，经净化后送入储罐。这种工艺特别强调快速升温和快速降温，要求设备传热效果要好。

（2）清漆

清漆通常是由漆料加适量助剂和溶剂配制而成。例如酚醛树脂清漆是由酚醛漆料加入催干剂和适量溶剂配制而成，工艺简单。有的则是在漆料制备过程中，于净化之后，即送到清漆调制釜，按配方比例加入应加的物料，搅拌均匀，经检验合格即可包装成成品。清漆配制一般在常温下进行。

（3）相关设备

主要有反应设备、稀释设备、净化设备、树脂溶解设备和清漆的配制设备。此外，还有配料、计量、加热、输送、储存设备等。

漆料、清漆等制备过程中需使用的相关设备请见表6-19。

表 6-19　漆料、清漆制备需用设备

种类	设备
反应设备	碳钢反应釜、复合钢板反应釜、不锈钢反应釜和搪瓷反应釜；冷凝回流装置，如蒸出管、冷凝器、分水器等，反应釜的传热装置，如平滑夹套、螺旋盘管夹套和浸入式传热装置，以及各式搅拌装置等
稀释设备	稀释罐的结构与反应釜相似，一般都是立式带搅拌的容器，需要有传热装置夹套或内部盘管。稀释罐的搅拌不要很激烈，一般采用多层斜桨式搅拌器或开启式折叶涡轮搅拌器，罐内加装挡板
净化设备	板框压滤机、箱式压滤机、水平板式过滤机、垂直网板式过滤机、筒式滤芯过滤器、管式高速分离机和碟式分离机等

6.2.4.2　色漆生产工艺及设备

色漆通常是由树脂（基料）、溶剂、颜填料及少量助剂组成的，从本质上来说，色漆的生产过程就是把颜填料固体粒子混入液态漆料中，使之成为一个均匀微细的悬浮分散体。颜填料的原始粒子很小，但其在加工和储运过程中，经常相互黏结成聚集体，聚集体的粒径较大，因此在涂料生产过程中要把聚集体解除聚集，并稳定且均匀地分散在漆料中。颜填料分散得越好，色漆的质量越高。一般色漆的生产过程包括四步：预分散、研磨分散、调色素、净化包装。

相应的设备请见表6-20。

6.2.4.3　质量检测及性能测试

涂料本身不能作为工程材料使用，必须和被涂物品配套使用并发挥其功能，最重要的是它涂在物体上所形成的涂膜性能。因此，涂料的质量检测有其特点。

① 涂料产品质量检测即涂料及涂膜的性能测试，主要体现在涂膜性能上，以物理方法为主，不能单纯依靠化学方法。

表 6-20　色漆生产设备

设备类型	种　类
预分散设备	以配有高速分散机的砂磨机为主;搅浆机(立式、转筒、行星式等)等
研磨分散设备	砂磨机、球磨机、辊磨机等
调漆设备	铺式、框式搅拌器;调漆罐
过滤设备	罗筛、振动筛、压滤箱、袋式过滤器、管式过滤器和自清洗过滤机等
输送设备	液料输送泵,如隔膜泵、内齿轮泵和螺杆泵、螺旋输送机、粉料输送泵等

② 实验基材和条件有很大影响。涂料产品应用面极为广泛,必须通过各种涂装方法施工在物体表面,其施工性能可大大影响涂料的使用效果,所以,涂料性能测试还必须包括施工性能的测试。

③ 同一项目往往从不同角度进行考查,结果具有差异。

④ 性能测试全面,涂料涂装在物体表面形成涂膜后应具有一定的装饰、保护性能,除此以外,涂膜常常在一些特定环境下使用,需要满足特定的技术要求。因此,还必须测试某些特殊的保护性能,如耐温、耐腐蚀、耐盐雾等。

涂料的性能一般包括涂料产品本身的性能、涂料施工性能、涂膜性能等。

(1) 涂料产品本身的性能

包括涂料产品形态、组成、储存性等性能。

① 颜色与外观。本项目是检查涂料的形状、颜色和透明度的,特别是对清漆的检查,外观更为重要,参见国家标准 GB/T 1721—2008《清漆、清油及稀释剂外观和透明度测定法》。

② 细度。细度是检查色漆中颜料颗粒大小或分散均匀程度的参数,以 μm 表示,测定方法见 GB/T 1724—2019《色漆、清漆和印刷油墨研磨细度的测定》。

③ 黏度。黏度测定的方法很多,涂料中通常是在规定的温度下测量定量的涂料从仪器孔流出所需的时间,以"s"表示,具体方法见《涂料粘度测定法》(GB/T 1723—1993)。

④ 固体分(不挥发分)。固体分是涂料中除去溶剂(或水)之外的不挥发分(包括树脂、颜料、增塑剂等)占涂料质量的百分数,用以控制清漆和高装饰性磁漆中固体分和挥发分的比例是否合适,从而控制漆膜的厚度。一般而言,固体含量低,一次成膜较薄,保护性欠佳,施工时较易流挂。

(2) 涂料施工性能

涂料施工性能是评价涂料产品质量好坏的一个重要方面,主要有:遮盖力,指的是遮盖物面原来底色的最小色漆用量;使用量,即涂覆单位面积所需要的涂料数量;干燥时间,涂料涂装施工以后,从流体层到全部形成固体涂膜的这段时间,称为干燥时间;流平性是指涂料施工后形成平整涂膜的能力。

6.3　皮革

6.3.1　皮革简介

革制品具有牢固耐用、高雅舒适等特点,广泛应用于服装、制鞋、箱包、家具等行业。主要有天然皮革和人工革（人造革和合成革）两大类。

天然皮革，是把动物身上剥下来的皮（即生皮）经过一系列物理机械和化学的处理后，变成耐化学作用（耐酸、碱、盐、溶剂等）、耐细菌作用、具有一定机械强度的物质，简称为皮革。天然皮革由于胶原蛋白自身的化学性质和所形成的错综复杂的编织结构，具有柔软、耐磨、强度高、高吸湿性和透水汽性（舒适性）等优点。

天然皮革按原料皮可分为牛皮革、猪皮革、羊皮革等。按鞣制方法可分为植物鞣革、铬鞣革、铝鞣革、铅鞣革、醛鞣革、油鞣革等。按用途可分为家具革、箱包革、沙发革、工业用革、手套革、服装革、擦拭革等。

天然皮革的制作过程比较复杂，从原料皮到成革的加工过程，大体上可分为准备、鞣制、整理三大工段。其工艺流程大致如图 6-1 所示。

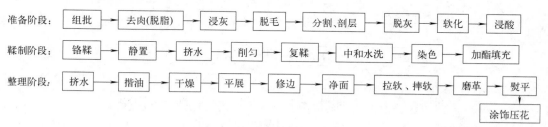

图 6-1　天然皮革制作工艺流程

人造革、合成革是将合成树脂以某种方式（如涂覆、黏合等）与基材黏合在一起得到的天然皮革的代用品。

人造革是以织物为基材，合成革则以无纺布为基材同时具有微孔结构的面层。目前，人造革、合成革的涂层树脂主要有聚氯乙烯和聚氨酯。

方法主要有直接涂刮法、离型纸法和压延法等。如 PVC 人工革采用上述方法制备的流程如图 6-2～图 6-4 所示。

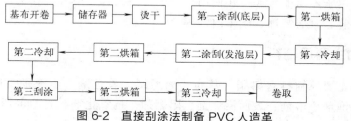

图 6-2　直接刮涂法制备 PVC 人造革

随着人们对环境保护的重视，生态革、绿色制革是当前的发展趋势之一。世界各国明确规定各类产品必须符合生态标准才能进入市场。我国国家发展和改革委员会公布的《产业结构调整指导目录（2007 年本）》中"水性和生态型合成革研发、生产及人造革、合成革后整饰材料技术"被列为鼓励类发展项目。

此外，随着人们生活质量的提高，对革的性能等提出了更高的要求。因此，高性能革、功能性革成为人造革发展的另一趋势。为克服天然革的强度低、易发霉、易脆化、易变形等缺点，采用新工艺、应用新材料如 TiO_2、SiO_2 等构建高性能的人造革。

例如：制备高透湿性合成革，抗紫外、抑菌防霉合成革，阻燃合成革，远红外保健功能合成革，抗辐射军用合成革等。目前，有的高透湿合成革，透湿量可达到 3500g/

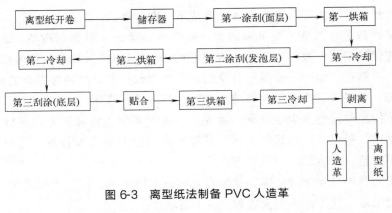

图 6-3　离型纸法制备 PVC 人造革

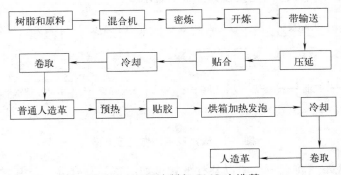

图 6-4　压延法制备 PVC 人造革

$(m^2 \cdot 24h)$ 以上［一般传统合成革产品小于 $1000g/(m^2 \cdot 24h)$］，这样人体散发的汗液能以水蒸气的形式传导到外界，不在人体表面与服装之间冷凝积聚，保持穿着者干爽、温暖，感觉不到发闷现象。更进一步，智能透湿合成革的透湿性能可随外界温度的变化而变化，在高温下有高的透湿性能以保证良好的排热排汗性，而低温时透湿性大幅降低以保证保暖性。又如负离子聚氨酯合成革在使用过程中可持续释放空气负离子，对人体具有保健作用，可用于服装、家居装饰、汽车内饰等。

6.3.2　皮革的主要原辅料

制备皮革的主要原辅料有树脂、基布、离型纸、着色剂、填充剂、增塑剂、热稳定剂、润滑剂、发泡剂、溶剂、表面活性剂、阻燃剂、抗氧化剂、光稳定剂、抗静电剂和防霉剂等。

(1) 树脂

主要有聚氨酯（PU）、聚氯乙烯（PVC）、聚酰胺等。

(2) 基布

基布主要有机织布、针织布和无纺布三大类（表 6-21）。

其中，平纹、斜纹、缎纹、针织布等各种纹路的结构请见图 6-5。

不同材质的革选用的基布不一样。聚氯乙烯人造革的基布有针织布、机织布以及非织造布；干法 PU 人造革的基布中，起毛机织布的用量最大，其次是非织造布，以其为基布制成的人造革大都用于鞋面、鞋衬里、制球、制带等，而针织布应用很少；湿法 PU 革主要使用非织造布和起毛布。

表 6-21　基布种类

机织布	平纹	是由经纬纱一上一下相间交织而成,每隔一根纱线即进行一次经纱、纬纱交织,由两根经纱和两根纬纱交织组成一个组织循环
	斜纹	经线和纬线每隔两根或三根,甚至四根纱再进行一次交织,经(或纬)组织点连续而形成斜向的纹路,在织物表面呈现对角线状态
	缎纹	是将数根经纱或纬纱与数根纬纱或经纱交织形成一些独立而互不连续的经(纬)组织点
	起毛布	是利用钢针或刺果钩刺与织物运行的相对速度不同,将织物表面均匀地拉出一层绒毛
针织布		是将纱线弯曲成线圈并相互串套而形成织物的
无纺布		是定向或随机排列的纤维通过摩擦、抱合或黏合,或者上述方法的组合而结合制成的片状物、纤网或絮垫(不包括纸、机织物、针织物、簇绒织物、带有缝编纱线的缝编织物以及湿法缩绒的毡织物)

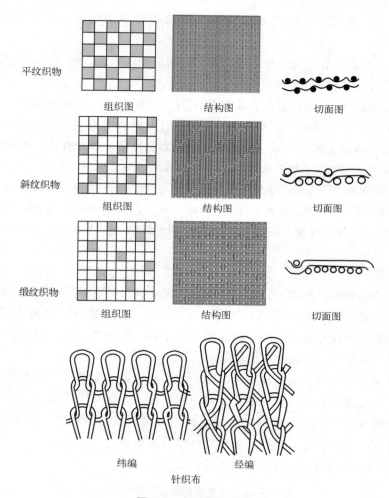

图 6-5　各种基布纹路

用途不一样,人造革使用的基布也不一样。通常,鞋面革基布要求能够承受较高的永久变形,经纬线的伸长率应大于 10%,以满足鞋楦成型和穿着中的频繁弯曲变形,提高制品寿命。鞋里革、鞋垫革基布则要求具备优异的吸湿、透湿性能,棉纤维、维纶、锦纶等是常规材质。服装革用基布则要求具有一定的机械强度(低于鞋革),但伸长率要大并且质地柔软,手感优良,吸湿、透气、防霉,常用材质有针织布、非织造布类基布,布料较薄。

通常基布在使用前需进行清除杂质、缩水、染色、打磨、拉毛几步处理。

（3）离型纸

离型纸又称工程纸，主要应用于聚氯乙烯人造革、干法聚氨酯合成革的制造以及革的表面整理。离型纸表面具有一定的花纹且有良好的脱膜性能，在其表面涂覆一层（或多层）聚氯乙烯或聚氨酯树脂，再和基布贴合后生产出人造革，最后离型纸和人造革分离，这样得到的人造革表面就具有离型纸表面的花纹，若与基底贴合则可用于革的表面后整理。

利用离型纸法生产人造革与早期的不锈钢带法相比，工艺更合理，设备简单，投资经济。无需压花即可在革表面获得各种花纹，同时离型纸特别有利于发泡，使制成的合成革密度小、手感好，能节约 1/3～1/2 的原料，并能制成密度更低的 PU 和 PVC 革，提高产品质量。

通常离型纸要求具有一定强度、表面均匀、耐溶剂、柔软、耐高温、具有合适的剥离强度。

按用途可分为聚氯乙烯人造革和聚氨酯用两大类离型纸。PVC 和 PU 在极性方面有很大差别。PVC 存在一定极性，但 PVC 糊中使用大量的增塑剂，增塑剂的极性对其黏着/剥离性能的影响是主要的，而芳香族 PU 在结构上存在一个芳香环（苯环），必须由极性很强的 DMF（N,N-二甲基甲酰胺）溶解。而且 PU 本身也存在着一个带极性的氨基甲酸酯基，所以芳香族 PU/DMF 体系的极性比 PVC/增塑剂体系的极性大得多，越易黏结，越难剥离。因此 PU 离型纸的极性应小于 PVC 离型纸，否则难以剥离 PU 层。需要指出，对脂肪族的 PU，不需要强极性的溶剂来溶解，用极性较小的异丙醇、甲苯等即可，因此对纸面的黏着也小。

（4）着色剂

着色剂有染料和颜料两类。其中，染料由于在皮革加工温度下易分解，在皮革使用过程中易渗出、迁移造成串色和污染，因此，在人造革中应用较少，只有在耐热要求不高时，可选用少量油溶性和醇溶性偶氮类和蒽醌类染料。与染料不同，颜料的耐热、耐候、耐溶剂性较好，只是色泽及透明性不如染料。

颜料可分为无机颜料、有机颜料两大类。无机颜料包括合成的有色化合物和一些带色的天然矿物，具有优良的耐热性、耐光性和耐溶剂性，而且原料易得，制造简便，价格低廉。有机颜料的性质介于无机颜料和染料之间，有机颜料的耐热性、耐光性不及无机颜料，但分散性好，着色强度高，色泽较鲜艳（但不如染料）。

常用染料、无机颜料、有机颜料的性能请见表 6-22。

表 6-22　三种类型着色剂的性能比较

类型	耐热性	耐光性	抗迁移性	耐酸性	耐碱性	着色力	亮度	透明度	来源	相对密度	溶解性
染料	差	差	差	差	差	好	好	好	天然、合成	1.3～2.0	可溶
有机颜料	中（200～260℃分解）	中	中	中	中	中	中	中	合成	1.3～2.0	难溶或不溶
无机颜料	好（500℃分解）	好	好	好	好	差	差	差	天然、合成	3.5～5.0	不溶

常用着色剂如表 6-23 所示。

表 6-23　常用着色剂

颜色	着色剂
白色	钛白粉，无机颜料。钛白粉有金红石型和锐钛型两种，各有不同的晶体结构。金红石型折射率高，覆盖力强，可屏蔽紫外线，适于户外制品；锐钛型有轻微的蓝色调，因此显得较白些，但耐光性不如金红石型，可用于室内制品
黑色	人造革、合成革中一般使用槽法炭黑，粒径 $15\sim30nm$。炭黑既可以单独使用，也可拼色成咖啡色或灰色等
红色	氧化铁红，遮盖力强，着色力大，具有良好的耐光性、耐热性、耐溶剂性、耐水性和耐酸碱性，适合于不透明的制品。 钼铬红，无机颜料，是由铝酸铅、铬酸铅及少量硫酸铅组成的混合晶体，为红色粉末。遮盖力大，着色力大，但耐光性较低，通过表面处理可以改善。 立索尔宝红 BK（罗滨红）有机颜料，系单偶氮类色淀，为深紫色粉末，着色力强，色泽鲜明，透明性好，耐晒性差，带蓝光的红色，一般不宜作浅色或拼色
黄色	铬酸铅或碱性铬酸铅与硫酸铅等不溶性盐的混合晶体。耐水性、耐溶剂性强，但耐碱性差，耐光性和耐热性中等。遇硫化物变黑，应避免与含硫着色剂及其他物质合用
绿色	氧化铬绿，耐热性、耐光性、耐酸碱性、耐水性和耐溶剂性好，但着色力小，色彩不鲜艳，价格也较高。 酞菁绿，着色力强，色泽鲜艳，耐热性、耐光性优良，耐酸碱、耐溶剂，在树脂中易分散。与白色颜料拼用可得鲜绿色，与黄色颜料拼用可得到深绿色，一般用量为 0.005%。缺点是透明性较差，只能用于不透明制品
蓝色	群青（佛青、云青），由纯碱、高岭土、硫黄和木炭煅烧而成。不溶于水和溶剂，易受酸或空气的影响而变色。色彩鲜艳，耐光、耐水、耐溶剂和耐碱，有增白作用，可降低白料中的黄光，但耐酸性差，着色性较低。 酞菁蓝，遮盖力强，着色力大，是群青的 $20\sim40$ 倍。优良的耐热性、耐光性、耐酸碱性和耐溶剂性，易分散，不迁移
荧光增白剂	香豆素型（如荧光增白剂 WS）和苯并噁唑型（如荧光增白剂 DT）
金属颜料	有银粉和金粉两类。银粉实际为铝粉，铝粉表面可产生很亮的镜面反射光，也会出现灰色，当铝粉的颗粒很细时，尤为明显。铝粉的耐候性好，耐硫化氢，与染料或微量颜料并用，可获得金属光泽的色彩，如加入黄色油溶性染料可得金黄色。铝粉表面也可用染料染成不同的色彩。 金粉是铜、铝、锌合金制成的鳞片状粉末，合金的配比不同而呈现不同的金色。金粉中含铜，因此对聚氯乙烯的稳定性有不良影响
珠光颜料	有天然和合成两大类。天然的是从小带鱼鱼鳞中提取，目前少用。合成的珠光颜料主要有碱式碳酸铅、氯氧化铋、云母钛、砷酸铅及磷酸铅等。 云母钛俗称珠光粉，是由白云母湿式粉碎分级后制成的鳞片状微薄细粉作基材，以二氧化钛等金属氧化物或非金属氧化物（如 Fe_2O_3、SnO_2、SiO_2、Al_2O_3）包覆而形成的微粒颜料。云母钛性能稳定，不易破碎，耐挤压。当粒度较粗时，云母钛珠光颜料折射率高，光泽较强，遮盖力较弱，可呈现星光闪烁的金属视感。粒度较细时，珠光颜料遮盖力较强，可呈现珍珠光泽。云母钛珠光剂几乎适用于所有树脂，在透明性好的树脂中，珠光感最好。 珠光剂不能与不透明着色剂相混合（炭黑和群青除外），只能与透明性且遮盖力低的着色剂相混合，如酞菁系等

（5）填充剂

为降低成本、增强等，还会在皮革中加入一定量的填充剂，如碳酸钙、陶土、滑石粉、硫酸钡、炭黑、SiO_2、蒙脱石、木粉等。

此外，为便于皮革的加工及增强其他性能，增塑剂、发泡剂、热稳定剂、抗氧化剂、阻燃剂、防霉剂等也常常加入各种皮革中，在此不再赘述。

6.3.3　制备工艺

人造革的生产方法有直接涂刮法、转移涂刮法（离型纸法、钢带法）、圆网涂刮法、压延法、贴合法、挤出热熔法等。本章主要介绍直接涂刮法、离型纸转移涂刮法和压延法。

6.3.3.1 直接涂刮法

直接涂刮法是最早最简单的一种工艺方法，可生产普通革、泡沫革、贴膜革等。其优点是基布与涂层结合牢度高，设备简单，投资费用少，生产效率较高。缺点是需要大量的乳液法树脂，产品质量不易控制（特别是受基布的影响），织物基布需要预处理，低强度的织物基布（如针织物）不能使用，而且增塑糊容易渗入基布而导致手感较差等。直接刮涂法只能适于生产薄革，不是主要的生产方法。

以 PVC 普通人造革为例：

先将 PVC 树脂和增塑剂、稳定剂等助剂按配方的比例（表 6-24），分别配成底层和面层胶料，然后基布放卷，经刷毛、压光等预处理后，用刮刀在基布上涂覆底层胶料，进入烘箱塑化。冷却后涂覆面层胶料，再经烘箱塑化，然后压花、冷却、卷取即得到 PVC 人造革。

(1) 配方

表 6-24　常用 PVC 普通人造革配方

原料名称	普通配方 1 质量/kg		普通配方 2 质量/kg	
	底层	面层	底层	面层
悬浮法 PVC	75	—	100	—
乳液法 PVC	25	100	—	100
邻苯二甲酸二辛酯（DOP）	20	40	30	30
邻苯二甲酸二丁酯（DBP）	10	25	30	20
T-50	70	15	40	20
氯化石油酯	—	—	—	25
环氧酯	0.5	0.5		
TS	—	—		
硬脂酸钡	0.75	0.75	0.75	0.75
硬脂酸钙	0.25	0.25	0.25	0.25
Pb·Znst	—	—		
二月桂酸二丁基锡	1	1	1	1
偶氮二甲酰胺	—	—		
碳酸钙	30	20	40	20

(2) 生产线

直接涂刮法生产普通 PVC 人造革流程示意图请见图 6-6。

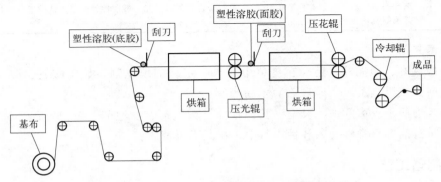

图 6-6　直接涂刮法生产普通 PVC 人造革生产线

(3) 工艺流程

有时面层不采用涂刮的方法，而是在底层上直接贴合一层 PVC 薄膜，再经烘箱加热、冷却卷取制成人造革，称之为贴膜革。

如果在底层和面层之间再涂刮一层发泡层，则可得到 PVC 发泡人造革。通常分别按配方配制底层和泡沫层糊状胶料，同时备好面层薄膜。基布经预处理后涂刮底层胶料，然后凝胶塑化冷却，再涂刮泡沫层胶料，进入第二烘箱凝胶（但不发泡）后立即贴合面层薄膜，再进入第三烘箱塑化、发泡，然后压花、冷却、卷取即为成品（图 6-7）。

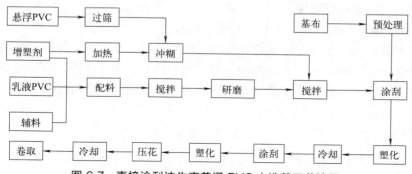

图 6-7　直接涂刮法生产普通 PVC 人造革工艺流程

（4）设备及用途

① 配料设备：冲糊装置（使悬浮法 PVC 树脂与增塑剂混合均匀形成透明状糊状料）、搅拌机、三辊研磨机（使 PVC 小粉团分散开）（图 6-8）。

② 基布预处理设备：刷毛机（清理基布表面的线头、杂毛等）（图 6-9）、压光机（将

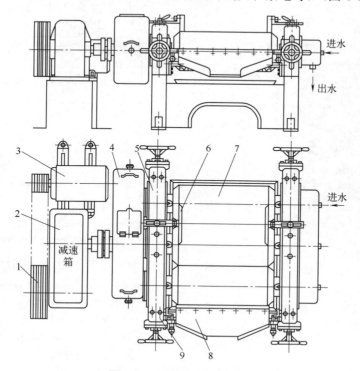

图 6-8　三辊研磨机的结构

1—三角带；2—齿轮减速箱；3—电机；4—齿轮传动箱；5—机架；6—铜制挡料板；7—三根辊筒；
8—刮刀；9—辊筒调距装置

基布表面的疙瘩、皱纹压轧平）。

③ 涂刮设备：涂刮机（图 6-10）、刮刀。

④ 烘箱：主要采用导热油加热的烘箱。温度可达 250℃ 以上，温控的精确度较高，无明火，适用性较广，但需配备加热导热油的锅炉（燃油、燃煤）和导热油循环系统，投资较大。加热方式有辐射式、热风循环、热辐射与热风循环相结合。

⑤ 压花装置：由两根辊构成，上辊是压花辊，为光面或刻有花纹；下辊是钢辊表面包有橡胶的橡胶辊，是主动辊，主要承受压花辊对人造革的压力。

⑥ 冷却装置：由一组冷却辊组成，冷却辊筒为钢辊，表面镀铬抛光，夹层通冷却水。生产线中间的冷却装置由 2～3 个冷却辊组成，最后冷却时由 6 个冷却辊筒组成。

⑦ 卷取装置：把冷却后的人造革按尺码要求卷取成卷，为保证卷取时张力合适，卷取装置设有张力控制装置。人造革卷取多采用中心轴卷取，以制品的卷心轴为主动辊，卷心轴有两个或两个以上的工位，可采用全自动或半自动卷取工作。

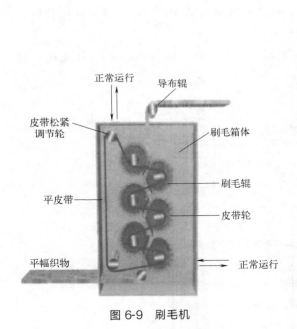

图 6-9　刷毛机

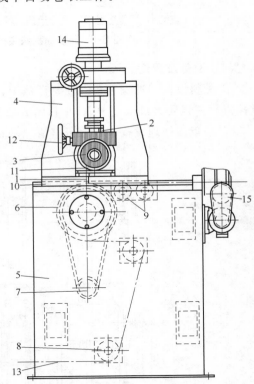

图 6-10　涂刮机结构

1、2—刮刀；3—刀架；4—刀架座；5—机架；6—衬辊；
7—衬辊传动辊；8—导辊；9—浮刀涂层衬辊；
10—燕尾槽；11—移动刀架座手轮；12—移
动刀架手轮；13—被涂材料（基布、纸张）；
14—气动活塞；15—开幅辊

6.3.3.2　离型纸转移涂层法

将糊状胶料涂刮在连续运行的载体上（一般为不锈钢带或离型纸），然后与基布贴合，经主烘箱塑化或发泡，冷却后从载体上剥离下来，得到人造革，这种生产方法称为转移法或间接涂刮法。

转移法与直接涂刮法相比，具有以下特点。

① 基布与涂层贴合时，所受的张力很小，胶料渗入基布的量较少，因而人造革手感较好，可用于组织疏松、伸缩性很大（针织布）或强度较低（某些非织造布）的基布。

② 人造革的表面质量受基布影响小。

③ 产品质量好，工艺易掌握控制，生产时受胶料黏度及涂层厚度的限制较少，对生产增塑剂含量多的薄型柔软衣着和手套用革尤为相宜。

转移法的载体主要有钢带和离型纸两种。其中，钢带经久耐用，寿命长，离型纸价格较高，使用时间较短（大致10次）。但是，使用离型纸可以非常方便地将离型纸上的花纹转移到人造革上，从而得到不同的花纹制品，而钢带制备的是光面制品，若要有花纹则需压花。离型纸法由于生产设备比较简单，工艺容易掌握，产品质量好，是目前主要的生产方法。离型纸法PVC人造革产品以泡沫革为主，具有手感柔软、弹性好、真皮感强等特点，常用于服装、手套、沙发等。

以PVC为例。

(1) 配方

人造革三层配方请见表6-25。

表6-25　人造革三层配方

材料名称	配比(质量/kg)		
	面层	发泡层	黏合层
PVC(聚氯乙烯)	100	100	100
DOP(邻苯二甲酸二辛酯)	50	30	30
DBP(邻苯二甲酸二丁酯)	20	40	40
液体复合热稳定剂	3	3	3
AC发泡剂	—	6	—
碳酸钙	20	20	30
色浆	10	5	

(2) 工艺过程

首先配好各层胶料，然后离型纸放卷，经储纸机在第一涂刮机涂刮面层，进入第一烘箱凝胶塑化，冷却后进入第二涂刮机涂刮发泡层，进入第二烘箱进行预塑化不发泡，冷却后进入第三涂刮机涂刮黏合层，然后与基布贴合（湿贴）进入第三烘箱塑化发泡，冷却后人造革与离型纸剥离，分别卷取，此工艺称为三涂三烘（图6-11）。该工艺采用湿贴，胶料容易渗入基布，为避免这一不足，目前还有一种半干贴法，即在涂刮黏合层后，进入短烘箱烘至半干然后与基布贴合，再进入烘箱塑化发泡，此时生产线上共有四个烘箱，称为三涂四烘。三层结构的PVC人造革，发泡层完整，产品比较厚实，工艺也易于掌握。

(3) 主要设备

主要设备有：储纸机、烘箱、贴合机、剥离机和离型纸检查机等。

6.3.3.3　压延法

压延法是制备PVC人造革的一种主要方法。是在压延软质PVC薄膜的过程中引入基

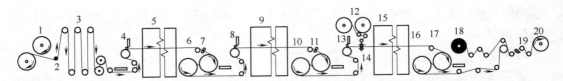

图 6-11　离型纸法 PVC 泡沫人造革生产线

1—离型纸退卷机；2—压纸辊；3—储纸机；4—第一涂刮机；5—第一烘箱；6、10、16—冷却辊；

7、11、17、19—离型纸导辊；8—第二刮涂机；9—第二烘箱；12—基布退卷机；13—第三涂刮机；

14—贴合辊；15—第三烘箱；18—人造革收卷机；20—离型纸收卷机

布，使薄膜和基布牢固地粘在一起，再经过后加工（如压花、发泡等）制成人造革。压延法 PVC 人造革贴合也可分为发泡的泡沫革和不发泡的普通革。其优点是可以使用廉价的悬浮法 PVC 树脂，所用的基布比较广泛，加工能力大，生产速度快，产品质量好，生产连续。缺点是设备庞大，生产线长，占地面积也大，投资高，生产技术复杂，维修复杂，仅适合于本身有压延机的厂家使用。

以 PVC 为例。

(1) 配方

以针织布为基布的压延人造革配方如表 6-26 所示。

表 6-26　以针织布为基布的压延人造革配方

材料名称	配比(质量/kg)		
	泡沫革	沙发革	
		面层	发泡层
聚氯乙烯树脂	100	100	100
邻苯二甲酸二辛酯	40	435	35
邻苯二甲酸二丁酯	35	35	10
癸二酸二辛酯	—	—	5
液体 Cd-Ba-Zn 稳定剂	3	3	—
硬脂酸钡	—	—	1
硬脂酸铅	—	—	1
三碱式硫酸铅	—	—	1
AC 发泡剂	3	3	—
碳酸钙	15	15	10
颜料	适量	适量	适量

(2) 生产工艺

压延法 PVC 人造革的生产工艺顺序及生产线上的设备布置与 PVC 薄膜压延成型时完全相同，不同之处只是在压延机的前面加有基布预处理设备和贴合装置。过程如下：将 PVC 树脂、增塑剂、稳定剂、其他辅料等按配方要求，准确计量后投入高速混合机中混合，然后再经密炼机和开炼机等进行混炼（如图 6-12 所示）。预塑化后输送至压延机辊筒上压延成薄膜，然后与经过预处理（底涂、预热等）的基布贴合再经冷却、卷取得到 PVC 普通人造革。若生产 PVC 泡沫革，则将前面压延法得到的半成品卷取，然后再移到专用的发泡设备上，按半成品加热—贴膜—烘箱加热发泡—压花—冷却—卷取的工序进行。

其中，成型温度及辊筒转速可采用表 6-27 所列参数。

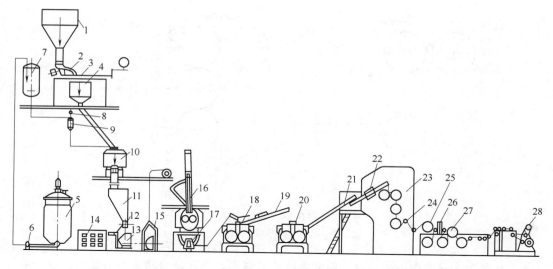

图 6-12　聚氯乙烯薄膜成型用压延机生产线设备布置

1—主要树脂储仓；2—振动给料；3—自动计量；4—计量料斗；5—各种助剂辅料混合器；6—输送泵；

7—辅料中间储仓；8—传感器；9—各种辅料计量；10—高速混合机；11—输料斗；12—计量秤；

13—料斗车；14—烘箱；15—送料吊车；16—密炼机；17—送料斗；18—开炼机；19—输料带；

20—开炼机；21—箱料带；22—金属检测仪；23—压延机；24—剥离导辊；25—压花辊；

26—测厚装置；27—冷却辊；28—卷取装置

表 6-27　人造革用 PVC 膜压延成型温度和辊筒转速

条件	旁辊	上辊	中辊	下辊
速度/(m/min)	10～12	12～15	12～15	12～15
温度/℃	130～140	140～145	145～150	155～165

需要指出，PVC 贴合法有擦胶和贴胶两种。

擦胶时利用压延辊下辊的转速比是 1.3∶1.5∶1，把部分塑料擦进布缝中，而另一部分则贴附在基布的表面。为保证物料能够擦进布缝，通过压延机的基布应有足够的张力，辊距应适当，过小易把基布擦破，过大会降低擦进作用。辊温可尽量提高，以便物料的黏度下降而易擦进布缝，否则会因剪切应力太大而引起基膜（基布）破裂。

擦胶法的优点是贴合牢度高，无脱层；而且基布可以不进行底涂处理。缺点是由于物料擦到基布的纤维中，所以制品较硬，手感不太好，而且生产过程难以控制，常常撕破基布，所以要选择较厚、较牢的基布。必须对基布进行底涂处理。

它是借助于贴合辊的压力，把成型的物料和基布贴合在一起。贴合法分为内贴法和外贴法。内贴法是在物料引离前，借助于贴合辊的压力，在最后一只压延辊筒上和基布直接贴合，如图 6-13（a）所示。该方法增加了物料在辊上的停留时间，从而提高贴合牢度，但由于橡胶辊在高温下工作，易发生老化变形。外贴法则是待压延物料引离后，另外用一组贴合辊加压把物料和布基贴合在一起，如图 6-13（b）所示。此法可延长橡胶辊的寿命，目前多采用外贴法。

贴合时应注意调整基布车速与压延膜车速相适应。基布过紧易造成断布，过松易出现皱褶。基布在贴合前还应预热，预热的温度要适当。基布温度过低，贴合牢度下降；温度

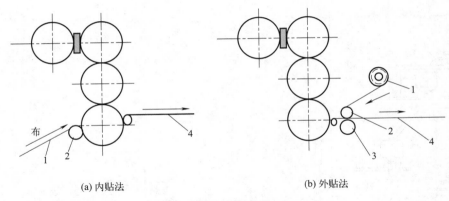

(a) 内贴法　　　　　　　　　　　(b) 外贴法

图 6-13　贴合法

1—基布；2—贴胶辊；3—脱辊；4—人造革

过高，基布含水湿度很小或干燥，影响人造革的强度。进入贴合状态前的基布温度一般为110～115℃。

(3) 设备

主要有：储布机、扩幅机、压延机、贴合机、冷却设备、张力调节设备等（图 6-14）。

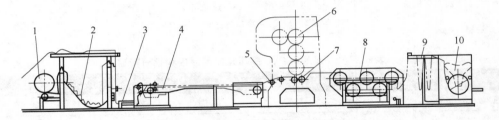

图 6-14　压延法人造革生产线部分设备（以针织布为基布）

1—布捆；2—储布机；3—操作台；4—扩幅机；5—预热辊；6—四辊压延机；7—贴合辊；8—冷却辊；

9—张力调节装置；10—卷取装置

6.3.3.4　湿法合成聚氨酯人造革

(1) 原理

湿法聚氨酯合成革是 1963 年在国外市场上出现的，其性能、结构与干法合成革相比，在透气性能及外观质量方面有明显的改进，可与天然皮革媲美。

湿法工艺（也称凝固涂层工艺）的特点是凝固浴中生成多孔性皮膜，这与直接涂刮、转移（干法）涂刮在烘箱中成膜大相径庭，其产品性能优异，更接近天然皮革。

凝固涂层的涂层剂只有一种单一组分聚氨酯，成膜的机理也十分简单。选择一种聚氨酯的良溶剂，主要是 DMF（N,N-二甲基甲酰胺）和另一种非溶剂——水，先用 DMF 把聚氨酯溶解成溶液，涂或浸渍在基布上，浸入水或含 DMF 的水溶液中，利用 DMF 与水的混溶性，让水在涂层膜内置换 DMF，降低 DMF 的浓度，促使聚氨酯凝固成多孔连续的涂膜。

聚氨酯涂层膜进入凝固浴后，在 DMF 的水溶液中凝结出来，其间大体经过以下几个步骤。

① 水从涂层膜表面将 DMF 稀释或萃取。由于凝固浴的组成是 15%～25%（质量分

数）的 DMF 水溶液，与纯水相比，稀释和萃取的过程比较缓慢。

② 当水和 DMF 在膜的两面进行双向扩散时，聚氨酯由溶解状态转变为聚氨酯-DMF-水的凝胶状态，而从溶液中分离出来。原来的溶液由单相（澄清）变成双相（浑浊）即发生了相分离。但是这种相分离不是固体聚氨酯从溶液中分离出来，而是聚氨酯的富相从其贫相中分离出来，同时伴随着溶液黏度的显著下降。

③ 双向扩散继续进行，在凝胶-富相中产生了固体聚氨酯的沉淀。

④ 固体聚氨酯的脱液收缩，使涂层膜中产生充满 DMF 水溶液的微孔，孔壁是固体聚氨酯。在以后的水洗、烘干过程中，除去 DMF 水溶液，即留下无 DMF 水溶液的微孔。

（2）生产工艺

生产工艺有单涂法和含浸法两种。

1）单涂法制备聚氨酯生产工艺流程

单涂法聚氨酯基底生产通常以双面平单面或双面起毛的机织布及针织布为底基，表面涂覆聚氨酯配合液，经凝固、水洗、烘干而成（图 6-15）。单涂法基底通常再以干法转移贴面形成终端产品，或用磨皮机打磨形成产品（如牛皮革）。

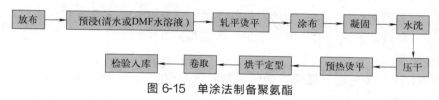

图 6-15　单涂法制备聚氨酯

单涂法操作步骤如下。

① 配料。将着色剂、木粉、轻钙依次加入含有 DMF 的配料罐中，搅拌均匀，然后再加入活性剂、其他助剂，搅拌充分，最后加入聚氨酯树脂，搅拌，脱泡，过筛除去大颗粒，得到的料浆置于不锈钢桶中加盖密闭备用。料浆黏度一般控制为 $5\sim10Pa\cdot s$。

② 基布预处理。根据基布的种类，可将基布分别浸入水或不同浓度 DMF 水溶液中浸泡。然后，用挤压轮把基布中的水分挤干，经过烫皮轮将基布烫至半干。

浸水处理主要有两方面作用：一是提高织物湿度，防止浆料过分渗入基布组织内，产生透底现象；二是对脱脂性较差的基布改善其亲水性，提高基布的质量。

③ 涂覆、凝固。经过预处理的基布，通过涂料台，采用辊衬涂覆法，用涂刀把聚氨酯浆料均匀地涂覆在基布上。然后，将基布浸入由水与 DMF 组成的凝固液中，涂覆层浆液的 DMF 与水发生置换，最后浆料中聚氨酯沉积在基布表面上。浆料中 DMF 的含量一般为 15％～25％。DMF 含量高会影响凝固速度，而且造成水中固形物含量增加；含量过低不仅增加 DMF 的回收成本，而且使基布表面收缩率增大，导致卷边，降低产品质量。

④ 水洗、烘干、卷取。聚氨酯涂料层在完全凝固后，其泡孔层内仍然残留一定数量的 DMF，这些 DMF 必须在水洗槽中强行脱出，如脱除不干净，烘干后会造成产品表面有麻点等缺陷。一般在最后一个水洗槽中的 DMF 含量要求低于 1％。产品水洗干净后，烘干卷取。

2）含浸法步骤

① 配料。在配料罐内加入规定用量的 DMF，然后加入水，搅拌均匀，加入表面活性剂、消泡剂、流平剂、防黏剂等，继续搅拌，加入纤维素粉末和轻质碳酸钙等填料，搅拌

均匀，加入聚氨酯树脂和着色剂，高速搅拌 30min 左右，取样测浆料的黏度，若不符合工艺要求，则加 DMF 调低黏度或加树脂调高黏度，直到符合工艺要求为止。抽真空脱泡或静置泡消待用。

② 含浸生产操作。配好的浆料用 60 目过滤网过滤好，用气泵打入含浸槽内，基布放卷（含浸用的基布一般为双面起毛布，顺毛进入生产），经过储存架后先需刷毛处理，经烫中辊加热除去基布中的水分，进入含浸槽内，聚氨酯浆料渗入基布中。

由于基布不断运动，会把空气带入含浸槽内的浆料中，从而产生气泡，浆料中的空气会在基底表面生成针孔。为了及时消除这些气泡，可采用下列方法。

a. 在浆料配方中加入消泡剂。

b. 含浸槽内的浆料循环使用。不断把新鲜无泡的料打入含浸槽，同时从含浸槽上面溢出含有较多气泡的料。溢出的浆料存放在专用的槽内，让其静置消泡一段时间后，重新打入含浸槽使用。也有的厂家采用两只含浸槽，在第二只槽内补充新鲜无泡的浆料，第二只槽内溢出的料再流到第一只槽内。经过第一只槽含浸的基布在进入第二只槽时先经橡胶辊挤压，压出基布的气泡后再进入第二只含浸槽。基布从含浸槽出来后，用刮刀把多余的浆料刮掉。刮刀的间隙要根据生产的产品的厚度要求和起毛布起毛长短来设定和调整，这种方法会使涂层液能够充分进入基布组织、纱线甚至纤维的内部，与基布结成一体，提高了涂层的黏附强度。

③ 凝固。下一步是进入凝固浴凝固，凝固浴的组成是 DMF 水溶液，浓度为 15%～25%（质量分数），温度一般为常温，时间为 5～15min。凝固浴的工艺参数是影响凝固成膜过程的重要因素。

凝固浴中 DMF 浓度。DMF 浓度低，凝固速度快，膜内孔穴大，黏附强度、耐磨强度降低。DMF 浓度高，凝固速度慢，膜内孔穴细微，膜的密度增加，黏附强度、耐磨度提高，膜的硬度提高。

④ 水洗。

⑤ 烫平和预烘干。

⑥ 冷却、背磨。

含浸法聚氨酯基底的生产工艺条件请见表 6-28。

表 6-28　含浸法聚氨酯基底的生产工艺条件

工艺条件	基底厚度		
	0.8mm	1.0mm	1.2mm 以上
含浸总间隙/mm	1.4	1.6	1.8
基布厚度/mm	0.55	0.65	0.8
烫平轮温度/℃	120	120	120
凝固槽温度/℃	常温	常温	常温
凝固槽 DMF 浓度/%	20～25	20～25	20～25
水洗槽温度/℃	40～60	40～60	40～60
最后水洗槽 DMF 含量/%	<1	<1	<1
挤压次数	8～12	8～12	10～14
生产车速/(m/min)	8～12	7～10	5～8

(3) 生产设备

湿法聚氨酯合成革生产的设备根据其工艺流程，包括放卷架、储布架、含浸槽、预凝固槽、烫平辊、涂布机、凝固槽、水洗槽、烘箱、冷却辊、卷取装置等，当然还包括配料用的搅拌机、真空泵等。其中放卷架、储布架、涂布机、烘箱、冷却辊、烫平辊、卷取装置等与前面介绍的干法及 PVC 转移涂层设备相同。下面简要介绍含浸槽、凝固槽等设备。

1）含浸槽

含浸槽外观一般为长方体结构，采用不锈钢材料制造，内装上、下两排导辊（图 6-16），基布入槽后，在上下两排导辊间运动，与聚氨酯混合液充分接触。一般，含浸槽体积大，有利于基布更充分地浸渍聚氨酯混合液。

2）凝固槽

凝固槽在湿法凝固浴涂层中是相当重要的设备（图 6-17）。凝固槽主要有立式和卧式两种，多为卧式。卧式凝固槽内有的装有 3 排，也有 5 排、7 排，基布在槽内呈 S 形折回返出。卧式凝固槽长度一般为 20～25m，流程长度一般为 70～110m。凝固槽用不锈钢制造，外面用槽钢加强，

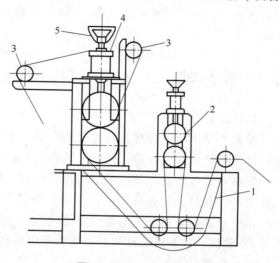

图 6-16 含浸槽示意图

1—含浸槽；2—挤压辊；3—导轮；4—气缸；
5—间隙调整手轮

基布入槽处的辊筒、出口处的挤压辊以及中间的折返辊都是主动辊，其余为被动导辊。整个凝固槽的张力靠调节主动辊速度来调节。

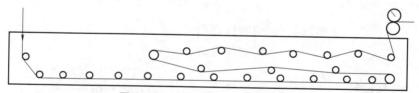

图 6-17 三排导辊的凝固槽示意图

3）湿法聚氨酯生产设备的变化过程

湿法聚氨酯生产设备的变化过程请见表 6-29。

表 6-29 湿法聚氨酯生产设备的变化过程

各项功能	年份		
	1990 年	2004 年	2009 年
机械型	凝固槽 3 层 水洗槽 6 层 立式烘箱 20m	凝固槽 5 层 水洗槽 14 层 卧式烘箱 30m	凝固槽 5～7 层 水洗槽 16 层 卧式烘箱 35m
生产速度/(m/min)	4	25	32
耗电量/(kW/h)	68	130	115
耗热量/(10^5kcal/h)	60	120	燃油 90 蒸汽 70
排风量/(m³/min)	440	954	544
内循环/(m³/min)	786	2352	4620

注：1kcal/h＝0.001163kW。

由 1990 年发展到 2004 年，短短 15 年内，合成革的生产速度提高 3～4 倍，相对的耗电量、耗热量只变为 2 倍。由于机械的改良及生产技术的提升，直接提高了生产效率，间

接降低了能耗。

2005 年后，随着节能、环保意识的增强，合成革设备的设计理念和方法发生了很大的变化，如烘箱隔热材料的变化、加工过程的改变、热交换器分层的设计以及送风和排风的交替变化、风管结构的变化、自动化功能的提升等，大大提高了生产效率，降低了能耗。

6.4 胶黏剂

(1) 定义

胶黏剂是能把两种材料通过黏结作用连接起来，并能满足一定力学性能、物理性能和化学性能要求的一类物质，也称为黏合剂或黏结剂。

胶黏剂品种繁多，其化学组成各不相同，性能、形态及外观也不尽相同，应用范围、固化方式、黏结强度也各不相同。每种胶黏剂都有各自的应用范围、使用条件和黏结效果，都不可能是万能胶。所谓"万能胶"，一般是指应用范围较宽而已。目前，国内外已有 5000 种以上胶黏剂品种牌号，随着合成胶黏剂的发展，还将继续增加。

(2) 分类

为便于研究和使用，大家通常按胶黏剂的来源、用途、组成结构或性能等来进行分类，一般以胶黏剂主要化学组成为分类基础，结合用途、性能等分类较普遍。例如可以按来源、黏结强度、固化条件、外观形态等。

其中，按来源可划分为天然、合成两大类。

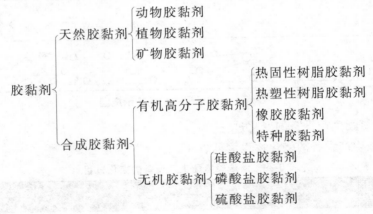

(3) 组成

胶黏剂通常由几种材料配制而成。这些材料按其作用不同，一般分为基料和辅助材料两大类。基料是在胶黏剂中起黏结作用并赋予胶层一定力学强度的物质，如各种树脂、橡胶、淀粉、蛋白质、磷酸盐、硅酸盐等。辅助材料是胶黏剂中用以改善主体材料性能或为便于施工而加入的物质，如固化剂、增塑剂和增韧剂、稀释剂、溶剂、填料、偶联剂等（表 6-30）。

(4) 黏结机理

为达到良好连接，胶黏剂要能很好地润湿被粘物表面；胶黏剂与被粘物之间要有较强的相互结合力，这种结合力的来源和本质就是黏结机理。

表 6-30 胶黏剂的组成及作用

组成	作用	常用物质	
		高分子	无机材料
基料	胶黏剂的主体,能将被粘物体结合在一起	淀粉、蛋白质、天然树脂、热塑性高分子、热固性高分子、橡胶	硅酸盐、磷酸盐、硼酸盐、氧化物
固化剂	使胶黏剂主体发生固化	固化可以是物理或化学过程。化学固化剂常常是使胶黏剂本体发生反应形成三维网状结构的分子,例如环氧树脂型固化剂常用脂肪胺、脂环胺、芳香胺等多元胺	
增塑剂、增韧剂	改善胶层的脆性、提高其柔韧性	增塑剂能与基料相混溶,但它是不活泼的,不参与固化反应,在固化过程中有从体系中离析出来的倾向,如邻苯二甲酸二丁酯、磷酸三酚酯等。增韧剂是一种单官能团或多官能团的化合物,能与基料起反应,成为固化体系的一部分。它们大都是黏稠液体,常用的有不饱和聚酯树脂、聚硫橡胶、低分子聚酰胺树脂等。它们也可作为环氧树脂的固化剂	
稀释剂	降低胶黏剂黏度,液态物质	含有活性基团能参与固化反应的活性稀释剂和非活性稀释剂两大类。其中,活性稀释剂多用于环氧型胶黏剂,加入此种稀释剂,固化剂的用量应增大。环氧树脂用的活性稀释剂主要有单环氧基、双环氧基和三环氧基活性稀释剂。如丙烯基缩水甘油醚、丁基缩水甘油醚和苯基缩水甘油醚等。非活性稀释剂多用于橡胶、聚酯、酚醛、环氧等类型的胶黏剂。环氧树脂中常用的非活性稀释剂有邻苯二甲酸二丁酯及二辛酯,此外,还有丙酮、松节油、二甲苯、醋酸乙酯、二甲基甲酰胺等	
溶剂	溶解其他物质、降低黏度、便于施工	在橡胶型胶黏剂中用的较多,在其他型的胶黏剂中用的较少。例如氯丁橡胶易溶于芳烃和氯代烃中,在汽油、丙酮、甲乙酮、乙酸乙酯等常用溶剂中微溶。丁腈橡胶可选用丙酮、甲乙酮、三氯甲烷、二氯乙烯、乙酸乙酯、硝基烃、芳香烃、酮类、羧酸及羟基化合物等为溶剂	
填料	改善胶黏剂的加工性、耐久性、强度及其他性能或降低成本等而加入的一种非黏性的固体物质	常用的主要是无机物,金属、金属氧化物、矿物的粉末。如在丁腈橡胶中常用氧化锌、氧化镁、槽黑、二氧化钛、水合二氧化硅、白土作填料	
偶联剂	提高原先不粘或难粘物质之间的黏结性,在其间构成一层牢固的界面层	如硅烷、松香树脂及其衍生物等	
其他助剂		如增稠剂、阻聚剂、防老剂、防霉剂、阻燃剂等	

黏结的过程可分为两个阶段。第一阶段,液态胶黏剂向被粘物表面扩散,逐渐润湿被粘物表面并渗入表面微孔中,取代并解吸被粘物表面吸附的气体,使被粘物表面间的点接触变为与胶黏剂之间的面接触。施加压力和提高温度,有利于此过程的进行。第二阶段,产生吸附作用形成次价键或主价键,胶黏剂本身经物理或化学的变化由液体变为固体,使黏结作用固定下来。当然,这两个阶段是不能截然分开的。

结合力大致有以下几种。

① 由于吸附以及相互扩散而形成的次价结合。

② 由于化学吸附或表面化学反应而形成的化学键。

③ 配价键,例如金属原子与胶黏剂分子中的 N、O 等原子所生成的配价键。

④ 被粘物表面与胶黏剂由于带有异种电荷而产生的静电吸引力。

⑤ 由于胶黏剂分子渗进被粘物表面微孔中以及凸凹不平处而形成的机械啮合力。

不同情况下,这些力所占的相对比重不同,因而就产生了不同的黏结理论,如吸附理论、扩散理论、化学键理论及静电吸引理论等。

(5) 应用

随着科学技术的迅速发展，胶黏剂的应用领域不断扩大，品种和用量急剧增加。我国胶黏剂品种在 3000 种以上，产量达 300 多万吨。从普通儿童玩具、工艺美术品制造，到机械、电子、车船、飞机制造、火箭、人造卫星、宇宙飞船制造等，处处都有胶黏剂的应用。

例如，在飞机制造中，全世界采用黏结结构的飞机有 100 多种。B-58 重型超声速轰炸机中，黏结板达到 380m，黏结板占全机总面积的 85%，其中，蜂窝夹层结构占 90%。每架飞机用胶超过 400kg，可取代约 50 万件铆钉。每架波音 747 喷气客机用胶膜 2500m²，密封胶 450kg。三叉戟飞机的黏结面积占总连接面积的 67%。航空工业中常用的胶黏剂有酚醛-缩醛、酚醛环氧树脂胶黏剂等。新近开发的第二代丙烯酸酯胶黏剂已经实用化并用于飞机的制造中。

用于火箭、导弹和卫星等航天器上的黏结材料，除需要满足一般工业用胶黏剂的性能要求外，还需满足它们处于发射状态、在轨道上运行及重返大气层等所经历的各种特殊环境的要求。例如，卫星、飞船及其他航天器在轨道运行，其环境交变温度达几百摄氏度（如在地球同步轨道上运行的航天器，其环境交变温度为 $-157 \sim 120℃$）。用于有关部位的胶黏剂不仅需要具有适应严酷的交变温度特性，还必须具有耐高能粒子及电磁波辐射的特性，并且在高真空环境下没有或极少有挥发物或可凝性挥发物释放出来，以免污染航天器上高精度光学仪器和有关部位。

在电子工业中，胶黏剂的应用起着重要的作用。除了一般性的黏结外，还使用了许多具有特殊性能的胶黏剂。例如导电胶代替了锡钎焊；在真空系统中用真空密封胶来密封和堵漏是很常见的。印制电路板的出现为发展电子工业创造了良好的条件。在光学仪器中，透镜元件之间的组合用一定折射率的透明胶黏结，可以使折射率匹配，降低因界面反射而引起的能量损失。据报道，国外有些国家的 10%～20% 胶黏剂用于电子、电器工业，主要用于绝缘材料、浸渍、灌封材料，印制电路板，磁带，销式电容及集成电路的制造生产，以及片状元件的表面安装等。胶黏剂所用的材料主要是改性环氧树脂、酚醛、缩醛和有机硅等聚合物。

在医疗行业，口腔科中用胶黏剂修补、固定牙齿。在外科的应用中，骨折的连接和固定、皮肤移植的固定、皮肤破损的黏合、血管和人工关节的黏合以及止血胶的临床应用都获得了成功。现在，医用胶黏剂已由一种发展为几十种，类型已由 α-氰基丙烯酸酯系扩大到血纤维蛋白胶黏剂、聚氨酯系胶黏剂及其他高分子化合物。它在人体上的应用更加广泛，从皮肤到内脏器官，从血管到五官等软组织类、牙科用和骨组织用及皮肤用等。

6.5 生产实例

随着中国经济的不断发展，消费结构也不断升级，中国胶黏剂行业的发展前景非常可观。根据北京博研智尚信息咨询有限公司市场调研报告发布的《2023—2029 年中国明胶基胶黏剂行业经营模式分析及投资机会预测报告》分析，未来中国胶黏剂行业将继续保持高速发展的趋势，预计到 2025 年，中国胶黏剂行业市场规模将达到 300 亿元以上，在全球范围内仍将占据重要地位。

中国胶黏剂和胶黏带工业协会在 2021 年 10 月 18～19 日于上海召开的第 24 届中国胶黏剂和胶黏带行业年会中指出：从下游市场应用分析，以消费电子、光伏、风电等为主的装配业市场增长较快，引领了行业的增长趋势（表 6-31）。同时，纸、纸板及相关制品，以及 DIY 等以居民消费为主的产品增速也较可观，这两类市场也是出口的主要品种。但传统用胶市场，如交通运输、制鞋与皮革、建筑市场均出现了消费下降，这主要归因于投资力度的下降。

表 6-31 2020 年胶黏剂及密封产品的应用市场情况

市场分类	消费量/万吨	市场占有率/%
纸、纸板及相关产品	200.4	28.3
交通运输	55	7.8
制鞋和皮革	34	4.8
消费/自用(零售)	13	1.8
建筑施工/民用工程/装饰工艺	185	26.1
木工和细木工制品	130	18.3
装配作业/其他	91.6	12.9
合计	709	100

下面主要介绍一种绿色环保胶黏剂聚氨酯胶黏剂（XK-908）的生产。

绿色聚氨酯胶黏剂（XK-908）（图 6-18）是一种单组分胶，为浅黄色透明液体，有较高的剥离强度，耐水、耐高温，可用于食品软包装蒸煮袋黏结。

图 6-18 聚氨酯结构式

式中，R 为二异氰酸酯；R′为聚酯或聚醚。

6.5.1 制备

下述聚氨酯制备工艺原料利用率较高，除生成少量水之外，不产生任何其他副产物，有利于实现清洁生产。

(1) 基本原理

在醋酸乙酯中，聚酯多元醇与二异氰酸酯反应生成端羟基聚氨酯，反应式如下（图 6-19）：反应完成后加入醋酸乙酯制成聚氨酯溶液使用。

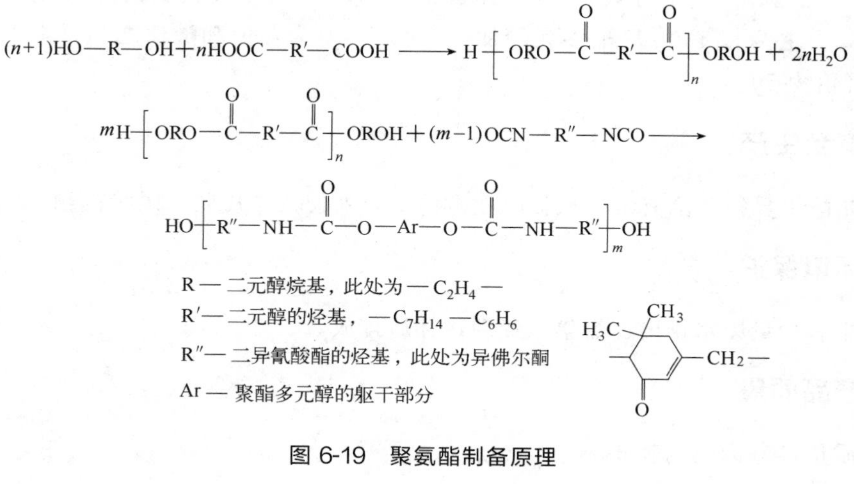

R — 二元醇烷基，此处为 —C_2H_4—
R′— 二元醇的烃基，—C_7H_{14}—C_6H_6—
R″— 二异氰酸酯的烃基，此处为异佛尔酮
Ar — 聚酯多元醇的躯干部分

图 6-19 聚氨酯制备原理

(2) 工艺流程

聚氨酯制备流程请见图 6-20。

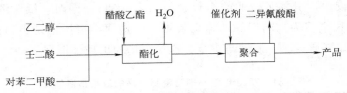

图 6-20 聚氨酯制备流程图

(3) 主要设备

反应釜(有搅拌器、换热夹套、分馏脱水设施、真空系统接口)、真空系统等。

(4) 原料规格及用量

各种原料的规格及用量请见表 6-32。

表 6-32 原料规格及用量

原料名称	规格	用量/质量份	原料名称	规格	用量/质量份
乙二醇	工业级	100	异佛尔酮二异氰酸酯	工业级	20
壬二酸	工业级	130	醋酸乙酯	工业级	360
对苯二甲酸	工业级	106	二丁基二月桂酸酯	工业级	0.7

(5) 生成控制参数及具体操作

将乙二醇、壬二酸和对苯二甲酸按配方计量后投入反应器,加热至全部溶解,温度约 160℃开始搅拌通入氮气,控制 N_2 流速,带出反应生成水。在 3h 内逐渐将反应温度升至 240℃,从冷凝器接收器中计量带出的水及醇作为反应参考。

当反应液达到透明时关闭氮气,开启真空,保持反应温度 240℃,真空度 250Pa 下反应 2~3h,过程中定时测定反应物酸值,当酸值达到 1 以下时,停止加热,冷却至 70℃左右,关真空。

加入醋酸乙酯,搅拌溶解,加入催化剂,保持 70℃左右,逐渐滴加异佛尔酮二异氰酸酯,反应 3h,测定游离—NCO 基含量 0.5%(质量分数)以下时放料得产品。

物料配比,醇:酸=1.3:1(摩尔比),脂肪族与芳香族适当调节至 1:1(摩尔比)左右;醋酸乙酯用量与聚酯多元醇质量近似相等;催化剂用二丁基二月桂酸锡,其量为总量的 0.1%~0.2%(质量分数);异佛尔酮二异氰酸酯用量按聚酯的羟值和酸酯计量加入,其计算方法为每 100g 聚酯多元醇加 0.192A,A 为羟值和酸值之和;本工艺控制酸值为 1,羟值为 50。

6.5.2 安全生产

异佛尔酮二异氰酸酯有毒,操作时注意防护,勿使其与皮肤、眼睛接触,以防损伤。

6.5.3 环境保护

生产中有少量废水排出,需集中处理达标后排放。

6.5.4 产品质量

产品质量参考标准见表 6-33。

表 6-33　产品质量参考标准

项目	指标	项目	指标
外观	淡黄色透明液体	酸值/(mgKOH/g)	≤1
固含量/%	50±2	羟值/(mgKOH/g)	≤10
相对密度 d_{20}^{20}	1.1～1.14	黏度/(Pa·s)	1.3～1.6

6.5.5　分析方法

① 外观目测法测定。

② 固含量参见《不饱和聚酯树脂试验方法》(GB/T 7193—2008)中的方法进行测定。

③ 酸值参见《增塑剂酸值及酸度的测定》(GB/T 1668—2008)酸值测定法进行测定。

④ 羟值采用苯酐-吡啶溶液与羟基酯化,用标准 KOH 溶液滴定完过量酸,结果按每克试样消耗的 KOH 质量(mg)计算,操作方法如下。

精确称取 1g 试样(准确至 0.0002g),置于酯化瓶中,吸取 25mL 苯酐-吡啶溶液加入试样中,摇匀,于(115±2)℃甘油浴中回流反应 1h,冷至室温,用 15mL 吡啶冲洗回流管,加 5～6 滴酚酞指示剂,用标准 KOH 溶液滴定至桃红色为终点。同时进行空白滴定,按下式计算羟值。

$$[OH^-] = \frac{56.1c(V_0 - V_1)}{m}$$

式中　V_0——空白滴定时 KOH 用量,mL;

$\quad\quad V_1$——试样滴定时 KOH 用量,mL;

$\quad\quad c$——KOH 浓度,mol/L;

$\quad\quad m$——试样质量,g;

$\quad\quad 56.1$——KOH 摩尔质量,g。

⑤ 游离—NCO 含量。—NCO 与胺反应,过剩胺用酸滴定,操作方法如下:称取 0.7～1.0g 试样置于 100mL 碘量瓶中,加入 10mL 二氧六烷使其溶解;准确吸取正丁胺二氧六烷溶液 10mL 加入,摇匀,放置 5～6min,加入 25mL 蒸馏水和 3～4 滴甲基红指示剂,用标准 H_2SO_4 滴定过剩胺,在接近终点时颜色由黄变红,同样做一次空白滴定。

$$[—NCO] = \frac{42c(V_0 - V_1)}{m} \times 100\%$$

式中　V_0——空白滴定时 H_2SO_4 用量,mL;

$\quad\quad V_1$——试样滴定时 H_2SO_4 用量,mL;

$\quad\quad c$——H_2SO_4 浓度,mol/L;

$\quad\quad m$——试样质量,g;

$\quad\quad 42$——NCO 摩尔质量,g。

思考题

(1) 涂料包含哪些组成?各部分的作用分别是什么?

(2) 请简述研磨设备在色漆生产中的作用。常用研磨设备有哪些?

(3) 请简述压延法制备 PVC 人造革的工艺过程。

第7章

高分子材料循环利用企业生产实习

7.1 高分子材料循环利用企业生产实习任务及要求

① 了解高分子循环利用企业的组织结构、生产组织和管理模式；

② 熟悉原料车间、加工车间、质检车间的布置、规划及管理特点；

③ 熟悉原料的辨别与处理方法；

④ 掌握相关检验岗位所需的基础知识和基本技能；

⑤ 熟悉各种高分子回收料的预处理设备，如压缩式、冲击式、切割式、敲击式粉碎设备，静电分离设备，分级设备的机构、操作方法等；

⑥ 进一步熟悉各类成型设备的结构、操作方法等；

⑦ 了解高分子循环利用过程中废液、废气及废渣处理技术。

高分子材料具有质轻、易加工、产品种类繁多等特点，因此被广泛用于衣食住行等各个领域。但是随之产生的废旧高分子材料也日益增多。从节能、减少废料体积、降低废旧高分子材料对环境及人们生活产生的危害出发，需要对废旧高分子材料进行处理。目前，废旧高分子材料处理的原则是：①减少来源（reduction at the sources）；②再使用（reuses）；③循环（recycling）；④回收（recovery）。其中循环利用中用"废料"代替"原材料"来制备新产品，称之为"再生料"的使用。最理想的可再生材料，理论上应能再三使用而性质和数量没有大的损失。对于废旧高分子材料的循环利用是减少废料体积的理想途径。在发达国家，为了提高废料的循环量，曾立法要求生产部门使用一定量的再生料，并发展技术以减少循环的费用，使循环产品的价格能与原始新材料产品相竞争。

高分子材料的循环可分为物理循环、化学循环和能量回收三种。物理循环是废旧高分子材料经收集、分离、提纯、干燥等程序后，加入稳定剂等各种助剂，重新造粒，并进行再次加工。化学循环是利用光、热、辐射、化学试剂等使高分子降解成单体或低聚物，产物用作油品或化工原料（如单体用于合成新的高分子）。具体方法包括水解、醇解、裂解、加氢裂解等。有研究者将废旧高分子改性得到新材料或废旧高分子的提纯也归属于化学循环。

世界各国对于高分子材料的循环利用非常重视。美国福特和通用公司利用过热蒸汽在

250~350℃水解 PU 软泡沫制备多元醇与二元胺。荷兰的 Lankhorst Touwfabrieken B. V. 公司利用混合废塑料的加工设备处理废料，挤出制备篱笆柱子，用在公园、码头、草地、桥梁等种植区。日本利用废料化学循环裂解制油和回收单体，他们将废塑料经破碎、磁选除去金属物后，进一步粉碎，再进行洗涤、分离，对发泡材料进行减容处理，然后挤出熔化，95％的 PVC 分解得到油品，其他 HCl 通过中和装置处理。

7.2　废旧高分子材料的来源

废旧高分子主要来源于合成、加工及应用过程。例如，合成条件的变化或合成原料的突然变化会引起聚合物的质量问题并产生废料。模塑过程产生边角料、废品，纺丝产生的废丝、废坯、引料，制模过程产生的引料、废品，发泡、吹塑等成型过程产生的废料。在工农业应用中产生的各种废料等。其中，热塑性材料加工过程中产生的废料由于组分单一，较纯净，厂家常常经再熔、制料和再使用消耗掉。对热固性高分子，硫化橡胶、复合材料等加工过程中产生的废料、边角料、接头料，不易被厂家消耗，常常被厂家丢弃，或粉碎后作增强填料使用。

7.3　废旧高分子材料的预处理

从生产厂家、生活废料、商业废料中收集来的废旧高分子需要经过识别分类、分离、粉碎、清洗、干燥等处理后进行后期加工利用。

7.3.1　废旧高分子材料的识别

高分子品种较多，按性能可分为热塑性和热固性两大类。热塑性高分子可溶、可熔，热固性高分子不溶、不熔。因此，利用加热、溶解等方法可以将热塑性和热固性高分子区别出来。再利用经验法、燃烧法、溶解法、仪器分析法将废旧高分子区别分类以便后期处理。

（1）经验法

对于有标号的高分子可以直接识别，对于无标识的高分子一般可以首先根据经验加以区分。通常，透明性的硬质塑料多数是聚苯乙烯、有机玻璃、聚碳酸酯；灰色的塑料管、板材通常采用硬质聚氯乙烯为原料；塑料雨衣、吹气玩具、台布、电线管道经常使用软质 PVC；塑料桶、塑料水管、食品袋、杯子、碗盖等多数是 PE、PP 制品；微波炉碗多数是 PP 制品；包装仪器、一般的硬质泡沫常用聚苯乙烯制备；牙刷柄、茶盘、糖盒、酒杯、衣架、自行车、车灯灯罩则多数是聚苯乙烯；眼镜框多数是有机玻璃等。

对于有标号的高分子可以采用手工分离的方法对废品实现分离。

（2）燃烧法

将试样用镊子夹住，然后慢慢伸向火焰，观察其可燃性、火焰色泽、烟的浓淡、自熄情况等，同时闻其气味，据此初步判断其组成。火源一般用酒精灯、微型煤气灯。各种聚合物燃烧鉴别的性能请见表 7-1。

表 7-1 聚合物的燃烧鉴别法

聚合物	燃烧难易	离火后情况	火焰特点	气味	其他现象
PE	容易	继续燃烧	顶端黄色,底部蓝色(蓝芯),无烟	类似石蜡燃烧气味	熔融滴落
PP	容易	继续燃烧	顶端黄色,底部蓝色,少量黑烟	石油气味、蜡味	熔融滴落
PVC	难	离火即灭	黄色,底部绿色,喷溅绿色或黄色火星,冒黑烟	有氯的刺激性气味	软化
聚(氯乙烯-co-乙烯酯)	难	离火即灭	深黄色,冒黑烟	稍有氯的特殊性气味	软化
PVDF	很难	离火即灭	黄色,边缘绿色,溅蓝色火星	有氯的刺激性气味	软化
PET	容易	继续燃烧	黄色,边缘蓝色,黑烟	特殊气味	微微膨胀,有时会破裂
PS	容易	继续燃烧	橙黄色,浓黑烟,有黑炭灰	苯乙烯气味	软化起泡
ABS	容易	继续燃烧	黄色,似红棕色,黑烟	特殊气味,有苯乙烯气味	软化起泡
PTFE	不燃	—	—	—	—
聚三氟氯乙烯	不燃	—	—	—	—
PMMA	容易	继续燃烧	淡蓝色,顶端白色,并带有噼啪声	强烈花果臭、腐烂蔬菜臭	熔化起泡
聚乙烯醇缩丁醛	容易	继续燃烧	底部蓝色,顶端黄色	特殊气味	熔融滴落
聚酰胺	慢慢燃烧,不易点燃	慢慢熄火	蓝色,顶端黄色,燃烧带噼啪声	似羊毛,指甲燃烧气味	熔融滴落能拉丝起泡
聚碳酸酯	慢慢燃烧	慢慢熄灭	亮黄色,黑烟碳束	特殊气味,花果臭	熔融起泡
醋酸纤维素	容易	继续燃烧	暗黄色,少量黑烟	乙酸味	熔融滴落
硝酸纤维素	容易	继续燃烧	黄色	—	很快烧完
乙基纤维素	容易	继续燃烧	黄色,边缘蓝色	特殊气味	熔融滴落
丁基纤维素	容易	继续燃烧	黄色,黑烟	特殊气味	软化破裂
氯丁橡胶	容易	自熄	橙色,底部绿色,黑烟	与天然橡胶相似	软化留有焦渣
天然橡胶	容易	继续燃烧	深黄色,黑烟	特殊气味	软化
酚醛树脂(木粉)	慢慢燃烧	自熄	黄色	木材和苯酚味	膨胀,开裂
环氧树脂	慢慢燃烧	继续燃烧	黄色,黑烟,喷溅黄色火星	刺鼻的酯类气味	燃烧处变黑

(3) 溶解识别

通过高分子在不同溶剂中的溶解性能可区分高分子是否交联及初步判断高分子的种类。常用溶剂有汽油、甲苯、二氯甲烷、丙酮、乙酸乙酯、环己酮等（表 7-2）。操作步骤如下：取 0.1～0.3g 试样，放入试管中，加入 5～10mL 溶剂，搅拌，观察溶解现象。通常交联性高分子只溶胀不溶解。

表 7-2 常用聚合物的溶剂和非溶剂

聚合物	溶剂	非溶剂
PE	甲苯(热)、二甲苯(105℃)、1-氯萘(>130℃)、四氢萘(热)、十氢萘(热)、二氯乙烷	汽油(溶胀)、醇类、酯类、醚类、环己酮

续表

聚合物	溶剂	非溶剂
PP	芳香烃（如甲苯，90℃），氯代烃，四氢萘(135℃)、十氢萘(120℃)	汽油、醇类、酯类、环己酮
PS	乙酸乙酯、芳香烃、氯仿、二氯甲烷、二氧六环、THF、DMF、吡啶、二硫化碳、环己酮、甲乙酮、汽油	脂肪烃（如汽油）、低级醇、乙醚
PET	二氯乙酸、甲酚、氯苯酚、苯酚、间苯二酚、硝基苯、苯酚-四氯乙烷、浓硫酸	烷烃、甲苯、甲醇、丙酮、环己酮
PBT	苯酚、四氯乙烷	
PVC	甲苯、氯苯、环己酮、甲乙酮、THF、DMF	烃类、醇类、乙酸丁酯、二氧六环
PTFE	碳氟化合物油（热、如 $C_{12}F_{44}$）	几乎所有溶剂
PVDF	DMSO、二氧六环、DMAc、正丁烷	
聚三氟氯乙烯	甲苯(热)、二甲苯(140℃)、邻氯亚苄基三氟(>120℃)	
聚乙烯醚	苯、乙醇、氯仿、丙酮、环己酮	
聚乙烯醇	水、DMF、乙醇、甲酰胺	甲醇、乙醚、丙酮、烃类、酯类
聚乙烯醇缩醛类	乙酸乙酯、氯仿、丙酮、环己酮、二氧六环、THF	苯、甲苯、乙醇、烃类
聚丙烯酸	水、乙醇	
聚丙烯酰胺	水	醇类、酯类、烃类、丙酮
聚丙烯酸酯类	卤代烃、丙酮、乙酸乙酯、THF、芳香烃	汽油
聚甲基丙烯酸甲酯	卤代烃、甲酸、乙酸、乙酸乙酯、低级酮、THF、四氢萘、二氧六环、芳香烃	脂肪族醇（甲醇、乙醇）、醚（乙醚）、烃、石油醚
聚丙烯腈	DMF、DMSO、硝基苯酚、异丙醇、碳酸乙烯酯、CH_2Cl_2、无机酸	甲酸、醇类、酮类、酯类、烃类
聚异丁烯	醚、汽油、苯、THF、四氯化碳、二甲苯、甲苯、戊基苯、氯仿	醇、酯
聚丁二烯	苯	汽油、醇、酯、酮
聚异戊二烯	苯、二甲苯、120#汽油	醇、酯、酮
天然橡胶	氯代烃、芳香烃、溶剂汽油	乙醇、丙酮、乙酸乙酯、醇
聚乙酸乙烯酯	甲醇、丙酮、氯代烃、芳香烃、乙酸乙酯、乙酸丁酯、甲乙酮、三氯乙烷	乙醚、丁醇、石油醚、脂肪烃类、汽油
氯乙烯与醋酸乙烯酯共聚物	丙酮、氯代烃、乙酸酯类、甲乙酮、环己酮、甲醇、乙二醇、二氧六环、THF	烃类
醋酸纤维素	甲酸、乙酸、乙酸乙酯、乙酸正丁酯、丙酮、环己酮、二氧六环、THF	乙醇
硝酸纤维素	丙酮、环己酮、乙酸乙酯、低级醇、吡啶	乙醇、乙醚、苯、卤代烃
纤维素	铜氨溶液	几乎所有有机溶剂
聚乙二醇	水、乙醇、氯代烃、THF	汽油
聚砜	氯化烃（如二氯甲烷、二氯乙烷）、芳香烃、DMF、DMSO	丙酮、乙醇
聚碳酸酯	环己酮、二氧六环、DMF、苯酚（热）、二氯乙烷、CH_2Cl_2、$CHCl_3$、三氯乙烷、甲酚、芳烃、酯类	乙醇、脂肪烃类
聚酰胺	苯酚（热）、间甲酚（热）、三氟乙醇、DMF、苯甲醇（热）、浓无机酸（如硫酸）、浓甲酸、氯化钙的饱和甲醇溶液	乙醇、丙酮、环己酮、乙醚、酯类、烃类（脂肪和芳香族）、二氯甲烷
聚酰亚胺	甲酸、DMSO、DMF、六氟丙酮、甲基吡啶、某些酚类	丙酮、乙醇
不饱和聚酯（未固化）	丙酮、甲基丙烯酸甲酯、苯乙烯	脂肪烃类
环氧树脂（未固化）	丙酮、乙醇、乙酸乙酯、二氧六环	烃类、水
丁苯橡胶	醋酸乙酯、苯、三氯甲烷、120#汽油、庚烷、二甲苯	乙醇
顺丁橡胶	苯、甲苯、汽油、环己烷、二丁基醚	乙醇、乙酸乙酯

续表

聚合物	溶剂	非溶剂
丁腈橡胶	醋酸乙酯、氯苯、乙酸丁酯、甲乙酮、苯、甲苯、二甲苯、丙酮	乙醇
硅橡胶	甲苯、二甲苯	丙酮、乙酸乙酯
丁基橡胶	汽油、石油醚、正己烷、庚烷、CCl$_4$	丙酮、乙醇

事实上，采用密度法也能初步判断高分子的种类，表 7-3 是常见高分子的密度。

表 7-3　常见高分子的密度

聚合物	密度/(g/cm^3)	聚合物	密度/(g/cm^3)
PE(线型，HDPE)	0.94～0.98	聚甲醛	1.42
PE(支化，LDPE)	0.89～0.93	聚苯醚	1.08
PP	0.85～0.92	聚醚砜	1.37
PS	1.04～1.09	聚芳酯	1.21
ABS	1.01～1.06	聚砜	1.24
PVC(硬质)	1.30～1.45	聚酰亚胺	1.40
PVC(增塑)	1.19～1.35	聚酰胺酰亚胺	1.40
PET	1.30～1.60	聚醚醚酮	1.265
PBT	1.31	液晶聚芳酯	1.35
PMMA	1.16～1.20	聚氨酯	1.05～1.25
PC	1.20～1.22	脲醛树脂	1.47～1.52
尼龙-66，尼龙-6	1.12～1.16	乙酰丁酸纤维素	1.15～1.25
聚四氟乙烯	2.02～2.14		

需要指出，在应用密度初步判断高分子的种类时，应当考虑到高分子内部添加物如颜料、矿物填料等的影响。

通常对于含有其他添加物的高分子会先进行粉碎，然后置于某些液体中，根据密度的不同实现分离。

(4) 仪器识别

对于纯的树脂，采用简单实验检验较为方便，但是，对于共混物，识别过程较为复杂。此时，需借助红外、核磁、热分析和热化学分析等以进一步识别物质组成。

① 红外光谱。高分子在红外光谱区，分子中的官能团在特定的波长范围内具有吸收，从而减少辐射光的强度，通过仪器测量吸收或透过光，可进一步对物质组成进行识别（表 7-4）。高分子的重要红外吸收光谱范围是 $700 \sim 4000 \mathrm{cm}^{-1}$，指纹区在 $700 \sim 1800 \mathrm{cm}^{-1}$。红外光谱不仅可以用于确定聚合物上的存在基团和基团在链上的位置，还可以判定集合物的结晶状况及氢键等。

进行仪器分析前需对高分子进行提纯、分离，去除颜料、填料、增塑剂及其他成分，获得纯净高分子再进行分析。根据待测物红外特征吸收峰与标准图谱的对比，确定物质组成。

表 7-4　聚合物的特征吸收峰

特征吸收峰 σ/cm^{-1}	聚合物	特征吸收峰 σ/cm^{-1}	聚合物
1740～1720(vvs)			
1600(m) 1587(m) 1493(m)	芳香族聚合物	无 1600(m) 1587(m) 1493(m)	脂肪族聚合物
1540(s) 1220(s) 3333(m)	聚氨酯	1430 1235	聚乙酸乙烯酯

续表

特征吸收峰 σ/cm^{-1}	聚合物	特征吸收峰 σ/cm^{-1}	聚合物
1300 1230 725	间苯二甲酸类、醇酸树脂和聚酯	1430 690(b)	醋酸乙烯酯-氯乙烯共聚物、醋酸乙烯酯-偏氯乙烯共聚物
1230 1120 1075 740 705	邻苯二甲酸酯类、醇酸树脂和聚酯	1265 1240 1190～1150(s) 1380	聚甲基丙烯酸酯类
1265 1110 867 725	对苯二甲酸酯类、醇酸树脂和聚酯 （PC，830cm^{-1}）	1250 1190～1150(s) 826	聚丙烯酸酯类
1235 1175 826(m)	双酚A环氧树脂类	1110～1150(b)	纤维素酯类
813 781 700	乙烯基甲苯酯类	1449～1429(m) 2240(s)	丙烯腈和甲基丙烯酸甲酯共聚物
1150 1105 834	聚砜	1449～1429(m)	聚乙烯醇缩醛类
834	纤维素酯类 （含苯环）	1030(s) 730(m) 719(m)	乙烯-丙烯酸酯类共聚物
		730(m) 719(m)	乙烯和醋酸乙烯酯共聚物
1740～1720(vvs)无			
1600(m) 1587 1493(m)	芳香族聚合物	无 1600(m) 1587 1493(m)	脂肪族聚合物
3330 1220 910 670	酚醛类树脂	3330 1430 1100(b)	聚乙烯醇
1430 1110 1000(s)	聚苯基硅氧烷	2940(vs) 1470 1380(w) 850～1050 730～720(d,s)	聚乙烯
3330(s) 1235 1180 826	双酚A环氧树脂类	2940(vs) 1470(s) 1380(s) 1160,1000(m) 970,840(m)	聚丙烯
814 780 700	聚乙烯基甲苯	2260(vs) 1449～1429(s)	聚丙烯腈
760 700	聚苯乙烯、聚 α-甲基苯乙烯	1640(vs) 1540(s)	脲醛树脂、聚酰胺

续表

特征吸收峰 σ/cm^{-1}	聚合物	特征吸收峰 σ/cm^{-1}	聚合物
约 3333 2210(s) 998,970 915(s) 753(s) 699(s)	ABS 共聚物	1640 1280 834	硝酸纤维
约 3333(s) 998,970 915(s) 753(s) 699(s)	丁二烯与苯乙烯的共聚物	1540 813	三聚氰胺-甲醛树脂
约 3333(s) 1780(vs) 1860(vs) 753(s) 699(s)	苯乙烯和顺酐的共聚物	1430 690(b)	氯乙烯-偏氯乙烯共聚物
约 3333(m) 1190(s)	聚氧苯撑	1265 1110~1000(s)	聚甲基硅氧烷
		1449~1430(s) 690(m)	聚氯乙烯
		1667~1639(vs) 1111	聚四氢呋喃

注：b 为宽峰；s 为强峰；vs 为非常强峰；vvs 为极强峰；m 为中等强峰；w 为弱峰；d 为双峰。

② 热分析或热化学分析。高分子材料可以通过热分析来鉴别。差热扫描量热仪技术可以测定高分子在升温或者在降温过程中的热量变化；热失重分析仪可以测定聚合物的热分解温度；热机械分析可以测定高分子的玻璃化转变温度 T_g。通过上述技术的应用可得到高分子的熔点、软化点、玻璃化转变温度、热分解温度、结晶温度等，再根据高分子各自的熔点、软化点、玻璃化转变温度、热分解温度、结晶温度等并结合其他分析确定高分子的种类（表 7-5）。

表 7-5　部分高分子的 T_g 及 T_m 或软化点温度

聚合物	$T_g/℃$	熔点 T_m(或 软化点温度)/℃	聚合物	$T_g/℃$	熔点 T_m(或 软化点温度)/℃
聚乙烯	−120	LDPE100 HDPE130	聚丁二烯	−102(顺) −58(反)	142
聚丙烯	−8	160~170	聚异戊二烯	−73(顺)	28
聚氯乙烯	87	212 (超过分解温度) (75~90)	聚甲基丙 烯酸甲酯	45(全同) 105(无规) 115(间同)	≫200(120~160)
聚苯乙烯	100	240 (70~115)	聚碳酸酯	157	267 (220~230)
聚对苯二甲 酸乙二醇酯	69	267 (250~260)	聚异丁烯	−73	128
聚对苯二甲 酸丁二醇酯	22		聚偏氯乙烯	−18	
尼龙-6	50	225(215~260)	聚醋酸乙烯酯	32	177
尼龙-66	50	265(220)	聚砜	195	315
聚丙烯腈	104	317	聚苯硫醚	90	288
聚四氟乙烯	126	327	聚芳酰胺		430
聚三氟氯乙烯	45	227	醋酸纤维素	105	306
聚乙烯醇	85	250	三硝基纤维素	53	424
聚甲醛	−82	180	丁腈橡胶	−45~−18	

此外，高分子裂解可得到不同的产物，通过裂解、色-质联用技术可对裂解产物进行测定，从而得到高分子组分的信息。

7.3.2　高分子材料的分离

为使废旧高分子材料得到重新利用。在鉴别的基础上可以采用手工分离、密度分离、静电分离、流体分离等方法对高分子分离、洗涤、干燥后进行再利用。其中手工分离多适用于有标号的废旧高分子。密度分离是根据聚合物密度的不同实现分离，但是受到废弃物粒径、形状的制约。下面主要介绍溶解分离、静电分离、流体分离、冷热分离等方法。

（1）溶解分离

利用高分子溶解性的不同，采用一系列溶剂选择性地将聚合物分离开。或者采用同一种溶剂，利用不同的温度将高聚物分离。

利用溶解分离的废弃物，可以是高分子与高分子的混合物或者是复合物，也可以是高分子与纸、金属、无机物的混合物或者是复合物。

（2）静电分离

高分子在静电感应后会具有不同的带电性。根据物质不同的导电、热电效应及带电特性可以将废旧高分子材料分离。

通常，将粉碎的废旧高分子材料加上高压电使之带电，再利用电极对高分子材料的静电感应产生的吸附力进行筛选（图 7-1）。这种处理方法要求高分子是干燥状态，温度控制较严、成本较高。

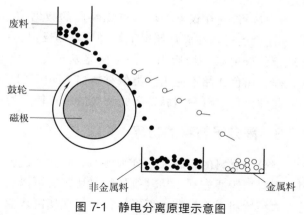

图 7-1　静电分离原理示意图

（3）流体分离

流体分离包括对风、液体等进行分离。风力分离的原理是在筛选室将粉碎好的塑料从上方投入，从横向或纵向喷入空气，利用高分子自重的差异及对空气阻力不同进行分离。此法适合密度相差较大的高分子的分离（图 7-2、图 7-3）。

此外，利用水流等机械作用将高分子在水中分散成旋流，密度大的在下，密度小的在上，从而加以分离。

（4）冷热分离

包括冷分离和热分离两种。

其中，冷分离是利用高分子脆化温度不同，将废旧高分子混合物材料分阶段逐级冷却，如第一阶段冷却到 $-40℃$，第二阶段冷却到 $-80℃$，第三阶段冷却到 $-120℃$。具体操作时，可利用液氮逐级冷却，粉碎、分离。

热分离则是利用废旧高分子的热敏程度如热收缩、软化或熔化温度不同进行分离。如 PE 和 PET 热熔温度相差较大，加热时 PE 先软化，控制温度并通过过滤网可将聚合物分离开，也适用于纸与塑料复合物的分离，但是，对于熔点、软化点较接近的高分子的分离有困难，对热固性高分子的分离不适用。

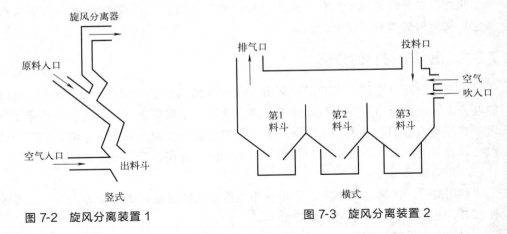

图 7-2　旋风分离装置 1　　　　　　　　图 7-3　旋风分离装置 2

(5) 红外分离

不同聚合物的红外吸收光谱不同，根据测定的图谱指纹输入计算机进行对照，然后对分离装置发出动作指令实现分离。分离装置有多层喂料供给神经网络（分离准确率达98%），Fuzzy ARTMAP 神经网络（分离准确率达99%），偏最下平方分离器（分离准确率达94%）。

一般，首先在仪器中输入已知物质的数据信号，然后将试样放在传送带上，以大约1m/s 速度运行，在卤灯照射下，经反射器反射，由光手机仪收集信号，经光纤输送到光栅进行分析记录，最后识别，对仪器发出指令分离。需要指出，试样需透明或半透明，灰、棕、黑色样品不能用。类似材料如 LDPE、HDPE 等较难进行识别分离。

此外，还可以利用脉冲激光诱导的声音信号的技术分离高分子。

7.3.3　高分子材料的粉碎

高分子材料的粉碎大致分为剪切破碎和冲击破碎。当废物的物块太大时，不能直接使用破碎机，需要先利用切割机把物料切割成可以装入破碎机进料口的程度，例如汽车、船只等大型废料需先拆卸，而拆卸往往采用切割作业，切割有射流切割法、气割法、等离子体切割法、激光束切割法等。新型破碎机往往兼有剪切和冲击破碎的功能，可将主要功能为剪切作用的称为剪切破碎机，而将主要起冲击作用的称为冲击破碎机。相比而言，剪切破碎处理速度小，容易受到混入杂质的影响，但它具有破碎后物料粒度均匀的优点。

7.3.3.1　粉碎方法

(1) 常温粉碎

破碎有剪切与冲击两种形式，前者利用啮合作用，后者利用高速旋转的冲击刀、转子、锤将物体破碎。经受一次冲击不能破碎的废料撞击到固定刀（冲击板、剪切刀或切割刀具）进一步破碎，撞击弹回的废物被挤压在旋转刀和固定刀之间靠剪切作用（也有挤压作用和摩擦作用）破碎。

(2) 低温破碎

对于常温下难破碎的高分子材料，如橡胶制品，可利用材料在低温状态发生脆化、易破碎的特点，进行低温破碎，可降低噪声且振动小（图 7-4）。例如，对于轮胎进行低温破碎，与常温破碎相比，动力消耗减到 1/4 以下，噪声约降低 7dB，振动减轻 1/5～1/4。

需要指出，常用冷却剂为液氮，液氮制备需要消耗大量能量，价格较贵。所以，推广低温破碎的关键是设法降低液氮生产成本或引入更节能的低温技术。

7.3.3.2　粉碎设备

高分子材料的粉碎设备主要有压缩式、冲击式、切割式、敲击式等。

（1）压缩式粉碎机

颚式破碎机是在按某种角度闭合的一对齿板间，将被粉碎物压缩粉碎的一种设备，被压缩物越向下移动就越细，最后从齿板的下端卸出。圆锥粉碎机是将齿做成圆锥形，并沿立轴偏心旋转的设备，既有压缩作用，又有摩擦作用，效率高。

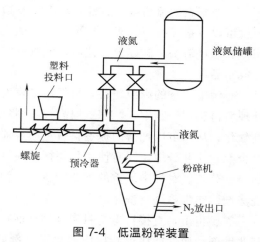

图 7-4　低温粉碎装置

（2）冲击式粉碎机

冲击式和锤式破碎机是将材料在高速旋转刀的打击下，和固定刀、机内壁进行冲撞，加以粉碎，这种设备粉碎能力大，尤其是锤式破碎机，设备下配备有格栅，可使粉碎品的粒度较均匀。

（3）切割（剪断）式粉碎机

切割式碾磨机是利用高速旋转刀上的锐利刀刃和固定刀刃将待碎物切割或剪断的设备，调节螺丝孔的大小得到粗细不同的粉碎料。旋转刀刃和固定刀刃之间的间隙越小，则粉碎能力提高，即单位时间内的粉碎量增加。但是，由于刀刃上的负荷增加，刀刃容易损耗，尤其需要注意金属、石头等的混入。

（4）敲击式粉碎机

棒磨机和球磨机是在圆筒形的粉碎机中放入直径为 100nm 的棒或球作为粉碎媒体，粉碎室旋转，被破物被敲击而粉碎，最后形成均匀的粉末。

（5）摩擦式粉碎机

摩擦式粉碎机有很多种，盘磨、辊磨是在辊轮与其相接触盘或套环间将物料进行磨碎的设备。搅拌磨碎是利用搅拌使被碎物相互摩擦而粉碎，流体能量磨则借助高压气体高度加速被碎物，使被碎物之间或与器壁相互冲撞而粉碎。

实际应用中，选择粉碎机，除考虑被粉碎物的特性外，还要考虑动能消耗、处理能力、粉碎品粒径、粒型、噪声、粉尘等。

7.4　各种高分子材料的循环利用

7.4.1　通用塑料的循环利用

通用塑料包括聚烯烃、聚苯乙烯、聚氯乙烯等高分子，ABS（丙烯腈-丁二烯-苯乙烯）、聚甲基丙烯酸甲酯和氨基塑料等，其产量占整个塑料产量的 90% 以上，广泛应用于包装、农用薄膜、建筑等领域，产生的废旧产品较多，需循环利用以减少白色污染，保护自然环境。通常，循环利用的途径主要有直接利用、裂解利用、改性利用等几种方式。

(1) 直接利用

工业塑料如流道废料、注口废料、修边角料、废品等，可以与原料混合在一起，在厂家就可以直接进行再加工，也可以转给回收厂造粒再出售利用。其他废旧塑料如要直接利用则需经过清洗、破碎等工艺后，混入一定量的助剂，进行塑化加工成型或通过造粒后加工成制品。

对污染严重的废旧塑料，根据污染程度不同，可采用"干"过程或"湿"过程加以预处理后再利用。其中，"干"过程粉碎是将废料在热空气作用下搅拌或液化，将标签黏合剂软化，从而可以把薄的标签材料从厚容器材料上脱离。"湿"过程则是指利用热水等将黏合剂软化并分散，同时使用机械搅拌使纸标签等化成纸浆，通过过滤、漂浮可将纸浆与高分子分离。对污染严重的工业废料，如泥、油、泥土、有机材料、其它树脂等，可采用洗涤剂、热水等进行洗涤。

需要指出，直接再生塑料制品的性能往往不及新树脂制品，可以通过特别工艺如添加某些助剂，使性能接近新树脂的水平。例如，PE、PP、EPDM（乙丙橡胶）等回收材料通过加入适量稳定剂，大大提高其性能。其中，抗氧剂可选择酚抗氧剂和亚磷酸化合物，光稳定剂可选择哌啶化合物或 UV 吸收剂混合物。在某些情况下，如性能要求不是很严格的场合，可用再生料来制造产品，尤其在农业、建筑业、渔业、日用品等领域可望有较大的应用前景。

(2) 裂解利用

许多通用塑料在热、光、电及机械能的作用下均会发生降解反应，生成小分子加以回收利用。如 PP 在 400℃热分解可得到 95％油，油为 $C_5 \sim C_{28}$ 的碳氢化合物，其中以 C_9 最多，其次是 C_6、C_{11}、C_{14}，C_9 主要是 2,4-二甲基庚烯。聚苯乙烯则可通过熔融裂解、溶液裂解、惰性气体裂解、金属浴裂解等得到苯乙烯单体。但是，要得到单体，需要断裂的化学键恰好是聚合物末端和单体结构单元连接的化学键，否则即使聚合物发生裂解，也不一定能产生单体，或者得到的单体收率较小。在熔融裂解工艺中，裂解炉的料层温度是热裂解反应的关键，通常料层温度控制在 350℃以上，液态产品收率稳定在 92％以上，经蒸馏提纯后，每吨聚苯乙烯泡沫塑料可以生产苯乙烯 556kg，副产品含苯混合溶剂330kg。一般，温度越高，裂解馏出液态产品也越高，裂解时间缩短，苯乙烯含量也升高。但是，当裂解炉温度大于 450℃后，与加热面接触的部分塑料有可能产生焦炭化现象。

与其他塑料不同，PVC 中含有约 59％的 Cl，裂解时，氯乙烯支链先于主链发生断裂，产生大量 HCl，对设备产生腐蚀，使催化剂中毒，影响裂解产品的质量。因此，在裂解 PVC 制备产品时应脱去 HCl，可以在裂解前、裂解反应时或裂解后除去 HCl。通常裂解反应后除去 HCl 可采用如下步骤：将废 PVC 置于不锈钢反应器中，在 200～300℃下热解，生成的混合物中有机成分在冷凝柱中冷凝，Cl_2 与 HCl 气体混合物鼓泡通过两串联的中和捕集器，捕集器内有 NaOH 溶液，使 HCl 气体生成 NaCl。日本富士公司、三菱重工业公司及日本理化研究所的废塑料裂解装置采用这种脱氯法。其中理化研究所的方法中当 PVC 占 20％（质量分数）时，HCl 脱除率为 99.91％，裂解生成的油中氯含量在 10^{-4} 以下。脱除 HCl 后的产物可重新用于合成氯乙烯单体，制备 PVC 树脂。

需要指出，虽然可以通过上述方法将 HCl 脱除，但是不可能完全脱除干净，并且裂解油的回收率很低，因此，工业上通常不会单独裂解废旧 PVC，而是将其与 PE、PP、PS、PET 等以一定比例混合，再进行裂解。

（3）改性利用

除直接利用、裂解利用两种循环利用方式外，对经清洗、提纯、烘干的废旧塑料，还可以通过物理共混、化学改性等方法提高性能，满足不同行业需求以拓宽回收料的利用领域。

例如，回收 PP 虽然比回收 PE 有较高的机械强度和模量，但是相比于新 PP 树脂，回收 PP 的耐冲击性能尤其是耐应力开裂性能差，且低温性能差。加入 PE（LDPE、HDPE）可破坏 PP 的结晶，碎化大球晶，降低 PP 结晶度提高耐冲击性能。如在 PP 中掺入 10％～25％（质量分数）HDPE，其改性后的共混物在 -20℃时落球冲击强度比 PP 提高 8 倍以上，而且加工流动性增加，可适用于大型容器的注射成型。为提高 PP 与 PE 的相容性，可再加入约 5％（质量分数）EPDM（乙丙橡胶），加入少量 EPR 橡胶（乙丙橡胶）也可提高材料的冲击性能。

此外，废旧聚苯乙烯可通过与橡胶共混提高韧性，为进一步提高产品的抗冲击性能，可与 SBS 热塑性弹性体（苯乙烯-丁二烯-苯乙烯嵌段共聚物）进行二次共混改性，所得产品是超抗冲击级产品，表 7-6 比较了一般抗冲击苯乙烯与超抗冲击苯乙烯共混物的性能。

表 7-6　抗冲击苯乙烯与超抗冲击苯乙烯共混物的性能比较

共混比及性能	抗冲击苯乙烯	超抗冲击苯乙烯
SBS	—	10
抗冲强度/(kg/cm^2)	675	972
挠曲强度/(kg/cm^2)	23900	21000
洛氏硬度 R	94.5	69

事实上，再生聚苯乙烯除了与丁苯橡胶等共混外，还可以与聚烯烃、丙烯酸酯类共聚物、ABS 等共混，这不仅能改善聚苯乙烯的物理性能，也能解决多数塑料的回收问题。通常为改善聚苯乙烯与聚烯烃两者的相容性，可以在其中加入合理有效的增容剂。例如在 PS/LDPE（80∶20）中加入少量氢化苯乙烯-丁二烯前端共聚物增容剂，能显著提高相间的黏附力。

除了共混改性，采用氯化、接枝、嵌段、交联等化学改性方法可在原有高分子上接上新的官能团或链段以改善材料特性或赋予材料新的性能以满足不同应用的需求。如废旧 PE 可氯化制备氯化聚乙烯用于 PVC 低发泡鞋底和硬质 PVC 改性。具体工艺过程如下：废旧 PE 膜经洗涤、脱水、粉碎后，送入反应釜，100℃氯化，一般反应时间超过 1h 后，含氯量可达 35％，分级后的粒子具有良好的性能（图 7-5）。

为提高聚烯烃与金属、机型塑料、无机填料的黏结性或增容性，也可采用接枝改性的方法。例如，对聚丙烯接枝改性的单体一般是丙烯酸及其酯类、马来酸酐及其酯类、马来酰亚胺类等。接枝方法有：①在溶剂中

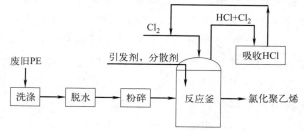

图 7-5　氯化聚乙烯制备工艺示意图

加入过氧化物引发剂进行共聚；②辐射法，在高能射线下接枝；③熔融混炼法，在过氧化

物存在下，于熔融状态下混炼，进行接枝，常常在双螺杆挤出机中进行。接枝改性的高分子材料的性能与接枝物的物化性能有关，也与接枝物的含量、接枝链的长度等有关，其基本性能与聚丙烯相似，但与极性高分子材料、无机材料、橡胶等的相容性可大大提高，接枝 PP 的结晶度和熔点随接枝物含量的提高而下降，透明性和低温热封性却提高。

此外，适度交联可以提高高分子的机械拉伸强度、耐热性、耐环境性能、尺寸稳定性、耐磨性、耐化学性等。主要有辐射和化学交联两种方法。辐射法是直接把聚烯烃放在辐照源下，如 α 射线或 γ 射线，照射一定时间即可得到交联聚烯烃。由于需要特种的辐射设备，一般不易进行，而化学交联比较容易实施。化学交联需要交联剂，常用试剂有过氧化物，如过氧化二异丙苯、过氧化二叔丁基等，要根据实际情况选择不同的交联剂。

交联度可通过辐照时间长短或交联剂的用量来控制。交联度的大小影响材料力学性能。轻度交联的聚烯烃仍具有热塑性，加工方便；若交联度太大形成三维网络结构后，热塑性高分子则转变为热固性材料。因此，这种改性加工方法有两种：①在聚合物软化点之上，加入交联剂，混合均匀，在交联剂分解温度之下进行造粒，最后成型与交联反应一步完成；②在交联剂分解温度以下成型，然后在交联温度以上完成交联。目前比较先进的技术是利用反应挤出技术，聚合物与交联剂在双螺杆挤出机中混合进行交联反应，并直接制成产品。

7.4.2 工程塑料的循环利用

（1）聚酰胺的回收利用

聚酰胺是具有酰胺基团的一类线型高分子。冲击强度、拉伸强度高，摩擦系数小，反润滑性好，耐磨损，耐油及化学稳定性好，具有自熄性、可延展性，加工流动性好，可广泛应用于汽车制造（如连接件、电线护套、玻璃增强散热器）、电子电器、机械、建筑等领域。聚酰胺主要有 PA-6、PA-66、PA-11、PA-12、PA-610、PA-1010、PA-46 等十几种，改性品种达千余种。

聚酰胺废料经清洗、干燥后可通过机械加工重新成型加以应用。例如，利用螺杆挤出机，以废尼龙管丝为原料生产尼龙-6 挤出棒材。工艺条件：螺杆直径 55mm，长径比 $L:D=20:1$，加料段长度 776mm，深度 8.4mm；等深均化段长度 280mm，深度 2.1mm，螺距 54mm；压缩区长度 54mm；过滤板孔径 3mm，与螺杆间隙 6mm，螺杆转速 8～10r/min。生产的尼龙棒材表面圆整光亮，经高温水浴处理消除内应力后的棒材，性能与新料尼龙棒材相当，韧性也更好。需要指出，挤压过程中会造成聚合物热降解，回收的尼龙质量下降，无法用于纺丝，只能用于生产非丝制品。

与普通塑料类似，尼龙-6 可通过热分解得到单体。它在 320℃ 左右发生分解，主要生成 ε-己内酰胺和二氧化碳。随着温度的升高，ε-己内酰胺的收率急剧增加，在 400℃ 可得到 50% 的单体。当温度升高到 420℃ 时，ε-己内酰胺会发生二次分解，使二氧化碳和一氧化碳的含量增加，单体收率降低。

$$\sim\!\!CH_2CH_2\!\!-\!\!CONHCH_2\!\!-\!\!CH_2CH_2\!\!\sim \longrightarrow \sim\!\!CH_2CH_2\!\!-\!\!CONH_2\bullet + \bullet CH_2CH_2\!\!\sim$$

$$\longrightarrow \sim\!\!CONH \bullet + NH(CH_2)_5 \overline{} CO$$

ε-己内酰胺

其他聚酰胺的分解与尼龙-6不同，不易得到高产率的单体，尼龙-66在265℃左右开始分解，其生成物几乎都是气体，有大量的二氧化碳、氨和水，另外还有甲烷、乙烷和氰化氢等。如在PA-6水解后的产物中加入稀土化合物作定向催化剂进行定向缩聚，可制得注塑级高抗冲再生尼龙。例如，将干净的尼龙-6废丝投入聚合釜，加入10%（相对于投料量）水，在1.2MPa压力，230~250℃水解；然后按投料量计加入0.2%~0.5%（质量分数）己二酸作黏度调节剂，0.1%~0.6%（质量分数）亚磷酸或钠盐作抗氧防老剂，0.3%~1.4%（质量分数）稀土化合物作定向催化剂；在260~265℃，由1.2MPa减压至常压重整缩聚，得到再生尼龙。

尼龙解聚后再进行碱性聚合，可制得机械强度高的单体浇铸尼龙（MC尼龙）。

与解聚回收相比，通过溶解过程来回收聚酰胺费用较低，且可用于回收含有玻璃纤维等增强材料、地毯背衬以及其他聚合物的聚酰胺。溶解过程如下：将含聚酰胺的废料溶液加入极性溶剂如无水乙醇、丙二醇或含2~6个碳原子的脂肪酸如醋酸、丙酸等中，加热溶解。溶解时间以聚酰胺完全溶解但不解聚为宜。从上述聚酰胺溶液中分离出其他添加剂，用大量同类低温溶剂加入聚酰胺溶液中，使溶液急冷，温度降到聚酰胺分解温度以下，得到聚酰胺沉淀物，经洗涤、干燥得到纯净的聚酰胺回收料。

（2）聚碳酸酯的回收利用

聚碳酸酯是一种非结晶型的工程热塑性塑料，具有优良的抗冲击韧性、良好的透明性、尺寸稳定性、电气绝缘性、耐蠕变性、耐候性、无毒性和较宽的使用温度范围，能广泛用于汽车、电子电器、仪器仪表、照明用具、医疗器具、机械设备、建筑等领域。

聚碳酸酯的回收利用方法主要有重新粉碎法、溶解法和化学降解法。其中，重新粉碎法会促进聚碳酸酯的分解，对力学性能要求较高的产品，如韧性、刚度要求较高或用作安全部件时，不建议使用粉碎再生料。

溶解法有两种：一种是使用能溶解聚碳酸酯而其他添加物不溶解的溶剂；另一种则是使用其他物质溶解、聚碳酸酯不溶的溶剂。例如，用作CD盘的聚碳酸酯经粉碎后，投入热的稀酸中搅拌，待所有的铝反应后，PC表面的涂层剥落，除去酸液，用浮选法去除涂层碎片，PC碎料可过滤分离出来，干燥后与新PC混合制造新产品。酸液经回收可重新用于上述溶解过程，涂层碎片可焚烧处理。或者，将聚碳酸酯废料在溶剂CH_2Cl_2中搅拌溶解，在40kPa下通过滤床过滤（滤床含450g海砂，22.5g硅藻），除去PC材料中的不溶物质，如玻璃纤维、涂层、金属及其他塑料，用吸收剂除去颜料、蒸去溶剂，再将回收料造粒。

（3）ABS塑料的回收利用

ABS是由丙烯腈、丁二烯、苯乙烯构成的三元共聚物，具有优良的力学性质、电性能、尺寸稳定性、耐热性、耐化学药品性、易成型加工，广泛用于汽车、电子仪表、通信、机械工业、建筑材料、家用电器、家具等领域。

废旧ABS塑料主要通过物理方法除去杂质后再重新利用。

如：首先将较常见的废物（橡胶、糖果包装纸、塑料包装材料等）在分选输送机中除去，再将ABS树脂按颜色分类，用锤磨机将物料粉碎至5cm大小，金属、棉纱和标签纸与塑料分开，然后用高风速将物料吹入旋风分离器中，分离器的圆锥形结构使风速降低，很轻的灰尘从分离器顶部吹出，而其中的物料从底部落下。然后，物料进入双层振动筛，除去粒径小于 0.16mm 的金属及塑料碎屑。通过磁选去除残留在物料中的铁质和钢质碎料，然后进入浮选机，浮选液是相对密度为 1.5 的 NaCl 溶液，ABS 浮在上层，非 ABS 塑料沉入下层，经四步漂洗、干燥，回收的 ABS 用旋刀制粒机粉碎成精细粉末，最后经配备的两台抽风机的双层筛除去仍然残留的灰尘，回收得到高纯度的 ABS 料。此料可重新成型加工利用。

此外，ABS 废料可与适量的酚醛树脂、甲基纤维素、松香、香蕉水、氯仿等浸泡，加入钴催化剂加热搅拌 3h 以上，用 80 目铜网过滤，按每 10 份加入 2～4 份色浆，将颜料加入溶剂，经球磨碾磨，用 100～120 目铜网过滤，制得废旧 ABS 塑料漆。该漆具有坚硬、光泽度好、耐沸水烫、不发黏等特点，但柔韧性一般。

(4) 聚酰亚胺的循环利用

聚酰亚胺是一类分子中含有酰亚胺基团的芳杂环聚合物，主要有均苯型聚酰亚胺、醚酐型聚酰亚胺和聚双马来酰亚胺，是工程塑料中耐热性最好的品种。

它的回收可采用溶解、解聚两类方法。溶解法可将废旧聚酰亚胺先用酸碱清洗，然后溶解在酰胺类强极性溶剂中，得到可用于制聚酰亚胺树脂溶液。通常碱用 NaOH，酸用 HCl。解聚则是将废旧聚酰亚胺破碎、洗净后在碱液中加热，然后滤出二胺，再将母液在酸液中加热，过滤出四羧酸，最后得到的纯净单体用于聚合聚酰亚胺。

(5) 其他工程塑料的循环利用

聚甲醛（POM）是又一广泛应用的工程塑料。再生处理中，可将 POM 先粉碎，除杂后进入酸解反应器，粒料分散在酸的水溶液中形成浆料，然后从浆料中蒸出甲醛和三聚甲醛，经提纯后用作 POM 的原料。回收产生的少量残渣可作焚烧处理。

聚苯醚（PPO）是由 2,6-二甲基苯酚通过氧化偶合反应聚合而成的一种非结晶型聚合物，软化点温度为 210℃，具有阻燃性、耐高温性、尺寸稳定性等优良性能。由于较难加工，通常与其它材料混合使用，较少有单独使用的产品。改性聚苯醚常用于生产汽车内外部件，如座椅靠背、仪表板、尾部扰流器等，还可用于生产电子通信和商用设备外壳、键盘按钮、打印机基座等产品。在聚苯醚回收应用方面，GE 公司将使用过的聚苯醚计算机外罩粉碎，与纯树脂及颜料混合，压制成 53cm×107cm 大小的屋顶盖板。

聚对苯二甲酸丁二醇酯（PBT）是对苯二甲酸与 1,4-丁二醇的缩聚产物，在汽车制造和电子电气领域有广泛的应用，如配电板罩、计算机键盘罩及汽车主体部件等。其回收料常常与其它聚合物熔合成合金以增加刚度、阻燃性或其它性能。目前在试验室内已成功地利用甲醇将 PBT 醇解，得到回收 DMT，用于再生产 PBT，但还未商业化。

目前对工程热塑性塑料的回收利用还处于起步阶段，随着环境要求的提高和特种工程聚合物分离回收技术的进步，工程热塑性塑料废弃物回收利用将成为一项重要工作。

7.4.3 橡胶的循环利用

废橡胶是第二大废旧高分子材料，主要有废轮胎、胶管、胶带、胶鞋、密封件、垫板、边角料等工业品，以废旧轮胎为主。废旧橡胶的循环回收利用主要有直接利用和物理、化学加工利用两大类。包括橡胶废制品的改制、再生胶的利用、制胶粉后利用、热分解回收化工原料以及燃烧回收热能等。

（1）翻修废旧轮胎

轮胎主要由胎面、胎体、胎圈等组成，其中胎面是轮胎接触地面最大的部分，磨损程度直接影响轮胎的寿命。为延长轮胎使用寿命，在可能的范围内对废旧轮胎进行翻修，使其重新使用，能充分节省资源。旧轮胎翻修后，寿命一般是新胎寿命的60%～90%，平均行驶里程可达新胎的75%～100%。

轮胎翻修分为翻新和修补。翻新包括顶翻（只翻新胎冠，恢复胎冠部分的花纹沟）、肩翻（翻新到胎肩花纹边线）、全翻（胎冠、胎肩、胎侧、胎圈等全部翻新）。而修补则包括补疤（只补轮胎外表面损伤，胎体不需补强）、补钉眼（补轮胎刺穿所受的破坏）、补洞（局部爆破洞口修补）、内补垫（仅胎体帘线损伤，采用内部贴垫以补强胎体）。

（2）硫化胶再生

硫化胶的再生主要是脱硫，即在不破坏C—C键的情况下，打断S—S、C—S之间的键接，破坏硫化过程中形成的交联空间网状结构，切断部分长链和部分交联，使分子量降低，把硫化胶的弹性转变成塑性，并使其具有再硫化的能力，是硫化还原、热解聚、氧化作用、机械作用等多种作用综合的结果。目前技术还不能完全将再生胶的物理性能达到原生胶的水平。

通常，机械作用可破坏C—S、C—C分子链段，使橡胶分子的交联网状结构被切断。加热能加快分子运动，从而导致分子链断裂，温度在80℃左右有明显的热裂解发生，150℃左右裂解速度加快。氧化作用能使橡胶解聚后产生氢过氧化物，从而使分子链更容易发生断裂进而加快裂解速度，与此同时，裂解产生的活性自由基再结合，又会使裂解速度变慢。此外，再生剂中软化剂如松香、松节油、煤焦油、高级脂肪酸等可以使橡胶溶胀、松弛网络结构，有利于氧、活化剂的渗透，加快再生过程，而再生活化剂在橡胶再生过程中可分裂出自由基，加快氧化速度。

再生胶制备的基本工序：切胶、洗胶、粉碎、再生和精炼等。其中，再生可采用直接蒸汽法、蒸煮法、化学法、高温连续脱硫、高温混合脱硫等。我国小型再生工厂多采用油再生，大中型工厂采用水油法再生。此法是在带有搅拌装置的立式夹套再生罐中进行。在80℃的水中，根据再生条件加入软化剂、活化剂，充分搅拌，然后根据胶粉：水＝1：2的比例经计量桶加入胶粉，同时开启直接蒸汽与夹套蒸汽。压力达到1MPa后，关闭直接蒸汽，用夹套蒸汽保温2～5h，接着泄压到0.3MPa，将胶粉送清洗罐，经压水、干燥、捏炼、滤胶，最后精炼得到再生胶片。升温可加快反应速率，如果希望快速脱硫，可以采用高温混合脱硫或高温连续脱硫法。需要指出，水油法工艺过程长、投资高、能耗大，且有大量废水，会对环境造成二次污染。

此外，还可选用低温化学法再生橡胶，主要是在低温粉碎的胶粉中加入少量增塑剂和再生剂，然后在室温或略高于室温的条件下在粉末混合机中再生。再生的胶粉在开炼机上剪切、薄通制成层状再生胶，再生剂使用苯肼-金属卤化物或二苯胍-金属氯化物。

硫化胶经再生后得到的再生胶可以应用在以下几个方面。

① 再生胶直接配合用于加工成铺地片材、防水卷材、各种机器的垫片、缓冲垫、挡泥胶片、吸音材料、保暖材料、鞋底、鞋跟等。

② 再生胶与生胶并用，降低成本，改善生胶胶料的加工性能。可制成输送带覆盖胶、模型制品、胶管等。加入再生胶的生料吃粉速度增大，分散性能好，热炼后胶料柔软，收

缩率小。但是，需要指出，用量需适中，否则影响生胶力学性能，如拉伸强度、弹性、抗撕裂性、屈挠龟裂及永久变形等。

③ 再生胶与热塑性树脂并用。再生胶能与 PE、PP、PS 及 PVC 等共混，其中以 PE 并用最多。主要在于两者一方面溶解度参数相近，相容性好；另一方面 PE 软化点较低，共混时不会因混容温度过高而过分损伤胶料的力学性能。

（3）橡胶粉料作填料

废旧橡胶经粉碎后得到的粉末状物质为胶粉，胶粉与再生胶一样可以替代部分生胶或作为轻质填料使用，与生胶或树脂共混，以降低成本和改善性能，用作建筑材料、屋顶防水片材、道路铺设材料等。

可采用常温、低温和化学粉碎法得到胶粉。常温是利用剪切力将废旧橡胶切断，压碎分为粗碎和细碎两步。低温粉碎是在液氮或者空气循环低温下粉碎废橡胶。该法得到的是精细胶粉，液氮获得的胶粉粒径为 0.075～0.3mm，空气循环法得到的胶粉粒径为 0.2～0.4mm。低温粉碎法得到的胶粉粒子表面光滑、边角成钝角，使其热老化、养老化程度小，性能好。化学粉碎法是选择合适的化学溶剂，使橡胶变脆，然后再进行粉碎。缺点是耗费大量的化学溶剂，造成污染，较难形成工业规模。

需要指出，试验表明，橡胶中每加入 1% 的废胶粉，会造成 1% 的性能损失。大量使用胶粉则会使拉伸强度、扯断伸长率、耐磨性能等降低，易发生龟裂、切断等问题。因此，废胶粉的用量需控制以保证产品力学性能等不受很大影响。此外，适当减小胶粉粒径有利于提高胶粉与基料的作用力，界面相容性提高。为进一步提高胶粉与基料的相容性，可以对胶粉进行表面改性活化处理。

（4）作助燃剂

废旧橡胶中含有橡胶、炭黑、化学助剂以及尼龙、涤纶、玻璃纤维、钢丝等增强材料。由于橡胶的燃烧发热量为 3300kJ/kg，因此，将其作为燃料，回收能量，是当前经济有效的回收利用废旧橡胶的方法之一。燃烧炉有旋转炉、流化床式、推进式、间歇式、移动床式等多种类型。废旧橡胶的燃烧热可用于发电、焙烧水泥、制成固体化燃料等。其中，固体化燃料是指将废旧橡胶轮胎与其他燃料或废弃物、生活垃圾等混合，在高于 2000℃ 的温度下进行煅烧，可极大降低废气排放量减少热辐射。并且垃圾中的金属都凝聚在炉渣中，燃烧后无残余有机物排出。

（5）橡胶裂解

再生胶和胶粉替代部分生胶制备的再生回用制品的物理力学性能与原生胶制品相比有一定差异，且替代用量受限。因此，寻求裂解以最大限度地回用橡胶。裂解产物与炼油厂工业产品相似，主要为油、煤气和碳分离回收后可作为原料使用。

热解废轮胎是将粉碎的废橡胶投入热解炉，在 500～1000℃ 隔绝空气或有少量空气下将橡胶分解，得到油、气混合物，炭黑以及固体残渣产物。一般，油气混合物占 40%～60%（质量分数），碳含量占 30%～40%（质量分数），固体残渣占 10%（质量分数）左右。油可精馏分离得到轻油、汽油、煤油、柴油和重油。气体可作燃料，碳可替代炭黑，用于一般橡胶制品和轮胎制造。

裂解方法分干馏热解、低温热解、过热蒸汽汽提热解、催化裂解等。干馏裂解过程如下。粉碎的橡胶粉经料斗、计量装置、螺旋加料器从上部进入干馏柱，干馏柱底部鼓入

600～800℃纯净热解气体。在热解气体的直接加热下，废橡胶发生热降解，产生的气体升到柱顶，预热新加入的废橡胶层。气体冷却至300～500℃后与油蒸气一起进入冷凝柱，经水冷分离出气体、油后进入储油罐。气体继续进入精馏塔，用乙醇处理硫化氢，然后送到气体收集器，再经鼓风机送到气体加热炉，循环加热干馏柱。热解得到的含碳残渣从干馏柱底部灰箱除去，并送到收集器。

废旧橡胶特别是轮胎除了以上所述的循环利用外，还可以用作制备离子交换剂、人造鱼礁、水土保持材料、缓冲材料、铁路路基、爆破防护罩、防沉垫、防滑垫等。

7.4.4 其他高分子材料的循环利用

7.4.4.1 废旧纤维的循环利用

废旧纤维在量上不及废旧塑料和橡胶，其主要来源是纤维制造厂和纺织厂的废纤维、边角料、废品纤维以及废旧纤维制品等。纤维种类比较多，有天然纤维（棉、麻、丝）和化学纤维（人造纤维和合成纤维），这里主要讨论合成纤维的循环利用。

废纤维及其制品可用多种方法和途径进行回收利用，如再生胶厂的废纤维因粘着部分废橡胶，故可直接加工成再生板材或用于制防水油毡；也可作纤维增强材料，用于增强弹性体、生胶或再生胶、热塑性树脂等。

常见的合成纤维有涤纶、锦纶、腈纶、丙纶、氯纶、维纶、氨纶等，同一制品可用不同纤维制成，同一纤维可制不同的产品，因此废旧纤维再加工之前有必要对纤维进行分类和分离。对工厂废物，因其比较干净且成分单一，可直接循环利用。

（1）涤纶

由对苯二甲酸乙二醇酯（PET）制成的纤维被称为涤纶纤维。涤纶纤维废料可用于制纤维、不饱和聚酯树脂、增塑剂、对苯二甲酸及其酯或解聚后再制聚对苯二甲酸乙二醇酯等，具体过程及工艺参见有关章节。PET纤维可用来增强热塑性塑料如PVC，据报道用涤纶短纤维增强PVC树脂，拉伸强度可提高10MPa，同时弯曲强度等亦有提高。又如用涤纶短纤维增强BR/LOPE共混物发泡体，其性能有所改善，如表7-7所示。由表7-7可见，加入少量短纤维可提高发泡体的拉伸强度和压缩恢复性能，且随其含量提高性能也提高。但纤维含量不能太高，否则在发泡成型时会出现质量问题如鼓泡，同时黏度也升高，不易操作。此外对发泡倍率高的制品，不宜用纤维增强。

表7-7　涤纶短纤维增强BR/LDPE发泡体的性能

短纤维含量(质量分数)/%	0	1	2
密度/(g/cm³)	0.14	0.17	0.19
邵氏硬度A	43.3	52.6	49.8
冲击弹性/%	26.1	25.5	24.2
拉伸强度/MPa	1.64	1.90	2.11
断裂延伸率/%	104	103	94
压缩50%恢复	83	93	98

（2）锦纶

脂肪族聚酰胺（PA）有许多种，如PA-6、PA-66、PA-1010、PA-610等，俗称尼龙，制成纤维，又称为锦纶。尼龙纤维可通过化学循环回收单体原料，也可在增强材料中作增强体，参见有关章节。将废短合成纤维作为增强材料，可与生胶、再生胶、氯化聚乙烯类弹性体等复合。废尼龙短纤维（10cm长）增强氯化聚乙烯，其性能如表 7-8 所示。由表可见，尼龙短纤维在拉伸方向的增强作用比较明显，在横向增强效果不明显。在实际使用时要注意纤维的含量，含量过高会使熔体黏度大，不易混炼或加工。

表 7-8　尼龙短纤维增强氯化聚乙烯的性能

性能		短纤维质量分数/%				
		0	5	10	15	20
拉伸强度/MPa	L	11.4	9.7	14.2	15.4	22.2
	T	11.2	9.5	4.9	5.2	4.5
撕裂强度/(kN/m)	L	16.4	46.4	68.4	69.1	99.6
	T	17.5	35.5	53.8	48.9	58.8
断裂延伸率/%	L	670	48	26	32	36
	T	656	556	276	308	118
永久变形/%	L	68	9	9	9	7
	T	62	10	53	66	15
邵氏硬度 A		60	83	85	89	90

注：L 表示沿拉伸方向测定；T 表示沿横向测定。

(3) 腈纶

聚丙烯腈（PAN）主要作为纤维，被称为腈纶。其主链由碳链构成，熔点 317℃，高于其分解温度，在 220~230℃开始软化且分解，玻璃化转变温度为 85℃，是结晶的不熔化的聚合物。我国聚丙烯腈的年产量 40 万吨左右，据调查聚丙烯腈在拉丝过程中废丝率高达 7%，可见其废料量是相当多的。将聚丙烯腈废料进行官能团的化学反应后可加以利用，例如分子链上的氧基在一定条件下可以水解成酰胺或酸，反应方程式如下：

$$\pmb{+CH_2-CH+_n} \xrightarrow[\text{或 OH}]{H^+} \pmb{+CH_2-CH+_x+CH_2-CH+_y+CH_2-CH_2-CH+_z}$$

一般情况下，水解难以停留在聚酰胺阶段，往往得到聚丙烯酸。

聚丙烯腈可在酸或碱作用下水解。若用浓碱加热到高于 80℃，在常压下生成的主要化合物是聚丙烯酸盐；再进行酸化形成聚丙烯酸，可以用乙醇等抽提出产物。例如，在装有搅拌器、温度计和冷却器的反应釜中按 PAN：NaOH：H_2O＝1：0.6：8（质量比）投料，加热至 95~100℃反应 7h；反应结束后，用甲醇洗去碱，并用酸中和，可得到聚丙烯酸产物。在聚丙烯腈的水解过程中，温度提高和碱浓度的提高可增加水解反应速率，但温度过高会导致聚合物降解，碱量提高会在中和过程中消耗大量酸。由于聚丙烯腈大分子链上的邻位效应如静电排斥作用，采用碱性水解羧基的产率不能达到 100%。碱性水解是 PAN 水解的主要方法，由于设备简单、投资小、反应条件温和、操作方便、安全可靠、对聚合物降解小，得到广泛应用。

用硫酸等强酸作催化剂也可进行 PAN 的水解。例如，按 PAN：H_2SO_4：H_2O＝1：10：20（质量比）投料，可采用 50% 以上的硫酸溶液，反应温度 130℃，时间为 4h，产物用碱洗。水解产率可达 100%。

水解也可在高压下进行。如在 1.01~1.22MPa、170~200℃下进行。催化水解，可以使反应在中性条件下进行，且水解产物的固含量较高。

水解生成的聚丙烯酸等产物可用作纺织上浆，作黏结木材、纸张、玻璃等的水性黏结剂，作油田用泥浆处理剂以及合成高吸水性树脂等。

氯纶、氨纶、聚乙烯纤维等的回收可参考普通塑料的回收。

7.4.4.2　废弃热塑性复合材料的循环利用

纤维增强热塑性塑料（fiber reinforced thermoplastic composite，FRTPC）具有良好的耐热性、耐蠕变性和耐疲劳等性能，其制品成型收缩率也小，因此受到人们的重视，其应用也将越来越广。纤维增强可使通用型树脂成为工程塑料和结构材料，同时废弃的热塑性增强材料如玻璃纤维增强材料可反复加工成型。

FRTPC 材料的不足之处是熔融流动性较差，因此需要提高成型温度；另外，产品性能存在各向异性。FRTPC 材料依纤维状态可分为三类：第一类是纤维毡或纤维布与热塑性片材进行热复合；第二类是长纤维增强复合材料（LFRTPC）；第三类是短纤维增强复合材料（SFRTPC）。

热塑性复合材料具有潜在的循环性，循环的热塑性复合材料性能与纤维磨损、聚合物与纤维界面降解和聚合物降解有关。在短纤维复合材料中，纤维的平均长度的减少常导致冲击性能下降。只要增强材料的取向和体积分数相同，拉伸强度和模量不受纤维长度磨损的强烈影响，载荷可通过聚合物与纤维的界面来传递。如果界面黏结在加工过程中降低，那么复合材料的拉伸强度和冲击性能会降低，而与纤维长度无关。聚合物的分子量也是影响因素，若分子量降低到一定程度，传递应力的能力将减少，如降低到临界分子量以下，则不管纤维长度和界面效应如何，复合材料的性能都会大大降低。

热塑性复合材料的循环利用的常见方法有注射和模压成型。由于模压、注射成型中使用的纤维必须是粒料，纤维长度缩短、取向能力降低、纤维体积分数减少，因此这两种加工方法生产的短纤维增强复合材料性能有所降低。此外，再生料聚合物的降解、纤维与基体界面的退化等因素也会导致产品的性能略有下降。一般循环的材料用于比原始材料要求低的场合。

另外，需要注意，利用注射和模压可生产各种几何尺寸的产品，但仍保留应有的各种性能。其中，注射成型中高剪切作用使纤维长度磨损和循环材料的冲击性能变差。若复合材料中玻璃纤维增强体的体积分数大于 22%（质量分数大于 35%），如玻璃纤维/聚碳酸酯，则不能直接注射模压，必须加入纯聚合物，以保证材料的完全固化。对压缩模压来说，纤维的损坏程度较小，回收料的尺寸可大一些，仅限于模具的几何尺寸（可用一定尺寸的片材）。在模压或注射过程中，不能改变或控制纤维方向，最终纤维的取向取决于流动；对模压来说，若玻璃纤维的体积分数大于 34%（质量分数大于 50%），必须用纯树脂稀释，以确保材料的完全固体化。复合材料的冲击强度比拉伸强度更易受纤维长度的影响，而拉伸强度主要依赖于纤维的体积分数和纤维取向。热塑性复合材料的循环利用工艺如图 7-6 所示。

图 7-6　热塑性复合材料的循环利用工艺示意图

循环复合材料试样的性能如表 7-9 所示。由表 7-9 可见循环后复合材料的拉伸强度大大降低，且模压和注塑循环试样的性能也有明显不同，模压试样性能是注射试样的 40%左右。

事实上模压循环复合材料的拉伸强度比非增强的聚碳酸酯（65MPa）还低，这与加工工艺有关。注射循环试样的拉伸强度较高，与其微结构有关：注射试样除粉碎的纤维磨损之外，还受到注射模压的磨损，导致得到的纤维比较短，分布均匀，可得到更均匀的微观结构。此外，注射成型的样品存在纤维取向，并有典型的皮-芯效应（skin-core effect），即纤维在表面有取向，而在试样内部存在三维（3-D）无规取向。皮-芯效应使制品趋向于提高拉伸性能，比无规三维纤维材料高。

冲击性能与拉伸性能不一样，模压循环试样的性能与 AZDEL 产品接近，而注射循环试样高于 LEXAN® 3413 产品。这可能是由纤维长度及其分布引起，长纤维使冲击性能提高。试样的微观分析表明，模压试样的纤维在平面内呈无规取向分布，有纤维束存在，且扫描电镜显示树脂存在许多微裂纹，这是拉伸强度降低的原因。冲击强度高，有可能是因为裂纹扩展速度赶不上冲击速度，而纤维在其中影响比较大，能吸收相对大的能量，足以在冲击过程中保持复合材料的性能，而不受裂纹的影响或影响很少。

表 7-9　循环加工的聚碳酸酯/E-玻璃复合材料的性能

试样	拉伸强度/MPa	拉伸模量/GPa	缺口悬臂梁冲击强度/(J/m)	平均 Dynatup 标冲击强度/J	纤维体积分数/%	平均纤维长度/mm	平均纤维长径比
模压新料试样	198（±17.9%）	12.7（±10.4%）			28.4	连续	∞
压塑循环试样	39.5（±8.3%）	7.66（±12.1%）	370	23	27.8	1.11（±72%）	55
注塑循环试样	104（±7.9%）	8.84（±14.4%）	180	13.6	19.6	0.49（±50%）	25
LEXAN® 3413试样	132	8.7	110	6.8～10.9	19.2	短纤维	—
AZDEL® AF50300试样	125	6.9	370～430	24～26	25.6	无规短切毡	—

除此之外，外界因素对复合材料的性能有影响，如试样经溶剂浸泡，性能将会有较大的降低，尤其是对循环试样影响更大，如拉伸强度明显降低。

7.5　生产实例

根据联合国环境规划署 2021 年发布的报告，1950 年至 2017 年间全球累计生产约 92 亿吨塑料，约 70 亿吨成为塑料废弃物，塑料的回收率不到 10%，大量塑料废物进入土壤和海洋，形成视觉、土壤、水体污染，对气候变化和人体健康都会产生极大的危害。塑料污染已成为仅次于气候变化的全球第二大焦点环境问题。报告指出，塑料本身不是污染物，塑料污染的本质是塑料废弃物管理不善，渗透到土壤、水体等自然环境。在可预见的未来，塑料仍将长期使用和存在，探索塑料使用和生态环境相协调的可持续发展道路是应对塑料污染的重要内容。

面对日益严峻的塑料污染问题，我国不断加强塑料废弃物的回收和利用，积极发展塑料循环经济，从生产、消费、流通、处置各环节推行全生命周期管理，加快构建从塑料设计生产、流通消费到废弃后处置的闭合式循环发展模式。报告显示，2010～2020 年 10 年间，我国完成废塑料回收利用 1.7 亿吨，相当于累计减少 5.1 亿吨原油消耗和 6120 万吨二氧化碳排放，废塑料材料化利用量占同期全球总量的 45％。2021 年我国废塑料材料化回收约 1900 万吨，材料化回收率达到 31％，是全球废塑料平均水平的 1.74 倍；废塑料回收利用产值达到 1050 亿元，同比增长 33％，并且实现了 100％本国材料化回收利用。预计到 2025 年，我国塑料废弃物材料化和能源化利用率之和将稳定在 75％以上。

下面主要以某公司利用废 PVC 农膜改性再生钙塑地板砖为例说明废旧 PVC 回收。

农村普遍流行的 PVC 农膜，在大自然环境中自身不可分解，成为不可降解的永久污染。增塑剂、稳定剂和润滑剂是废旧 PVC 农膜主要含有的助剂，经过加工处理后可以作为 PVC 地砖基片的主体材料进行重复利用。PVC 再生地板的多层复合型结构一般由面层、中间衬层和基层采用热压贴合成型工艺叠加而制成，其中以高强耐磨的套色印花的 PVC 硬片作为面层，以白色的 PVC 硬片作为中间衬层，最后以 PVC 农用薄膜和其他活性助剂、填料等作为主要原料制备成所需的基层。

7.5.1 配方

废旧 PVC 农膜改性再生钙塑地板砖配方请见表 7-10。

表 7-10 废旧 PVC 农膜改性再生钙塑地板砖配方

项目	质量份	项目	质量份
废 PVC 农膜	100	三碱式硫酸铅	2
硬脂酸	2	颜料（炭黑）	适量
重质碳酸钙（325 目）	350	二碱式亚磷酸铅	1
DOP	2.5		

7.5.2 加工工艺

PVC 地砖生产工艺流程请见图 7-7。

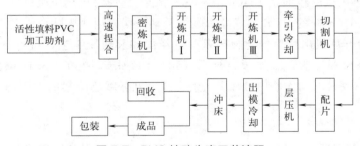

图 7-7 PVC 地砖生产工艺流程

(1) 废地膜预处理

① PVC 地膜收集与分选。收集的废地膜中常混有其他塑料、如聚烯烃、铁丝、钉子、沙砾等杂质，在进入车间前需彻底清除。

② 废旧地膜的粉碎和纯化。破碎废旧塑料必须选择合适的破碎机，破碎机的切断室应具备剪切角大，剪切过程刀隙不变的特点。一般将地膜粉碎成 $\Phi 3mm \times 3mm$ 的粒料或者 $\Phi 5mm$ 的片料，可选用 SCP-640A 型塑料破碎机。预洗后的地膜材料加入含水洗涤剂，进行湿磨，一边粉碎一边洗涤，进一步洗净，湿磨可以防止因摩擦热引起的降解。可选择超声波清洗，这种方法可以减少传统方法难以去除的细小黏附物，得到清洁度很好的

碎片。

③ 废旧地膜的脱水及干燥。脱水及干燥是将材料中的水、溶剂等汽化去除。此过程中，活性填料 $CaCO_3$ 吸湿性大，PVC 废料又经过洗涤处理，物料中含有一定的水分，如不进行干燥处理，物料表面容易起泡、易剥离。因此，在加工前必须对物料进行干燥，使碳酸钙含水率低于 0.5%。

（2）混合及塑炼

初混是在聚合物熔点以下、较低剪切应力下进行的混合。将树脂、稳定剂、颜料、填料依次加入高速捏合机中，（90±5）℃高速捏合 5min，然后升温至 110℃，使物料均匀分散、充分膨化，增塑剂被充分吸收，同时除去水分及部分低温挥发物质，使物料达到初步塑化。

采用 1 台 SHM-50 型密炼机、3 台 SK-550 开炼机对物料进行塑炼。预塑化的物料在密炼机内（140±5）℃密炼 3～5min，使物料充分塑化。密炼于 120℃左右出料，进入开炼机。开炼机塑化温度为（120±5）℃，最后一个开炼机的辊距为（3±0.5）mm，前辊比后辊温度高 5℃，其蒸气压控制在 0.8MPa 以上。为防止物料摩擦生热引起温度升高，可通过冷却水保持辊温。

（3）冷却与切割

混合塑化后的钙塑地板采用冷辊降温定型。冷却后的半成品由连续自动冲切机冲切成 1000mm×670mm 和一定厚度（大约 3mm）的基片。

（4）热压贴合成型

塑料层压机的主要特点是在压机的上下横梁之间设有多层活动平板，一次可以生产多层制品。选用设备 PYET-2000 型层压机成型。由第三台开炼机出片后，经冷却 1000mm×670mm 和一定厚度（大约 3mm）的片材，即成底层。热压机有 16 层，每层放叠料 16 组。PTEY-2000 型热压机的板面是 1050mm×1850mm。这样每台热压机每压一次，可压成规格为 1000mm×670mm 的 PVC 半成品 160 张。某公司采用热压贴合成型工艺生产再生地板砖，经第三台开炼机出片后的地板砖基片，经配片和热压工艺，可压成三层复合 PVC 地板砖。具体叠放顺序为：金属板、衬纸（50～100 张）、帆布、双向拉伸聚丙烯薄膜、PVC 底层材料（基片）、PVC 白色硬片（中层）、印有彩色图案的 PVC 透明片（上层）、平面不锈钢板。

（5）冲床

选用 AHS-T 型冲床对材料施加压力，使其塑性变形，得到所需形状及精度。每张可冲成 6 块 PVC 地板砖，规格为 304.8mm×304.8mm。

7.5.3 性能

PVC 地板砖的密度为 2.15g/cm^3，其手感及质感可与大理石、瓷砖媲美。符合国家标准，可应用于装饰的铺地材料。表 7-11 为废 PVC 地膜再生钙塑地板砖的物理性能。

表 7-11 废 PVC 地膜再生钙塑地板砖的物理性能

项目	国标	实测性能
外观、缺口、龟裂、分层	不可有	合格
污染、伤痕、异物	不可有	合格

续表

项目	国标	实测性能
尺寸偏差(厚)/mm	±0.15	无偏差
长	±3.0	0.10
宽	±3.0	无偏差
垂直度/mm	最大公差在0.25以下	0.30
热膨胀系数/$10^{-6}\,℃^{-1}$	≤1.2	1.1～1.2
加热质量损耗率/%	≤0.5	0.18
加热长度变化率/%	≤0.25	0.23～0.25
吸水长度变化率/%	≤0.17	0.08～0.10
23℃凹陷纹/mm	≤0.30	0.21
45℃凹陷纹/mm	≤1.00	0.73
残余凹陷度/mm	≤0.15	0.11
磨耗量/(g/m²)	≤0.015	0.0075

思考题

（1）请简述废旧高分子处理的原则。

（2）请谈谈对通用型塑料PVC循环利用的认识。

（3）请谈谈对橡胶回收利用的认识。

第**8**章

虚拟仿真实践

对于环境复杂、操作不可逆、危险性高、成本消耗大的大型或综合性实验、实习，虚拟仿真实践无疑对传统实践教学起到了良好的补充及促进作用，成为当前教学改革的重要手段之一。通常，虚拟仿真平台利用电脑模拟产生一个三维空间的虚拟世界，构建高度仿真的虚拟操作环境和操作对象，提供使用者视觉、听觉、触觉等感官的模拟，让使用者如同身临其境，及时、无限制地360°旋转观察三维空间内的事物，能够反复练习，达到熟悉相关操作的目的。虚拟仿真实践界面友好，互动操作，形式活泼，主要具有以下特点。

(1) 能够提供两种学习模式

分别为演示模式和操作模式。演示模式下可以正确模拟实践的每一步操作，学生只需点击步骤进行每一步操作；操作模式下，给出具体操作步骤，学生点击相应开关或按钮进行操作。

(2) 自主学习内容丰富

主要包含设备、工作原理、实验操作过程中的注意事项等多方面内容。

(3) 智能操作指导学习

智能操作指导具体的操作流程，系统能够模拟操作中的每个步骤，并加以文字或语言说明和解释。

(4) 通过评分系统及时反馈学习效果

系统给出操作提示，评分采用扣分制，操作错误时扣分。

(5) 实用性较强，能较好弥补实际操作的局限

虚拟仿真实践可以在专业课实验教学时使用，也可以在实习前作为实习的操作培训使用。注塑成型、挤塑成型、熔体纺丝是高分子加工中的典型工艺，所以本书以此为例介绍相关虚拟仿真软件的使用。

8.1 注塑成型虚拟仿真

8.1.1 概述

采用虚拟现实技术，依据注塑机实际布局搭建模型，按实际实验过程完成相关操作，

完整再现塑料注射成型工艺过程。环境真实感强，操作灵活，可实现学生个体操作，为"互动式"实践教学、"翻转课堂"的实施提供了有力支撑。有利于学生巩固课堂所学的基础理论知识，提高实践操作能力，同时增强专业认同感，提高学习兴趣。

8.1.2　操作步骤

图 8-1 是注塑机操作加载界面。

图 8-1　注塑机操作加载界面

8.1.2.1　实验操作（演示模式）

打开软件，进入演示模式。

根据界面下方的步骤提示，点击下一步图标███，自动进行实验下一步操作。也可点击上一步图标███，重新演示上一步的操作；拉动进度条的任一步，也可演示任一步的实验操作。文字"进行中"消失后，表示该步骤播放完毕。

8.1.2.2　实验操作（操作模式）

打开软件，进入操作模式。

每一步均有一个触发点，右键点击该触发点选择可触发操作；

操作完成后自动出现下一步的步骤提示；文字"进行中"未消失，无法触发下一步操作。

步骤汇总见表 8-1。

表 8-1　操作步骤汇总

序号	操作步骤	触发点	操作说明
1	打开电源	注塑机开关	打开电源开关
2	选择模具	模具	选择相关模具
3	设置注塑机参数	换页键、F1（快设）键、F7（返回）键	按下相关按键
4	关闭安全门	安全门	关闭安全门
5	启动马达	马达键	按下马达键
6	加热升温	电热键	按下电热键
7	加料	料斗	开始加料
8	关模	关模键	按下关模键
9	座进	座进键	按下座进键
10	储料	加料键	按下加料键

续表

序号	操作步骤	触发点	操作说明
11	注射	射出键	按下射出键
12	射退	射退键	按下射退键
13	开模	开模键	按下开模键
14	托模进	托模进键	按下托模进键
15	托模退	托模退键	按下托模退键
16	座退	座退键	按下座退键
17	清料	清料键	按下清料键
18	关闭电热	电热键	按下电热键
19	关闭马达	马达键	按下马达键
20	关闭电源	电源开关	关闭电源开关

演示操作视频请扫描二维码。

注塑机虚拟仿真实验

8.1.2.3　实验截图

实验截图请见图 8-2～图 8-6。

图 8-2　注塑机

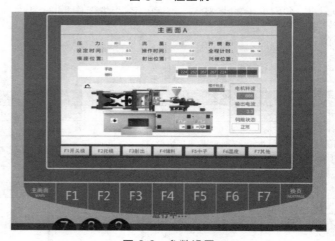

图 8-3　参数设置

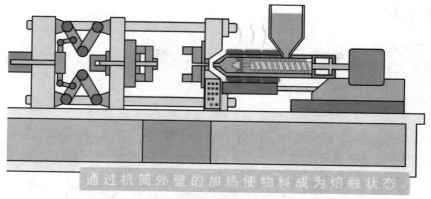

图 8-4 通过机筒外壁使物料成为熔融状态

图 8-5 注塑成型

您本次操作得分为100分

图 8-6 操作结束界面

8.2 挤出造粒虚拟仿真

8.2.1 概述

塑料挤出成型是塑料加工的主要方式之一，学生实习前通过虚拟平台操作，有利于深入理解挤出成型原理，熟悉挤出成型工艺和步骤，为后期实际操作奠定良好的基础。

8.2.2 操作步骤

8.2.2.1 软件启动

双击桌面快捷方式，启动软件后，出现仿真软件加载页面，进入挤出机仿真实验室界面（图 8-7），选择"演示"或者"操作"，点击"进入"开始实验。

图 8-7 挤出成型仿真实验界面

8.2.2.2 实验操作（演示模式）

打开软件，进入演示模式。

根据界面下方的步骤提示，点击下一步图标![下一步]，自动进行实验下一步操作。也可点击上一步图标![上一步]，重新演示上一步的操作；拉动进度条的任一步，也可演示任一步的实验操作。文字"进行中"消失后，表示该步骤播放完毕。

8.2.2.3 实验操作（操作模式）

打开软件，进入操作模式。

依次选择原料，设定温度、压力、主机电流、启动水泵、转动联轴器、加料，启动油泵、喂料机等进行挤出造粒操作，操作步骤如表 8-2 所示。每一步均有一个触发点，右键点击该触发点选择可触发操作的进行；操作完成后自动出现下一步的步骤提示；文字"进行中"未消失，无法触发下一步操作。根据各步操作，软件自动打分。

表 8-2 步骤汇总表

序号	操作步骤	触发点	操作说明
1	打开总电源	挤出机电源总开关	打开总电源
2	设定一区温度	一区温控面板	设定一区温度
3	设定二区温度	二区温控面板	设定二区温度
4	设定三区温度	三区温控面板	设定三区温度
5	设定四区温度	四区温控面板	设定四区温度
6	设定五区温度	五区温控面板	设定五区温度
7	设定六区温度	六区温控面板	设定六区温度
8	设定七区温度	七区温控面板	设定七区温度
9	设定机头温度	机头温控面板	设定机头温度
10	设定熔体温度	熔体温控面板	设定熔体温度
11	设定熔体压力	熔体压力控制面板	设定熔体压力
12	设定主机电流	主机电流控制面板	设定主机电流

续表

序号	操作步骤	触发点	操作说明
13	启动水泵	水泵启动按钮	启动水泵
14	转动联轴器	联轴器	转动联轴器
15	加料	料斗	加料
16	启动油泵	油泵启动按钮	启动油泵
17	启动主机	主机启动按钮	启动主机
18	启动喂料机	喂料启动按钮	启动喂料机
19	启动真空泵	真空泵启动按钮	启动真空泵
20	打开真空泵密封水阀	真空泵密封水阀	打开真空泵密封水阀
21	打开真空泵阀门	真空泵阀门	打开真空泵阀门
22	启动吹风机	吹干机启动按钮	启动吹风机
23	调整主机频率	主机频率控制面板	调整主机频率
24	调整喂料频率	喂料频率控制面板	调整喂料频率
25	打开切料机	切料机 ON 按钮	打开切料机
26	调整切料频率	切料频率旋钮	调整切料频率
27	关闭吹干机	吹干机停止按钮	关闭吹干机
28	调整喂料频率为零	喂料频率旋钮	调整喂料频率至零
29	关闭喂料机	喂料停止按钮	关闭喂料机
30	调整主机频率为零	主机频率旋钮	调整主机频率至零
31	关闭主机	主机停止按钮	关闭主机
32	关闭油泵	油泵停止按钮	关闭油泵
33	关闭真空泵阀门	真空泵阀门	关闭真空泵阀门
34	关闭真空泵	真空泵停止按钮	关闭真空泵
35	关闭真空泵密封水阀	真空泵密封水阀	关闭真空泵密封水阀
36	关闭水泵	水泵停止按钮	关闭水泵
37	关闭切料机	切料机 OFF 按钮	关闭切料机
38	关闭总电源	总电源开关	关闭总电源

8.2.2.4　实验截图

实验截图请见图 8-8～图 8-12。

首先，点击设备原理介绍。

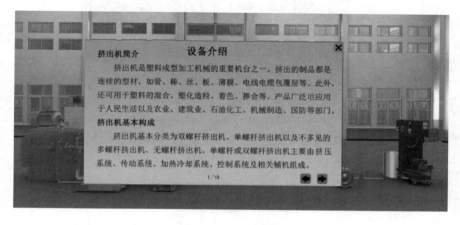

图 8-8　设备介绍

然后，选择挤出成型的材料。

随后，根据选择的材料，设置每一段加工的温度等工艺参数（图 8-10），点击操作。

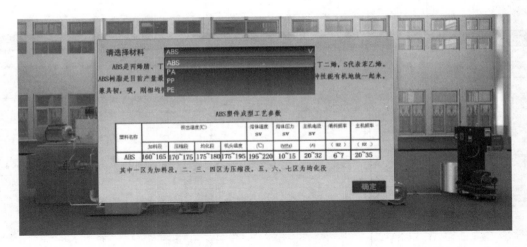

图 8-9　原料选择

图 8-10　控制面板

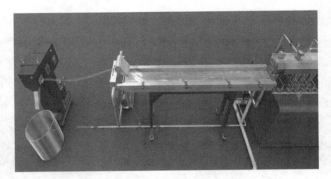

图 8-11　挤出成型

图 8-12　操作结束

8.3 高黏聚酯合成及纺丝虚拟仿真

8.3.1 基本操作

① 进入本实验项目后可自行选择"常规聚酯工业丝""导电聚酯工业丝"和"阻燃聚酯工业丝"三个聚酯工业丝品类进行学习，根据操作提示完成工艺流程操作（图 8-13）。操作参考视频请扫描二维码。

高黏聚配合成及纺丝虚拟仿真实验

图 8-13 主页面

② 如图 8-14 所示，第一次进入系统后，会自动弹出帮助界面，在界面的右下角有一个"不再自动弹出"选项，选中后，下次进入系统时将不再弹出。

图 8-14 帮助页面

③ 进入场景后，出现欢迎词，点击确定即可（图 8-15）。

图 8-15 操作提示

④ 人物控制：W（前）、S（后）、A（左）、D（右）、鼠标右键（视角旋转）（图 8-16）。

⑤ 奔跑：按下 Ctrl 键，可以切换至奔跑模式；再按下 Ctrl 键，可切换至走路模式。

⑥ 镜头调整：鼠标滚轮调整视角远近。

⑦ 飞行模式：按下 Q 键，可以切换至飞行模式，该模式下通过 W、S、A、D 键调整飞行方向，鼠标右键调整飞行视角。

⑧ 知识点查看：右击设备弹出设备介绍，点击可以查看。

图 8-16　控制按钮

⑨ 阀门操作：单击需要操作的阀门，即可弹出阀门操作界面（图 8-17、图 8-18）。

图 8-17　开关阀 UI 界面

图 8-18　可调阀 UI 界面

8.3.2　详细使用说明

进入厂区如图 8-19 所示。

图 8-19　进入厂区

① 人物信息：显示当前操作人员的具体信息（图 8-20）。

图 8-20 人物显示界面

② 全景地图功能：点击全景按钮可以打开大地图模式，可进行阀门和设备的搜索（图 8-21）。

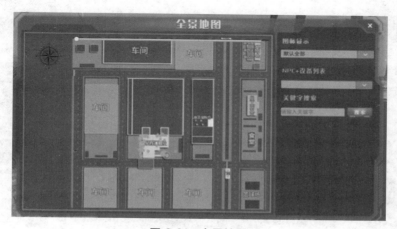

图 8-21 全景地图

图标显示：可选择显示全部，只显示设备或只显示 NPC 等。

NPC＋设备列表：可从下拉菜单中选择，选中的物体位置会显示成红色并快速跳转到相应位置。

关键字搜索：可进行阀门和设备的查找，支持位号和中文名称搜索和快速跳转。

③ 任务指引。图 8-22 为任务指引截图。

可查看当前的任务指引，可根据任务指引的指示进行相关操作。

场景中有 2 个 NPC，分别是王师傅和李师傅。点击王师傅后，再点击学习工艺，会出现相关任务（图 8-23）。

右击厂区宣传栏查看安全操作规程（图 8-24）。

查看完安全操作规程后，再次点击王师傅提交任务。右击王师傅直接去聚酯生产车间进行相关操作（图 8-25）。

图 8-22 操作指引

聚酯车间附近有李师傅，点击李师傅（图 8-26），可以分别快速进入其他工段场景。

④ 快速跳转点。场景中有很多光圈，当人物走进光圈内时，则会快速跳转至相应车间场景（图 8-27）。

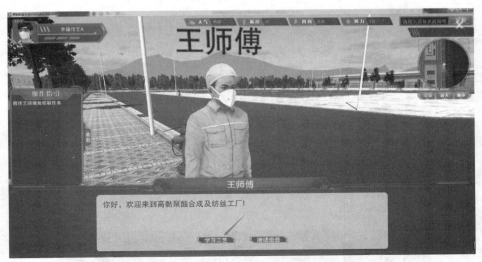

图 8-23　王师傅页面

图 8-24　安全操作规程界面

图 8-25　不同车间点击页面

图 8-26　李师傅页面

图 8-27　固相缩聚车间

⑤ 特殊操作。某些场景需要分别点击门的两边，进行开门操作，然后进入到相关场景中（图 8-28）。

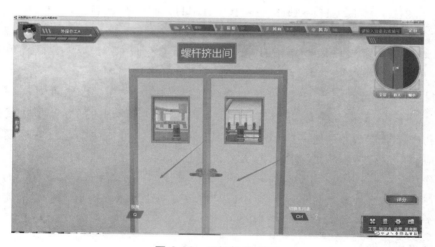

图 8-28　开门操作页面

⑥ 功能菜单。功能菜单中包括工艺、知识点、设置及思考题等（图 8-29）。

图 8-29　功能菜单页面

工艺：点击查看相关设备视频。

知识点：可查看此实验的相关知识讲解，通过右下角返回键返回操作界面。

思考题：实验相关的思考题，包括单选题、多选题和判断题，点击交卷提交答案，系统会显示正确答案。

设置：根据操作习惯调整系统设置。

⑦ 评分。点击右下角评分，查看当前实验的评分界面，可根据评分界面提示进行相关操作，点击保存成绩，可以将成绩保存成 excel 格式文件。

8.3.3 工艺流程简介

8.3.3.1 工艺原理

（1）酯化反应原理

酯化反应就是羧基和羟基在一定条件下，生成酯基和水的反应。在聚酯生产过程中，对苯二甲酸（PTA）和乙二醇（EG）以一定的摩尔比混合均匀后进入酯化反应釜，在一定的压力和温度下进行反应，同时也进行 PTA 的溶解、气相和液相的传质交换。各反应方程式如下：

$$2HOCH_2CH_2OH + HOOC—C_6H_4—COOH \longrightarrow$$
$$HOCH_2CH_2OOC—C_6H_4—COOCH_2CH_2OH + 2H_2O$$
$$2HO—CH_2CH_2—OH \longrightarrow HOCH_2CH_2OCH_2CH_2HO + 2H_2O$$
$$HO—CH_2CH_2—OH \longrightarrow CH_3CHO + H_2O$$

① 非均相反应：当反应物中有固相 PTA 时，酯化反应为零级反应，反应速度与 PTA 浓度无关，只取决于 PTA 在 EG 中的溶解速度和反应温度。

② 均相反应：当反应物中的 PTA 完全溶解时，PTA 与 EG 的浓度对反应速度有显著的影响。当 PTA 的酯化率达 89%～91% 时，新加入的浆料中的 PTA 很快就被溶解于反应混合物中，即达到"清晰点"，这时增加 EG 的浓度，可加快酯化反应速度，从而降低酯化反应时对反应釜容积的要求。当无外加催化剂时，PTA 电解放出的 H^+ 对酯化反应起催化作用，催化剂不影响反应的表观活化能，只影响频率因子，酯化反应的热效应很小，所以反应平衡常数受温度的影响很小；只有将反应中的水及时除去，才能使反应不断向正反应方向移动，同时得到高的酯化率。

（2）缩聚反应原理

反应方程式如下：

$$n\,HOCH_2CH_2OOC—C_6H_4—COOCH_2CH_2OH \longrightarrow HOCH_2CH_2OOC—C_6H_4—$$
$$COO—(CH_2CH_2OOC—C_6H_4—COO)_{n-1}—CH_2CH_2OH + (n-1)\,C_2H_4OH$$

根据化学衡算可知，如果反应在密闭容器内进行，则缩聚大分子的平均聚合度 DP 与缩聚反应平衡常数 K、小分子（水）的质量分数 n 之间存在如下关系：$DP = K/n$。在实验生产过程中，水、EG 等小分子产物被不断地从反应体系中抽走，此时 $DP = K/n$，在第一次预缩聚釜中，反应中间体对苯二甲酸双 β-羟乙基的浓度高，逆反应速度很小，平衡反应在此并不重要，主要是要防止单体的挥发、分解，维持严格的官能团等摩尔比，小分子副产物可在不太高的温度和真空度下抽走；在第二预缩聚反应釜中，需要较高的温度以减小反应物的黏度，为加快小分子物的挥发和脱出，需要较高的真空度，就这样小分子物被不断抽走，平衡被不断打破，反应向生成聚酯的方面进行；熔体黏度高，反应速度受传质速度控制，所以不仅温度和真空度高，而且还需要不断更新的巨大的蒸发表面积。

（3）聚酯固相增黏原理

固相缩聚指在熔点以下的温度使 PET 基础切片发生缩聚反应，进而提高产品黏度，是聚酯工业丝生产的重要一环。依靠固体颗粒内部大分子链进行链段或链节运动，进而发生官能团间碰撞反应，分子链增长为更大的分子链，同时释放出小分子产物，完成缩聚反应。

（4）高黏聚酯纺丝原理

国内聚酯工业长丝生产基本采用纺丝牵伸卷绕一步法。经固相缩聚的高黏聚酯切片经螺杆挤压熔融后通过管道输送进入纺丝箱体，箱体内包括熔体分配管、计量泵和纺丝组件。熔体经熔体分配管后通过计量泵连续、准确地供给纺丝组件以用于纺丝，经纺丝组件喷丝板喷出后形成熔体细流，熔体细流离开喷丝板后首先经过缓冷保温区，目的在于使熔体不易产生破裂现象，更重要的是消除内应力，使纺丝预拉伸在初生纤维凝固成型前的熔体细流阶段完成，获得取向度低、无结晶结构和拉伸性能良好的初生纤维。初生纤维离开保温区后通过侧吹风降温冷却成型，成型的初生纤维经集束、油唇上油后通过导丝棒和喂入辊进入热牵伸辊，牵伸辊一般设置为 4～6 对。通过调整热牵伸辊的速度可以调整纤维的牵伸比，调整各对辊的温度可以得到不同强度、伸长和热收缩率的丝束。牵伸定型后丝束经卷绕成型，检验合格后入库。

8.3.3.2　工艺流程

本工艺以对苯二甲酸和乙二醇为原料，通过直接酯化、连续缩聚的五釜工艺，对生产的聚酯进行切片处理，经固相缩聚的高黏聚酯切片进入螺杆挤出机熔融后通过管道输送进入纺丝箱体，丝束经卷绕成型，检验合格后入库。

酯化工段：PTA 和 EG 按一定的摩尔比混合均匀后送往第一酯化反应釜 R101。在第一酯化反应釜中，PTA 和 EG 在酯化所需的温度下进行酯化反应，多余的 EG 蒸气和反应副产物水进入工艺塔 T101 内进行分离，塔底 EG 回到 D102。经过第一酯化后物料通过压差送入第二酯化釜 R102，在第二酯化釜中多余的 EG 蒸气及反应副产物水进入工艺塔 T101 内进行分离。

聚合工段：本工段主要由三个串接的缩聚反应釜 R201、R202、R203 组成，预聚物在缩聚所需温度、真空及搅拌作用下进行缩聚，不凝气体被真空系统抽走。终缩聚釜 R203 生产的聚酯分别经过切粒机、干燥器、振动筛后，被送入储仓罐 D201 中。

聚酯工段生产的湿切片被送入湿切片料仓 D301，在氮气气氛下，分别经过结晶器 J301、预热器 H301、固相缩聚反应器 R301 对聚酯进行固相增黏，最后经过冷却器 E307 冷却后，进入纺丝料仓 D302 中。经固相缩聚的高黏聚酯切片经螺杆挤压熔融后通过管道输送进入纺丝箱体，熔体经熔体分配管后通过计量泵连续、准确地供给纺丝组件以用于纺丝，经纺丝组件喷丝板喷出后形成熔体细流，熔体细流离开喷丝板后首先经过缓冷保温区，初生纤维离开保温区后通过侧吹风降温冷却成型，成型的初生纤维经集束、油唇上油后通过导丝棒和喂入辊进入热牵伸辊，牵伸定型后丝束经卷绕成型，检验合格后入库。

8.3.4 工艺卡片

8.3.4.1 设备列表

设备列表请见表 8-3。

表 8-3 设备列表

序号	位号	名称	序号	位号	名称
1	D101	对苯二甲酸罐	27	E304	气体加热器
2	D102	乙二醇罐	28	C301	压缩机
3	D103	浆料调配罐	29	X302	气体除尘器
4	P101A/B	乙二醇泵	30	E305	气体加热器
5	P102A/B	浆料泵	31	C302	压缩机
6	R101	第一酯化釜	32	C303	风机
7	R102	第二酯化釜	33	R301	固相缩聚反应器
8	T101	工艺塔	34	E306	气体加热器
9	E101	塔顶冷却器	35	E307	冷却器
10	D104	回流罐	36	X303	气体除尘器
11	D105	助剂调配槽	37	E308	气体加热器
12	P103	回流泵	38	D302	纺丝料仓
13	R201	预聚一釜	39	Q301	气体催化精制装置
14	R202	预聚二釜	40	Q302	气体洗涤精制装置
15	P201A/B	熔体泵	41	Q303	气体干燥器
16	F201	过滤器	42	Q304	气体催化精制装置
17	R203	终聚釜	43	C304	压缩机
18	P202	熔体泵	44	C305	压缩机
19	Q201	切粒机	45	C306	压缩机
20	E201	干燥器	46	X304	气体除尘器
21	Z201	振动筛	47	P401	计量泵
22	D201	储仓罐	48		螺杆
23	D301	湿切片料仓	49		纺丝箱
24	J301	结晶器	50		卷绕机
25	H301	预热器			
26	X301	气体除尘器			

8.3.4.2 现场阀门

界面中呈现的现场阀门位号及名称请见表 8-4。

表 8-4 现场阀门

序号	位号	名称	序号	位号	名称
1	FV1001I	乙二醇进料调节阀 FV1001 前阀	7	FV1004I	助剂流量调节阀 FV1004 前阀
2	FV1001O	乙二醇进料调节阀 FV1001 后阀	8	FV1004O	助剂流量调节阀 FV1004 后阀
3	FV1001B	乙二醇进料调节阀 FV1001 旁路阀	9	FV1004B	助剂流量调节阀 FV1004 旁路阀
4	FV1002I	催化剂进料调节阀 FV1002 前阀	10	FV1005I	T101 回流量调节阀 FV1005 前阀
5	FV1002O	催化剂进料调节阀 FV1002 后阀	11	FV1005O	T101 回流量调节阀 FV1005 后阀
6	FV1002B	催化剂进料调节阀 FV1002 旁路阀	12	FV1005B	T101 回流量调节阀 FV1005 旁路阀

续表

序号	位号	名称	序号	位号	名称
13	FV1006I	炭黑调配溶液流量调节阀 FV1006 前阀	38	LV2003O	R203 液位调节阀 LV2003 后阀
14	FV1006O	炭黑调配溶液流量调节阀 FV1006 后阀	39	LV2003B	R203 液位调节阀 LV2003 旁路阀
15	FV1006B	炭黑调配溶液流量调节阀 FV1006 旁路阀	40	TV1001I	R101 温度调节阀 TV1001 前阀
16	FV1007I	阻燃剂调配溶液流量调节阀 FV1007 前阀	41	TV1001O	R101 温度调节阀 TV1001 后阀
17	FV1007O	阻燃剂调配溶液流量调节阀 FV1007 后阀	42	TV1001B	R101 温度调节阀 TV1001 旁路阀
18	FV1007B	阻燃剂调配溶液流量调节阀 FV1007 旁路阀	43	TV1002I	R102 温度调节阀 TV1002 前阀
19	FV2001I	R203 出料调节阀 FV2001 前阀	44	TV1002O	R102 温度调节阀 TV1002 后阀
20	FV2001O	R203 出料调节阀 FV2001 后阀	45	TV1002B	R102 温度调节阀 TV1002 旁路阀
21	FV2001B	R203 出料调节阀 FV2001 旁路阀	46	TV1003I	T101 塔釜温度调节阀 TV1003 前阀
22	LV1001I	R101 液位调节阀 LV1001 前阀	47	TV1003O	T101 塔釜温度调节阀 TV1003 后阀
23	LV1001O	R101 液位调节阀 LV1001 后阀	48	TV1003B	T101 塔釜温度调节阀 TV1003 旁路阀
24	LV1001B	R101 液位调节阀 LV1001 旁路阀	49	TV2001I	R201 温度调节阀 TV2001 前阀
25	LV1002I	R102 液位调节阀 LV1002 前阀	50	TV2001O	R201 温度调节阀 TV2001 后阀
26	LV1002O	R102 液位调节阀 LV1002 后阀	51	TV2001B	R201 温度调节阀 TV2001 旁路阀
27	LV1002B	R102 液位调节阀 LV1002 旁路阀	52	TV2002I	R202 温度调节阀 TV2002 前阀
28	LV1003I	D104 液位调节阀 LV1003 前阀	53	TV2002O	R202 温度调节阀 TV2002 后阀
29	LV1003O	D104 液位调节阀 LV1003 后阀	54	TV2002B	R202 温度调节阀 TV2002 旁路阀
30	LV1003B	D104 液位调节阀 LV1003 旁路阀	55	TV2003I	R203 温度调节阀 TV2003 前阀
31	LV2001I	R201 液位调节阀 LV2001 前阀	56	TV2003O	R203 温度调节阀 TV2003 后阀
32	LV2001O	R201 液位调节阀 LV2001 后阀	57	TV2003B	R203 温度调节阀 TV2003 旁路阀
33	LV2001B	R201 液位调节阀 LV2001 旁路阀	58	PV2001I	R201 压力调节阀 PV2001 前阀
34	LV2002I	R202 液位调节阀 LV2002 前阀	59	PV2001O	R201 压力调节阀 PV2001 后阀
35	LV2002O	R202 液位调节阀 LV2002 后阀	60	PV2001B	R201 压力调节阀 PV2001 旁路阀
36	LV2002B	R202 液位调节阀 LV2002 旁路阀	61	PV2002I	R202 压力调节阀 PV2002 前阀
37	LV2003I	R203 液位调节阀 LV2003 前阀	62	PV2002O	R202 压力调节阀 PV2002 后阀

续表

序号	位号	名称	序号	位号	名称
63	PV2002B	R202 压力调节阀 PV2002 旁路阀	89	V01C305	C305 前阀
64	V01P101A	P101A 入口阀	90	V02C305	C305 后阀
65	V02P101A	P101A 出口阀	91	V01C306	C306 前阀
66	V01P101B	P101B 入口阀	92	V02C306	C306 后阀
67	V02P101B	P101B 出口阀	93	V01X304	X304 前阀
68	V01P102A	P102A 入口阀	94	V02X304	X304 后阀
69	V02P102A	P102A 出口阀	95	V01Q303	Q303 放空阀
70	V01P102B	P102B 入口阀	96	V01Q302	Q302 出口阀
71	V02P102B	P102B 出口阀	97	V03R301	X302 进口阀
72	V01P201A	P201A 入口阀	98	V04R301	Q302 进口阀
73	V02P201A	P201A 出口阀	99	V05R301	E304 进口阀
74	V01P201B	P201B 入口阀	100	V01C301	C301 前阀
75	V02P201B	P201B 出口阀	101	V02C301	C301 后阀
76	V01P103	P103 入口阀	102	V01C302	C302 前阀
77	V02P103	P103 出口阀	103	V02C302	C302 后阀
78	V01D301	D301 下料阀	104	V01E304	Q302 进口阀
79	V02D301	D301 下料旋转阀	105	V03X302	Q304 进口阀
80	V01H301	H301 下料阀	106	V01X301	X301 前阀
81	V02H301	H301 下料旋转阀	107	V02X301	X301 后阀
82	V01R301	R301 下料阀	108	V01X302	X302 前阀
83	V02R301	R301 下料旋转阀	109	V02X302	X302 后阀
84	V01E307	E307 下料阀	110	V01C303	C303 出口阀
85	V02E307	E307 下料旋转阀	111	V01X303	X303 前阀
86	V01D302	E307 下料阀	112	V02X303	X303 后阀
87	V01C304	C304 前阀	113	V01E308	E308 出口阀
88	V02C304	C304 后阀			

8.3.4.3 仪表列表

涉及的仪器请见表 8-5。

表 8-5 仪器列表

序号	位号	名称	正常值	单位	正常工况
1	FIC1001	乙二醇流量控制	4298.63	kg/h	投自动
2	FIC1002	催化剂流量控制	269.8	kg/h	投自动
3	FIC1003	对苯二甲酸流量控制	10792.10	kg/h	投串级
4	FIC1004	助剂流量控制	508.09	kg/h	投自动
5	FIC1005	T101 回流流量控制	2000	kg/h	投自动
6	FIC1006	炭黑调配溶液流量控制	125.77	kg/h	投自动
7	FIC1007	阻燃剂调配溶液流量控制	125.77	kg/h	投自动
8	FIC2001	R201 出料流量控制	12754	kg/h	投串级
9	FIC3001	C301 出口流量控制	3000	Nm^3/h	投自动
10	FIC3002	C302 出口流量控制	5200	Nm^3/h	投自动
11	FIC3003	C303 出口流量控制	3000	Nm^3/h	投自动
12	FIC3004	C304 出口流量控制	1340	Nm^3/h	投自动
13	FIC3005	C305 出口流量控制	42.8	Nm^3/h	投自动
14	LIC1001	R101 液位控制	87	%	投自动
15	LIC1002	R102 液位控制	73	%	投自动
16	LIC1003	D104 液位控制	50	%	投自动

续表

序号	位号	名称	正常值	单位	正常工况
17	LIC1004	T101 塔釜液位控制	55	%	投自动
18	LIC2001	R201 液位控制	34.14	%	投自动
19	LIC2002	R202 液位控制	57.40	%	投自动
20	LIC2003	R203 液位控制	36.5	%	投自动
21	LIC3001	J301 料位控制	46.6	%	投自动
22	LIC3002	H301 料位控制	62	%	投自动
23	LIC3003	R301 料位控制	62	%	投自动
24	LIC3004	E307 料位控制	60	%	投自动
25	TIC1001	R101 温度控制	260	℃	投自动
26	TIC1002	R102 温度控制	265	℃	投自动
27	TIC1003	T101 温度控制	180	℃	投自动
28	TIC2001	R201 温度控制	270	℃	投自动
29	TIC2002	R202 温度控制	273.5	℃	投自动
30	TIC2003	R203 温度控制	280	℃	投自动
31	PIC1001	R101 压力控制	60	kPa	投自动
32	PIC1002	R102 压力控制	16	kPa	投自动
33	PIC2001	R201 压力控制	11	kPa(绝)	投自动
34	PIC2002	R202 压力控制	1.3	kPa(绝)	投自动
35	PIC2003	R203 压力控制	135	Pa(绝)	投自动
36	FIC3001	C301 出口流量控制	3000	Nm^3/h	投自动
37	FIC3002	C302 出口流量控制	3000	Nm^3/h	投自动
38	FIC3003	C303 出口流量控制	3000	Nm^3/h	投自动
39	FIC3004	C306 出口流量控制	1340	Nm^3/h	投自动
40	FIC3005	C305 出口流量控制	42.80	Nm^3/h	投自动

8.3.5 控制规程

以下冷态开车和正常停车均按照常规聚酯工业丝生产步骤进行描述。

8.3.5.1 冷态开车

(1) 开工准备

① 打开 PV2001 及其前后阀 PV2001I 和 PV2001O，对 R201 进行抽真空操作；

② 手动调节 PV2001，当 PIC2001 压力接近 11kPa（绝压）后，将 PIC2001 设置为自动，设定值为 11kPa；

③ 打开 PV2002 及其前后阀 PV2002I 和 PV2002O，对 R202 进行抽真空操作；

④ 手动调节 PV2002，当 PIC2002 压力接近 1.3kPa（绝压）后，将 PIC2002 设置为自动，设定值为 1.3kPa；

⑤ 打开 PV2003 及其前后阀 PV2003I 和 PV2003O，对 R203 进行抽真空操作；

⑥ 手动调节 PV2003，当 PIC2003 压力接近 135Pa（绝压）后，将 PIC2003 设置为自动，设定值为 135Pa；

⑦ 点击浆料调配现场图聚酯设备升温按钮，使聚酯设备升温。

(2) 浆料配制工段

① 打开 P101A 前阀 V01P101A；

② 打开 P101A；

③ 打开 P101A 后阀 V02P101A；

④ 打开 P01B 前阀 P101B；

⑤ 打开 P101B；

⑥ 打开 P01B 后阀 V02P101B；

⑦ 打开乙二醇（EG）进料阀 FV1001 及其前后阀 FV1001I 和 FV1001O；

⑧ 手动控制 FIC1001 流量为 4298.63kg/h，当流量稳定后，将 FIC1001 设置为自动，设定值为 4298.63kg/h；

⑨ 打开对苯二甲酸（PTA）投料装置开关；

⑩ 手动控制 FIC1003 流量为 10792.1kg/h，当流量稳定后，将 FIC1003 设置为自动，设定值为 10792.1kg/h；

⑪ 打开催化剂进料阀 FV1002 及其前后阀 FV1002I 和 FV1002O；

⑫ 手动控制 FIC1002 流量在 269.8kg/h，当流量稳定后，将 FIC1002 设置为自动，设定值为 269.8kg/h；

⑬ 当 D103 液位 LI1001 大于 40％后，打开 P102A 前阀 V01P102A；

⑭ 打开 P102A；

⑮ 打开 P102A 后阀 V02P102A；

⑯ 确认打开 R101 进料阀后，打开 P02A。

（3）酯化工段

① 打开 R101 进料阀 LV1001 及其前后阀 LV1001I 和 LV1001O，开度 50％左右；

② 当 R101 液位 LIC1001 超过 20％后，打开 TV1001 及其前后阀 TV1001I 和 TV1001O，开度 50％左右；

③ 打开 D104 放空阀 V01D104；

④ 当 R101 压力 PIC1001 接近 60kPa 后，打开 PV1001，向 T101 进料；

⑤ 打开 E101 冷却水阀 V01E101，开度设置为 50％左右；

⑥ 手动控制 PIC1001，当压力基本稳定在 60kPa 时，将 PIC1001 设置为自动，设定值为 60kPa；

⑦ 当 D104 液位 LIC1003 超过 20％后，打开 P103A 前阀 V01P103A；

⑧ 打开 P103A；

⑨ 打开 P103A 后阀 V02P103A；

⑩ 打开 FV1005 及其前后阀 FV1005I 和 FV1005O；

⑪ 手动控制 FV1005 开度，当 FIC1005 流量稳定在 2000kg/h 时，将 FIC1005 设置为自动，设定值为 2000kg/h；

⑫ 当 D104 液位 LIC1003 接近 50％后，打开 LV1003 及其前后阀 LV1003I 和 LV1003O；

⑬ 手动控制 LIC1003，当稳定在 50％后，将 LIC1003 设置为自动，设定值为 50％；

⑭ 当 T101 开启回流后，打开 TV1003 及其前后阀 TV1003I 和 TV1003O，开度设置在 50％左右；

⑮ 当 T101 塔釜液位 LIC1004 接近 55％后，打开 LV1004 及其前后阀 LV1004I

和 LV1004O；

　　⑯ 手动控制 LIC1004，当液位稳定在 55％左右时，将 LIC1004 设置为自动，设定值为 50％；

　　⑰ 当 TIC1001 基本稳定在 260℃，将 TIC1001 设置为自动，设定值为 260℃；

　　⑱ 当 T101 塔釜温度 TIC1003 温度基本稳定在 180℃，将 TIC1003 设置为自动，设定值为 180℃；

　　⑲ 当 R101 液位 LIC1001 在 87％左右时，打开 R102 进料阀 LV1002 及其前后阀 LV1002I 和 LV1002O，开度设置 50％左右；

　　⑳ 打开助剂进料阀门 FV1004 及其前后阀 FV1004I 和 FV1004O，开度 50％左右；

　　㉑ 手动控制 FV1004 开度，当 FIC1004 流量稳定在 508.09kg/h 时，将 FIC1004 设置为自动，设定值为 508.09kg/h；

　　㉒ 当 R102 液位 LIC1002 超过 20％后，打开 TV1002 及其前后阀 TV1002I 和 TV1002O，开度 50％左右；

　　㉓ 当 R102 压力 PIC1002 接近 16kPa 后，打开 PV1002，向 T101 进料；

　　㉔ 手动控制 PIC1002，当压力基本稳定在 16kPa 时，将 PIC1002 设置为自动，设定值为 16kPa；

　　㉕ 当 R102 温度 TIC1002 基本稳定在 265℃，将 TIC1002 设置为自动，设定值为 265℃。

（4）预聚工段

　　① 当 R102 液位 LIC1002 在 73％左右时，打开 R201 进料阀 LV2001 及其前后阀 LV2001I 和 LV2001O，开度设置 50％左右；

　　② 当 R201 液位 LIC2001 超过 20％后，打开 TV2001 及其前后阀 TV2001I 和 TV2001O，开度 50％左右；

　　③ 当 R201 温度 TIC2001 基本稳定在 270℃，将 TIC2001 设置为自动，设定值为 270℃；

　　④ 当 R201 液位 LIC2001 在 34％左右时，打开 R202 进料阀 LV2002 及其前后阀 LV2002I 和 LV2002O，开度设置 50％左右；

　　⑤ 当 R202 液位 LIC2002 超过 20％后，打开 TV2002 及其前后阀 TV2002I 和 TV2002O，开度 50％左右；

　　⑥ 当 R202 温度 TIC2002 基本稳定在 273.5℃，将 TIC2002 设置为自动，设定值为 273.5℃。

（5）终聚切粒工段

　　① 打开 R203 进料阀 LV2003 及其前后阀 LV2003I 和 LV2003O，开度设置 50％左右；

　　② 当 R202 液位 LIC2002 在 57.5％左右时，打开熔体泵 P201A 开关；

　　③ 当 R203 液位 LIC2003 超过 20％后，打开 TV2003 及其前后阀 TV2003I 和 TV2003O，开度 50％左右；

　　④ 当 R203 温度 TIC2003 基本稳定在 280℃，将 TIC2003 设置为自动，设定值为 280℃；

⑤ 打开切粒机进料阀 FV2001 及其前后阀 FV2001I 和 FV2001O；

⑥ 当 R203 液位 LIC2003 在 36.5％左右时，打开熔体泵 P202 开关；

⑦ 手动控制 FV2001，当 FIC2001 流量稳定在 12754kg/h 左右时，将 FIC2001 设置为自动，设定值为 12754kg/h；

⑧ 打开切粒机 Q201 开关；

⑨ 打开干燥器 E201 开关；

⑩ 打开振动筛 Z201 开关，将物料暂时存储在 D201 中。

（6）调整至正常

① 当 R101 液位 LIC1001 基本稳定后，将 LIC1001 设置为自动；

② 当 R102 液位 LIC1002 基本稳定后，将 LIC1002 设置为自动；

③ 当 R201 液位 LIC2001 基本稳定后，将 LIC2001 设置为自动；

④ 当 R202 液位 LIC2002 基本稳定后，将 LIC2002 设置为自动；

⑤ 当 R203 液位 LIC2003 基本稳定后，将 LIC2003 设置为自动；

⑥ LIC1001 液位维持在 87％左右；

⑦ LIC1002 液位维持在 73％左右；

⑧ LIC1003 液位维持在 50％左右；

⑨ LIC1004 液位维持在 55％左右；

⑩ LIC2001 液位维持在 34％左右；

⑪ LIC2002 液位维持在 57.5％左右；

⑫ LIC2003 液位维持在 36.5％左右；

⑬ TIC1001 温度维持在 260℃左右；

⑭ TIC1002 温度维持在 265℃左右；

⑮ TIC1003 温度维持在 180℃左右；

⑯ TIC2001 温度维持在 270℃左右；

⑰ TIC2002 温度维持在 273.5℃左右；

⑱ TIC2003 温度维持在 280℃左右；

⑲ FIC1001 流量维持在 4298.63kg/h 左右；

⑳ FIC1002 流量维持在 269.8kg/h 左右；

㉑ FIC1003 流量维持在 10792.1kg/h 左右；

㉒ FIC1004 流量维持在 508.09kg/h 左右；

㉓ FIC1005 流量维持在 2000kg/h 左右；

㉔ FIC2001 流量维持在 12577.1kg/h 左右；

㉕ PIC1001 压力维持在 60kPa 左右；

㉖ PIC1002 压力维持在 16kPa 左右；

㉗ PIC2001 压力（绝压）维持在 11kPa 左右；

㉘ PIC2002 压力（绝压）维持在 1.3kPa 左右；

㉙ PIC2003 压力（绝压）维持在 135Pa 左右。

（7）固相缩聚反应工段氮气循环升温

① 打开气体催化精制设备 Q301 开关；

② 打开气体洗涤精制设备 Q302 开关;

③ 打开气体干燥器 Q303 开关;

④ 打开气体催化精制设备 Q304 开关;

⑤ 打开反应工段气体除尘器 X304 前阀 V01X304;

⑥ 打开反应工段气体除尘器 X304 后阀 V02X304;

⑦ 打开反应工段气体加热器 E306 出口阀 V01E306;

⑧ 打开气体洗涤精制设备 Q302 出口阀 V01Q302;

⑨ 打开开工氮气压缩机 C304 出口流量控制阀 FV3005,开度设置为 50%;

⑩ 打开开工氮气压缩机 C304 后阀 V02C304;

⑪ 打开开工氮气压缩机 C304 前阀 V01C304;

⑫ 打开开工氮气压缩机 C304 开关;

⑬ 当 FIC3005 流量接近 $10000Nm^3/h$ 后,将 FIC3005 设置为自动,设定值为 $10000Nm^3/h$;

⑭ 打开阀门 V04R301,准备打通反应工段氮气循环系统;

⑮ 打开反应工段压缩机 C306 出口流量控制阀 FV3004,开度设置为 50%;

⑯ 打开反应工段压缩机 C306 后阀 V02C306;

⑰ 打开反应工段压缩机 C306 前阀 V01C306;

⑱ 打开反应工段压缩机 C306 开关;

⑲ 当 FIC3004 流量接近 $1340Nm^3/h$ 后,将 FIC3004 设置为自动,设定值为 $1340Nm^3/h$;

⑳ 打开反应工段气体加热器 E306 加热开关;

㉑ 将反应工段气体加热器 E306 温度设置为 50℃;

㉒ 打开放空阀 V01Q303,排放管道内的空气;

㉓ 打开 R301 旋转给料阀 V02R301,转速设置为 12r/min(即将 LIC3003 开度设置为 50%);

㉔ 打开 E307 旋转给料阀 V03E307,转速设置为 10.7r/min(即将 LIC3004 开度设置为 50%)。

(8) 固相缩聚预热工段氮气循环升温

① 打开阀门 V03R301,准备打通预热工段氮气循环系统;

② 打开预热工段气体除尘器 X302 前阀 V01X302;

③ 打开预热工段气体除尘器 X302 后阀 V02X302;

④ 打开预热工段压缩机 C302 出口流量控制阀 FV3002,开度设置为 50%;

⑤ 打开预热工段压缩机 C302 后阀 V02C302;

⑥ 打开预热工段压缩机 C302 前阀 V01C302;

⑦ 打开预热工段压缩机 C302 开关;

⑧ 当 FIC3002 流量接近 $5200Nm^3/h$ 后,将 FIC3002 设置为自动,设定值为 $5200Nm^3/h$;

⑨ 打开预热工段去气体催化精制设备阀门 V03X302;

⑩ 打开预热工段气体加热器 E305;

⑪ 将预热工段气体加热器 E305 温度设置为 215.8℃;

⑫ 将预热工段气体加热器 E301 温度设置为 213.5℃;

⑬ 将预热工段气体加热器 E302 温度设置为 213.5℃；

⑭ 将预热工段气体加热器 E303 温度设置为 211.9℃；

⑮ 打开 H301 旋转给料阀 V02H301，转速设置为 12r/min（即将 LIC3002 开度设置为 50%）。

（9）固相缩聚结晶工段氮气循环升温

① 打开阀门 V05R301，准备打通结晶器氮气循环系统；

② 打开结晶工段气体除尘器 X301 前阀 V01X301；

③ 打开结晶工段气体除尘器 X301 后阀 V02X301；

④ 打开结晶工段压缩机 C301 出口流量控制阀 FV3001，开度设置为 50%；

⑤ 打开结晶工段压缩机 C301 后阀 V02C301；

⑥ 打开结晶工段压缩机 C301 前阀 V01C301；

⑦ 打开结晶工段压缩机 C301 开关；

⑧ 当 FIC3001 流量接近 3000Nm³/h 后，将 FIC3001 设置为自动，设定值为 3000Nm³/h；

⑨ 打开结晶工段去气体洗涤精制工段阀门 V01E304；

⑩ 打开结晶工段气体加热器 E304 开关；

⑪ 将结晶工段气体加热器 E304 温度设置为 178.2℃；

⑫ 氮气循环一定时间后，关闭放空阀 V01Q303；

⑬ 打开 D301 旋转给料阀 V02D301，转速设置为 11.3r/min（即将 LIC3001 开度设置为 50%）。

（10）固相缩聚冷却工段气相循环升温

① 打开冷却工段气体加热器 E308 出口阀 V01E308；

② 打开冷却工段风机 C303 出口流量控制阀 FV3003，开度设置在 50%；

③ 打开冷却工段风机 C303 出口阀 V01C303；

④ 打开冷却工段风机 C303 开关；

⑤ 当 FIC3003 流量接近 3000Nm³/h 后，将 FIC3003 设置为自动，设定值为 3000Nm³/h；

⑥ 打开冷却工段气体除尘器 X303 前阀 V01X303；

⑦ 打开冷却工段气体除尘器 X303 后阀 V02X303；

⑧ 打开冷却工段气体加热器 E308；

⑨ 将冷却工段气体加热器 E308 温度设置为 50.3℃；

⑩ 打开补充氮气压缩机 C305 出口流量控制阀 FV3006，开度设置为 50%；

⑪ 打开补充氮气压缩机 C305 后阀 V02C305；

⑫ 打开补充氮气压缩机 C305 前阀 V01C305；

⑬ 打开补充氮气压缩机 C305 开关；

⑭ 当 FIC3006 流量接近 42.8Nm³/h 后，将 FIC3006 设置为自动，设定值为 42.8Nm³/h；

⑮ 将 FIC3005 设置为手动；

⑯ 关闭开工氮气压缩机 C304 开关；

⑰ 关闭开工氮气压缩机 C304 后阀 V02C304；

⑱ 关闭开工氮气压缩机 C304 前阀 V01C304；

⑲ 将 FIC3005 开度设置为 0。

（11）**固相缩聚系统进料**

① 打开阀门 V01D301 向 J301 进料；

② 当 J301 料位 LIC3001 接近 46.6% 左右时，打开阀门 V01H301 向 H301 进料；

③ 当 H301 料位 LIC3002 接近 62% 左右时，打开阀门 V01R301 向 R301 进料；

④ 当 R301 料位 LIC3003 超过 20% 后，打开 TV3001 及其前后阀 TV3001I 和 TV3001O，开度 50% 左右；

⑤ 当 TIC3001 基本稳定在 261℃，将 TIC3001 设置为自动，设定值为 261℃；

⑥ 当 R301 料位 LIC3003 接近 62% 左右时，打开阀门 V01E307 向 E307 进料；

⑦ 当 E307 料位 LIC3004 接近 60% 左右时，打开阀门 V01D302 向 D302 进料，开度设置为 50%；

⑧ 当 LIC3001 基本稳定在 46.6% 左右时，将 LIC3001 设置为自动；

⑨ 当 LIC3002 基本稳定在 62% 左右时，将 LIC3002 设置为自动；

⑩ 当 LIC3003 基本稳定在 62% 左右时，将 LIC3003 设置为自动；

⑪ 当 LIC3004 基本稳定在 60% 左右时，将 LIC3004 设置为自动。

（12）**固相缩聚系统参数**

① FIC3001 基本稳定在 3000Nm^3/h；

② FIC3002 基本稳定在 5200Nm^3/h；

③ FIC3003 基本稳定在 3000Nm^3/h；

④ FIC3004 基本稳定在 1340Nm^3/h；

⑤ FIC3005 基本稳定在 42.8Nm^3/h；

⑥ LIC3001 料位维持在 46.6% 左右；

⑦ LIC3002 料位维持在 62% 左右；

⑧ LIC3003 料位维持在 62% 左右；

⑨ LIC3004 料位维持在 60% 左右；

⑩ E301 温度 TI3003 基本稳定在 213.5℃；

⑪ E302 温度 TI3004 基本稳定在 213.5℃；

⑫ E303 温度 TI3005 基本稳定在 211.9℃；

⑬ R301 温度 TI3008 基本稳定在 213.5℃。

（13）**纺丝拉伸卷绕工段**

① 打开螺杆加热开关；

② 设置螺杆一区加热温度为 298℃；

③ 设置螺杆二区加热温度为 302℃；

④ 设置螺杆三区加热温度为 299.8℃；

⑤ 设置螺杆四区加热温度为 295.1℃；

⑥ 设置螺杆五区加热温度为 291.8℃；

⑦ 设置螺杆六区加热温度为 295.1℃；

⑧ 设置纺丝箱体温度为 291℃；

⑨ 打开卷绕机开关；

⑩ 设置第一罗拉温度为 92℃；

⑪ 设置第二罗拉温度为 125℃；

⑫ 设置第三罗拉温度为 120℃；

⑬ 设置第四罗拉温度为 225℃；

⑭ 当系统温度升至正常后，打开螺杆电机开关；

⑮ 打开 P401；

⑯ 设置 P401 泵供量为 400.8g/min；

⑰ 设置侧吹风风速为 0.5m/s；

⑱ 设置第一罗拉速度为 474m/min；

⑲ 设置第二罗拉速度为 489m/min；

⑳ 设置第三罗拉速度为 1540m/min；

㉑ 设置第四罗拉速度为 2875m/min；

㉒ 设置第五罗拉速度为 3000m/min；

㉓ 设置卷绕机卷绕速度为 3000m/min。

8.3.5.2 正常停车

(1) 浆料配制工段停车

① FIC1001 设置为手动，关闭 FV1001 及其前后阀 FV1001I 和 FV1001O，停止 EG 进料；

② 关闭 P101A 后阀 V02P101A；

③ 关闭 P101A；

④ 关闭 P101A 前阀 V01P101A；

⑤ FIC1002 设置为手动，关闭 FV1002 及其前后阀 FV1002I 和 FV1002O，停止催化剂进料；

⑥ FIC1003 设置为手动，FIC1003 开度设置为 0，停止 PTA 进料；

⑦ 关闭 PTA 投料装置；

⑧ 关闭 P102A 后阀 V02P102A；

⑨ 关闭 P102A；

⑩ 关闭 P102A 前阀 V01P102A。

(2) 酯化工段停车

① LIC1001 设置为手动，关闭 LV1001 及其前后阀 LV1001I 和 LV1001O，停止向 R101 进料；

② 将 TIC1001 设置为手动，逐步关小 R101 热媒流量，手动维持 R101 温度在 260℃；

③ 当 R101 液位低于 5%后，关闭 TV1001 及其前后阀 TV1001I 和 TV1001O；

④ TIC1003 设置为手动，关闭 TV1003 及其前后阀 TV1003I 和 TV1003O，T101 停止加热；

⑤ 当 R101 液位降至 0 后，LIC1002 设置为手动，关闭 LV1002 及其前后阀 LV1002I 和 LV1002O，停止向 R102 进料；

⑥ FIC1004 设置为手动，关闭 FV1004 及其前后阀 FV1004I 和 FV1004O，停止助剂进料；

⑦ 将 TIC1002 设置为手动，逐步关小 R102 热媒流量，手动维持 R102 温度在 265℃；

⑧ 当 R102 液位低于 5%后，关闭 TV1002 及其前后阀 TV1002I 和 TV1002O；

⑨ 当 R102 液位低于 5%后，关闭 TV1002 及其前后阀 TV1002I 和 TV1002O；

⑩ 当 R102 液位降为 0 后，将 PIC1002 改为手动控制，手动控制 PV1002 开度，当 R102 降至常压后，关闭 PV1002；

⑪ 将 PIC1001 改为手动控制，手动控制 PV1001 开度，当 R101 降至常压后，关闭 PV1001；

⑫ LIC1003 设置为手动，关闭 LV1003 及其前后阀 LV1003I 和 LV1003O，停止 D104 出料；

⑬ FIC1005 设置为手动，增大 FV1005 开度，将 D104 物料全部打入 T101 中；

⑭ 当 D104 液位降为 0 后，关闭 FV1005 及其前后阀 FV1005I 和 FV1005O；

⑮ 关闭 P103A 后阀 V02P103A；

⑯ 关闭 P103A；

⑰ 关闭 P103A 前阀 V01P103A；

⑱ 关闭冷却水进水阀 V01E101；

⑲ 关闭 D104 放空阀 V01D104；

⑳ 将 LIC1004 设置为手动，手动控制 LV1004，将 T101 液位排空；

㉑ 当 T101 液位降为 0 后，关闭 LV1004 及其前后阀 FV1004I 和 FV1004O。

(3) 预聚工段停车

① 当 R102 液位降至 0 后，LIC2001 设置为手动，关闭 LV2001 及其前后阀 LV2001I 和 LV2001O，停止向 R201 进料；

② 将 TIC2001 设置为手动，逐步关小 R201 热媒流量，手动维持 R201 温度在 270℃左右；

③ 当 R201 液位低于 5％后，关闭 TV2001 及其前后阀 TV2001I 和 TV2001O；

④ 当 R201 液位降至 0 后，将 PIC2001 改为手动控制，关闭 PV2001 及其前后阀 PV2001I 和 PV2001O；

⑤ 打开 V01R201 放空阀，使 R201 压力恢复至常压；

⑥ 当 R201 压力恢复至常压后，关闭 V01R201；

⑦ LIC2002 设置为手动，关闭 LV2002 及其前后阀 LV2002I 和 LV2002O，停止向 R202 进料；

⑧ 将 TIC2002 设置为手动，逐步关小 R202 热媒流量，手动维持 R202 温度在 273.5℃左右；

⑨ 当 R202 液位低于 5％后，关闭 TV2002 及其前后阀 TV2002I 和 TV2002O；

⑩ 当 R202 液位降至 0 后，将 PIC2002 改为手动控制，关闭 PV2002 及其前后阀 PV2002I 和 PV2002O；

⑪ 打开 V01R202 放空阀，使 R202 压力恢复至常压；

⑫ 当 R202 压力恢复至常压后，关闭 V01R202。

(4) 终聚切粒工段停车

① R202 液位降至 0 后，关闭 P201A；

② LIC2003 设置为手动，关闭 LV2003 及其前后阀 LV2003I 和 LV2003O，停止向 R203 进料；

③ 将 TIC2003 设置为手动，逐步关小 R203 热媒流量，手动维持 R203 温度在 280℃

左右；

④ 当 R203 液位低于 5％后，关闭 TV2003 及其前后阀 TV2003I 和 TV2003O；

⑤ 当 R203 液位降至 0 后，将 PIC2003 改为手动控制，关闭 PV2003 及其前后阀 PV2003I 和 PV2003O；

⑥ 打开 V01R203 放空阀，使 R203 压力恢复至常压；

⑦ 当 R203 压力恢复至常压后，关闭 V01R203；

⑧ 关闭 P202；

⑨ FIC2001 设置为手动，关闭 FV2001 及其前后阀 FV2001I 和 FV2002O；

⑩ 关闭切粒机开关；

⑪ 关闭冷却吹风装置开关。

(5) 固相缩聚系统停止进料

① LIC3001 设置为手动，并关闭 D301 旋转给料阀 V02D301（即 LIC3001 开度设置为 0）；

② 关闭阀门 V01D301，停止向 J301 进料；

③ 当结晶器 J301 料位 LIC3001 降为 0 后，将 LIC3002 设置为手动，并关闭 H301 旋转给料阀 V02H301（即 LIC3002 开度设置为 0）；

④ 关闭阀门 V01H301，停止向 H301 进料；

⑤ 将 TIC3001 设置为手动，随着 R301 进料量减少，逐步关小 R301 热媒流量，手动维持 R301 温度在 216℃左右；

⑥ 当预热器 H301 液位 LIC3002 降为 0 后，将 LIC3003 设置为手动，并关闭 R301 旋转给料阀 V02R301（即 LIC3003 开度设置为 0）；

⑦ 关闭阀门 V01R301，停止向 R301 进料；

⑧ 当固相缩聚反应器 R301 料位低于 5％后，关闭 TV3001 及其前后阀 TV3001I 和 TV3001O；

⑨ 当固相缩聚反应器 R301 液位 LIC3003 降为 0 后，将 LIC3004 设置为手动，并关闭 E307 旋转给料阀 V02E307（即 LIC3004 开度设置为 0）；

⑩ 关闭阀门 V01E307，停止向 E307 进料；

⑪ 当冷却器 E307 液位 LIC3004 降为 0 后，关闭阀门 V01D302。

(6) 停止固相缩聚冷却器气相循环

① 关闭冷却工段气体加热器 E308；

② FIC3003 设置为手动；

③ 关闭冷却工段风机 C303 开关；

④ 关闭冷却工段风机 C303 出口阀 V01C303；

⑤ 关闭冷却工段气体加热器 E308 出口阀 V01E308；

⑥ 将 FIC3003 开度设置为 0；

⑦ 关闭冷却工段气体除尘器 X303 前阀 V01X303；

⑧ 关闭冷却工段气体除尘器 X303 后阀 V02X303。

(7) 停止固相缩聚结晶器氮气循环

① 关闭结晶工段气体加热器 E304；

② FIC3001 设置为手动；

③ 关闭结晶工段压缩机 C301；

④ 关闭结晶工段压缩机 C301 后阀 V02C301；

⑤ 关闭结晶工段压缩机 C301 前阀 V01C301；

⑥ 将 FIC3001 开度设置为 0；

⑦ 关闭结晶工段去气体洗涤精制工段阀门 V01E304；

⑧ 关闭结晶工段气体除尘器 X301 前阀 V01X301；

⑨ 关闭结晶工段气体除尘器 X301 后阀 V02X301；

⑩ 关闭阀门 V05R301。

(8) 停止固相缩聚预热器氮气循环

① 关闭预热工段气体加热器 E305；

② 将预热工段气体加热器 E301 温度设置为 25℃；

③ 将预热工段气体加热器 E302 温度设置为 25℃；

④ 将预热工段气体加热器 E303 温度设置为 25℃；

⑤ 将 FIC3002 设置为手动；

⑥ 关闭预热工段压缩机 C302 开关；

⑦ 关闭预热工段压缩机 C302 后阀 V02C302；

⑧ 关闭预热工段压缩机 C302 前阀 V01C302；

⑨ 将 FIC3002 开度设置为 0；

⑩ 关闭预热工段去气体催化精制设备阀门 V03X302；

⑪ 关闭预热工段气体除尘器 X302 前阀 V01X302；

⑫ 关闭预热工段气体除尘器 X302 后阀 V02X302；

⑬ 关闭阀门 V03R301，关闭预热工段氮气循环系统。

(9) 停止固相缩聚反应器氮气循环

① 关闭预热工段气体加热器 E306；

② 将反应工段气体加热器 E306 温度设置为 25℃；

③ 将 FIC3004 设置为手动；

④ 将 FIC3005 设置为手动；

⑤ 关闭补充氮气压缩机 C305 开关；

⑥ 关闭反应工段压缩机 C306 开关；

⑦ 关闭补充氮气压缩机 C305 后阀 V02C305；

⑧ 关闭补充氮气压缩机 C305 前阀 V01C305；

⑨ 关闭反应工段压缩机 C306 后阀 V02C306；

⑩ 关闭反应工段压缩机 C306 前阀 V01C306；

⑪ 将 FIC3004 开度设置为 0；

⑫ 将 FIC3005 开度设置为 0；

⑬ 关闭阀门 V04R301，关闭反应工段氮气循环系统；

⑭ 关闭反应工段气体除尘器 X304 前阀 V01X304；

⑮ 关闭反应工段气体除尘器 X304 后阀 V02X304；

⑯ 关闭反应工段气体加热器 E306 出口阀 V01E306；

⑰ 关闭气体洗涤精制设备 Q302 出口阀 V01Q302；

⑱ 关闭 Q301 气体催化精制设备开关；

⑲ 关闭 Q302 气体洗涤精制设备开关；

⑳ 关闭 Q303 气体干燥器开关；

㉑ 关闭 Q304 气体催化精制设备开关。

（10）停止固相缩聚反应器氮气循环

① 关闭螺杆电机开关；

② 关闭 P401；

③ 设置第一罗拉速度为 0；

④ 设置第二罗拉速度为 0；

⑤ 设置第三罗拉速度为 0；

⑥ 设置第四罗拉速度为 0；

⑦ 设置第五罗拉速度为 0；

⑧ 设置卷绕机卷绕速度为 0；

⑨ 设置侧吹风风速为 0；

⑩ 设置纺丝箱体温度为 25℃；

⑪ 关闭卷绕机开关；

⑫ 关闭螺杆加热开关。

8.3.6　纺丝仿真画面

纺丝仿真画面请见图 8-30～图 8-33。

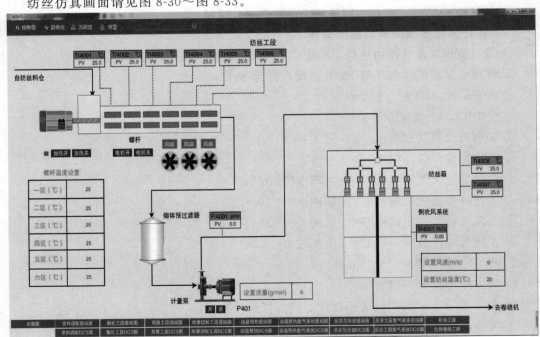

图 8-30　纺丝工段

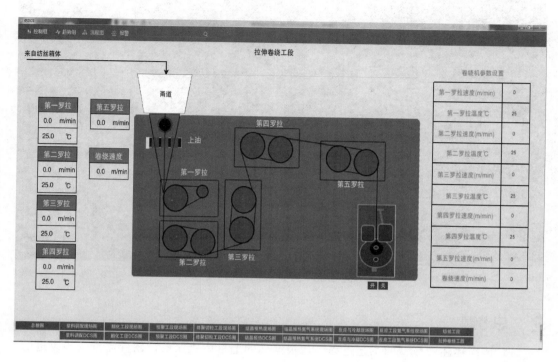

图 8-31 拉伸卷绕工段

图 8-32 纺丝车间场景

图 8-33　拉伸卷绕车间场景

 思考题 ....

（1）请简述注塑成型的工艺过程。请根据你的上机体验谈谈该软件需进一步改进的内容，并说明理由。

（2）请简述聚酯熔融纺丝的工艺过程。请根据你的上机体验谈谈该软件需进一步改进的内容，并说明理由。

第9章

高分子材料生产企业车间布置设计基础知识

　　企业在考虑经济、技术、原料的来源及纯度、公用工程中的水源及电力、环境保护、安全生产、国家相关政策、法规等因素的基础上确立合理的工艺流程。学生在实习过程中应注意观察企业的工艺流程，学习优点，指出亟待改进之处。同时注意企业根据工艺流程进行车间布置的情况，能够根据高分子材料生产企业车间布置设计的基础知识分析其合理性及需改善之处。以下主要介绍车间布置设计的相关基础知识。

　　车间布置设计包括完成厂房布置、设备布置并绘制车间布置图。目的是对厂房的平立面结构、内部要求、生产设备、电气仪表设施等按生产流程的要求，在空间上进行组合、布置，使布局既满足生产工艺、操作、维修、安装等要求，又经济实用，整齐美观。

　　通常，车间布置主要是设备的布置。工艺人员首先确定设备布置的初步方案，对厂房建筑的大小、平立面结构、跨度、层次、门窗、楼梯等以及与生产操作、设备安装有关的平台、预留孔等向土建提出设计要求，待厂房设计完成后，工艺人员再根据厂房的建筑图，对设备布置进行修改和补充。最终的设备布置图就可作为设备安装和管道安装的依据。

9.1 概述

9.1.1 车间布置设计总原则

　　车间布置设计要保证生产流程顺畅、简洁、紧凑，尽量缩短物料的运输距离，充分考虑设备操作、维护和施工、安装及其他专业对布置的要求，总原则如下。

　　（1）要满足生产和运输的要求

　　① 符合生产工艺流程的要求，避免生产流程的交叉往复，使物料的输送距离尽可能做到最短；

　　② 供水、供热、供电、供气、供汽及其他公用设施尽可能靠近负荷中心，使公用工程介质的运输距离最小；

③ 厂区内的道路径直、短捷，人流与货流之间避免交叉和迂回。货运批大，车辆往返频繁的设施宜靠近厂区边缘地段；

④ 厂区布置应整齐、环境优美、布置紧凑、用地节约。

（2）要满足安全和卫生要求

① 高分子工厂生产涉及易燃、易爆和有毒有害物质，厂区布置应严格遵守防火、卫生等安全规范、标准和有关规定。

② 火灾危险性较大的车间与其他车间的距离应按规定的安全距离设计。

③ 经常散发可燃气体的场所，应远离各类明火。

④ 火灾、爆炸危险性较大和散发有毒气体的车间、装置，应尽量采用露天或半敞开的布置。

⑤ 环境洁净要求较高的工厂应与污染源保持较大的距离。

（3）要满足有关的标准和规范

总平面布置图和车间布置的设计应满足有关的标准和规范。目前常用的设计规范有：

《建筑防火通用规范》（GB 55037—2022）

《建筑设计防火规范（2018 年版）》（GB 50016—2014）

《石油化工企业设计防火标准（2018 年版）》（GB 50160—2008）

《工业企业总平面设计规范》（GB 50187—2012）

《化工企业总图运输设计规范》（GB 50489—2009）

《厂矿道路设计规范》（GBJ 22—1987）

《化工企业安全卫生设计规范》（HG 20571—2014）

《工业企业厂界环境噪声排放标准》（GB 12348—2008）

《爆炸危险环境电力装置设计规范》（GB 50058—2014）

《以噪声污染为主的工业企业卫生防护距离标准》（GB/T 18083—2000）

《绿色建筑评价标准》（GB/T 50378—2019）

《工业建筑节能设计统一标准》（GB 51245—2017）

（4）要为施工安装创造条件

工厂布置应满足施工和安装的作业要求，特别是应考虑大型设备的吊装，厂内道路的路面结构和载荷标准等应满足施工安装的要求。

（5）要考虑工厂的发展和厂房的扩建

为适应市场的激烈竞争，工厂布置应为工厂的发展留有余地。

（6）要考虑竖向布置要求

竖向布置的任务是确定建构筑物的标高，以合理地利用厂区的自然地形，使工程建设中土方工程量减少，并满足生产工艺布置和运输、装卸对高度的要求。

竖向布置应考虑的问题如下。

1）布置方式

根据工厂场地设计的各个平面之间连接或过渡方法的不同，竖向布置的方式可分为平坡式、阶梯式和混合式三种。

① 平坡式。整个厂区设计各平面之间的连接处的标高没有急剧变化或标高变化不大的竖向处理方式为平坡式。这种布置生产运输和管网敷设的条件比阶梯式好，适应于建筑

密度较大，铁路、道路和管线较多，自然地形坡度小于 4% 的平坦地区或缓坡地带。为利于场地的排水，采用平坡式布置时，平整后的坡度不宜小于 5%。

② 阶梯式。整个工程场地划分为若干个台阶，台阶间连接处标高变化大或急剧变化，以陡坡或挡土墙相连接的布控方式称为阶梯式布置。这种布置方式排水条件较好，运输和管网敷设条件较差，需要护坡或挡土墙，适用于在山区、丘陵地带。

③ 混合式。在厂区竖向设计中，平坡式和阶梯式均兼有的设计方法被称为混合式。这种方式多用于厂区面积比较大或厂区局部地形变化较大的工程场地设计中，在实际工作中往往多采用这种方法。

2）标高的确定

确定车间、道路标高，以适应交通运输和排水的要求。如机动区的道路，考虑到电瓶车的通行，道路坡度不超过 4%，局部不超过 6%。

3）场地排水

场地排水需满足：厂外洪水不能冲淹厂区，厂内地面水能顺利排出厂外。

① 防洪、排洪问题。在山区建厂时，需防山洪。一般在洪水袭来的方向设置排洪沟，引导洪水顺利排出厂外。

在平原地带沿河建厂，要根据河流历年最高洪水水位来确定场地标高，一般重要建构筑物的地面要高出最高洪水水位，可采用填高或筑堤防洪。

沿海边厂区场地，由于积水含有盐碱，不能流入堤内污染水源，故采取抽排堤外的方法。

② 厂区场地有明沟排水与暗管排水两种方式，可根据地形、地质、竖向布置方式等因素进行选择。

（7）管线布置

工程技术管网的布置、敷设方式等影响工厂的总平面布置、竖向布置和工厂建筑群体以及运输设计。合理布置管线能节约能耗降低投资。管线布置的具体要求如下。

① 管线采用平直敷设，与道路、建筑、管线之间互相平行或成直角交叉。

② 管线布置应满足线路最短，直线敷设，尽量减少与道路交叉及管线间的交叉。

③ 为了减少管线占地，应利用各种管线的不同埋设深度，由建构筑物基础外缘至道路中心，由浅入深地依次布置。通常按以下顺序布置：弱电电缆、电力电缆、管沟（架）、给水管、循环水管、雨水管、污水管、照明电杆（缆）。

④ 地下管道不宜重叠敷设，在改、扩建工程中，特殊困难情况下，可考虑布置短距离重叠管道，将检修多的、埋设浅的、管径小的敷设在上面。

⑤ 布置管线应尽量避开填土较深和土质不良的地段；遇到较高丘陵横隔两边平地时，铺管可采用顶管法以避免大量挖方；在沿山坡布置管线时，要注意边坡的稳定，防止被冲刷；管线不允许布置在铁路路基下面，但在道路外侧可以布置。

⑥ 架空管路尽可能共架（或共杆）布置。架空管线跨越铁路、公路时，应离路面有足够的垂直间距，不影响交通、运输和人行。引入厂内的高压架空线路，应尽可能沿厂区边缘布置并尽量减少其长度。

⑦ 主管应靠近主要设备单元，并应尽量布置在连接支管最多的一边。

⑧ 易燃、可燃液体及可燃气体管道不得穿越可燃材料的结构和可燃、易燃材料堆场。

⑨ 考虑企业的发展，预留必要的管线位置。

⑩ 管线交叉时的避让原则是：临时管让永久管；小管让大管；易弯曲的让难弯曲的；压力管让自流管；新管让旧管等。

此外，管线敷设应该满足各有关规范、规程、规定的要求。

(8) 绿化

合理绿化有利于保护工厂及周边环境，净化空气。工厂绿化设计与平面布置应同时考虑。工厂绿化设计采用"厂区绿化覆盖面积系数"及"厂区绿化用地系数"两项指标，前者是反映厂区绿化水平，后者则反映厂区绿化用地系数情况。需要注意，化学合成企业中丁二烯、丙烯腈等容易发生自聚，自聚物在无火源情况下也可能爆炸，因此，这类企业的原料、储罐区、装卸区和生产装置区一般不绿化，不宜种植藤蔓和茂密的灌木，但在控制室附近可以铺设草坪。

9.1.2 车间布置设计的依据

进行布置设计时必须对车间内外的全部情况进行了解，除了要掌握设计规范和规定外，一般掌握以下的内容。

(1) 工艺流程

为保证生产的顺利进行，布置设计前要熟悉生产工艺的主要流程及辅助流程。以便布置设计时满足工艺生产的要求。

(2) 物料衡算数据及物料性质

物料流动及数量。包括各生产工序的原料、半成品、成品、回收料的物料衡算数据、物料特性、存放要求及运输情况，以及三废的数据及处理方法。作为布置设计时确定有关辅助用房的大小、位置及通道的依据。

(3) 设备一览表

包括车间内的各种设备和设施的种类、台数、尺寸、质量、支撑形式及保温情况和设备安装、检修要求及操作情况。以便在布置设计时考虑到设备之间及各生产线之间的间距。

(4) 公用系统

了解各个工序中水、电、气等公用系统耗用量情况，厂区的供排水、供电、供热、冷冻、压缩空气、外管等资料。掌握最大耗量部门，以便在车间布置时使各公用工程部门尽可能地接近负荷中心。

了解生产设备及公用工程对厂房的要求，以便安排合适的位置。如，变配电室要求干燥，不宜设置在潮湿处；分析测试、仪表控制等要求环境洁净、安静，应尽量不与空调室、水泵房等产生振动或发出噪声的部门排布在一起。

(5) 车间定员表

除技术人员、管理人员、车间化验人员、岗位操作人员外，还包括最大班人数和男女比例的资料。

(6) 厂区总平面布置图

包括本车间同其他生产车间、辅助车间、生活设施的相互联系，厂内人流、物流的情况与数据。

因为外部条件控制着车间布置，所以必须明确本车间在厂区总平面图中所占的位置、周边设施情况。如锅炉房、水厂、电站等的具体方位，铁路及公路交通线路走向，人流、货流运输线路等情况。通常在车间布置时，热力站尽量安排在距负荷中心和锅炉房都较近的一侧。水泵房、配电室等也是如此。中间库房安排在既靠近生产操作岗位，交通又方便的地方。

(7) 车间位置条件

包括车间所在地的气象、地质、水文等条件，如地下水流向、地质结构等。车间所在位置的地形开阔程度，以便厂房的平面与立面布置。若地形开阔，则回旋余地大，布置灵活；若地形狭窄，则在平面范围内的布置受限，可适当增加楼层，或调整附房在车间、在平面中的比例，以满足生产需要。

(8) 其他要求

包括生产各处对采光及温度要求，以便考虑门、窗的位置。

9.1.3 车间布置设计的内容

(1) 车间的基本组成

一般的生产车间应包括以下部分。

① 生产设施。包括生产工段，原材料、中间产品及成品仓库或堆料场、控制室等。

② 生产辅助设施。包括动力室（压缩空气、真空等），变电和配电室，采暖、通风、除尘用室，机修、保全用室，化验用室等。

③ 生活行政设施。包括车间办公室、值班室、工人休息室、更衣室、浴室、卫生间等。

④ 其他特殊用室。如医疗保健用室、餐室、哺乳用室、劳动保护用室等。

(2) 各设计阶段车间布置设计的主要任务

车间设备布置是确定各个设备在车间平面与立面上的位置；确定场地与建筑物、构筑物的尺寸；确定管道、电气仪表管线、采暖通风管道的走向和位置。根据设计的阶段其设计内容略有不同。

具体而言，主要包括以下两个阶段。

1）初步设计阶段

根据工艺流程草图、设备一览表、物料贮料运输、生产辅助及生活行政等要求，结合布置规范及总图设计资料等，进行初步设计。设计的主要任务如下。

① 确定生产、生产辅助和生活行政设施的空间布置。

② 确定车间场地及建（构）筑物的平面尺寸和立面尺寸。

③ 确定工艺设备的平面布置图和立面布置图。

④ 确定人流及物流通道；安排管道及电气仪表管线等。

⑤ 安装、操作、维修所需要的空间设计。

⑥ 编制初步设计布置设计说明，初步设计阶段的车间平面布置图和立面布置图。

2）施工图设计阶段

需要由工艺设计人员和其他专业人员协商进行布置的研究，共同完成。车间布置初步设计和管道、仪表流程设计是本设计阶段的基本依据。这一阶段的主要任务如下。

① 落实车间布置初步设计的内容。

② 确定设备管口、操作台、支架及仪表等的空间位置。

③ 确定设备的安装方案。

④ 确定与设备安装有关的建筑和结构尺寸。

⑤ 安排管道、仪表、电气管路的走向，确定管廊位置。

⑥ 编制施工图设计布置设计说明，绘出车间布置施工设计图。

车间布置的各个阶段设计内容是相互联系的，在进行车间平面布置时，必须以设备结构草图为依据，以此为条件，对车间内生产厂房及其所需的面积进行估算。而详细的设备结构图又必须在已确定的车间布置图的基础上进一步具体化。车间布置施工设计，也是工艺设计人员提供给其他专业如土建、设备设计、电气仪表等的基本技术条件。

9.2 建构筑物的基本知识

9.2.1 建构筑物的构件

组成建构筑物的构件有地基、基础、墙、柱、梁、楼板、屋顶、地面、隔墙、楼梯、门、窗及天窗等。

(1) 地基

建构筑物的下面，支承建构筑物重量的全部土壤称为地基。地基必须具有必要的强度（地耐力）和稳定性，才能保证建构筑物的正常使用和耐久性。否则，将会使建构筑物产生过大的沉陷（包括均匀的）、倾斜、开裂以致毁坏，所以必须慎重地选择和处理建构筑物的地基。

(2) 基础

基础是建构筑物的下部结构，埋在地面以下，它的作用是支承建构筑物，并将它的荷载传到地基上去。建构筑物的可靠性与耐久性，往往取决于基础的可靠性与耐久性。因此，必须慎重处理建构筑物的基础。

(3) 墙

墙按材料分有普通砖墙、石墙、混凝土墙及钢筋混凝土墙等。

(4) 柱

柱是建构筑物中垂直受力的构件，靠柱传递荷载到基础上去。按材料可分为木柱、砖柱、钢柱和钢筋混凝土柱等。

(5) 梁

梁是建构筑物中水护受力构件，它与承重墙、柱等垂直受力构件组合成建筑结构的空间体系。

(6) 楼板

楼板是将建构筑物分层的水平间隔，它的上表面为楼面，底面为下层的顶棚（天花板）。

(7) 屋顶

屋顶的作用主要是保护建构筑物的内部，防止雨雪及太阳辐射的侵入，使雪水汇集并排出，保持建构筑物内部的温度等。

（8）地面

地面是厂房建筑中的一个重要组成部分，由于车间生产及操作的特殊性，要求地面防爆、耐酸碱腐蚀、耐高温等，同时还有卫生及安全方面的要求。

（9）门

为了便于车间运输及人流、设备的进出，车间发生事故时安全疏散等，设计中应合理地布置门。

（10）窗

为了保证建构筑物采光和通风的要求，通常都设置侧窗，只有在特殊情况下才采用人工采光和机械通风。

（11）楼梯

楼梯是多层房屋中垂直方向的通道，因此，设计车间时应合理地安排楼梯的位置。按使用的性质可分为主要楼梯、辅助楼梯和消防楼梯。

9.2.2　建构筑物的结构

建构筑物的结构有砖木结构、混合结构、钢筋混凝土结构和钢结构等。现分别简述如下。

（1）钢筋混凝土结构

根据用户需求，需要有较大的跨度和高度时，最常用的就是钢筋混凝土结构形式，一般跨度为 $12\sim24m$。钢筋混凝土结构的优点是强度高，耐火性好，不必经常进行维护和修理，与钢结构比较可以节约钢材，化工厂经常采用钢筋混凝土结构。缺点是自重大，施工比较复杂。

（2）钢结构

钢结构房屋的主要承重结构件如屋、架、柱等都是用钢材制成的。优点是制作简单、施工较快。缺点是金属用量多，造价高并需进行维修保养。

（3）混合结构

混合结构一般指用砖砌的承重墙，而屋架和楼盖则是用钢筋混凝土制成的建筑物。这种结构造价比较经济，能节约钢材、水泥和木材，一般适用于没有很大载荷的车间，是化工厂常用的一种结构形式。

（4）砖木结构

砖木结构是用砖砌的承重墙，而屋架和楼盖是用木材制成的建构筑物。这种结构消耗木材较多，对易燃易爆有腐蚀的车间不适合，化工厂很少采用。

9.3　车间布置设计技术

车间布置是一项复杂细致的工作，工艺设计人员应根据工艺的要求掌握全局，与各专业密切配合，做到统筹兼顾，使车间布局合理。同时也要参照一些常规的技术处理方法。

9.3.1　物流设计

车间布置需保证物流成本最小。物流形式有水平的和垂直的。如果所有的设备、设施都在同一车间里时，可考虑水平方式，当生产作业是在多个楼层周转时，可考虑垂直方式。常见的水平式物流形式如图 9-1 所示。

图 9-1　常见的水平式物流形式

车间的布置类型通常有四种。

① 固定式布置，即加工对象位置固定，生产工人和设备随加工产品所在的位置而转移。

② 按产品布置，即按照产品属性布置有关设备设施。布置的结果一般为流水线生产方式。

③ 按工艺过程布置，即按照工艺专业化原则将同类机器集中在一起，完成相同工艺加工任务，高分子材料的注塑加工常采用此类型。

④ 按组成制造单元布置，即首先根据制定的标准将结构和工艺相似的制品组成一个制品组，确定出制品的典型工艺流程，再根据典型的工艺流程的加工内容选择设备和工人，由这些设备和工人组成一个生产单元，如配料、分析化验组、机修组等。

9.3.2　厂房设计

厂房设计需根据工艺流程、生产特点、生产规模等生产工艺条件以及建筑形式、结构方案和经济条件等建筑本身的可能性与合理性来考虑。首先，应满足生产工艺的要求顺应生产工艺的顺序，路线最短，占地最少，投资最低，同时要按照建筑规范要求，尽量给设备布置创造出更多的可变性和灵活性，给建筑的定型化创造有利条件。

厂房设计时应考虑到重型设备或震动性设备，如：压缩机、大型离心机等，尽量布置在底层，如必须布置在楼上时，应布置在梁上。

厂房设计时应考虑到操作平台应尽量统一设计，以免平台较多。平台支柱零乱繁杂，厂房内构筑物过多，占用过多的面积。

厂房的进出口、通道、楼梯位置要安排好，大门宽度要比最大设备宽出 0.2m 以上，当设备太高、太宽时，可与土建专业协商，预留安装孔解决。当需要有运输设备进出厂房时，厂房必须有一个门的宽度比满载的运输设备宽 0.5m，高 0.4m 以上。

注意安全，楼层、平台要有安全出口。

(1) 柱网布置

根据设备布置方案的要求，确定厂房的柱网布置。柱网是厂房内柱子的纵向和横向定位轴线垂直相交，在平面上排列所构成的网络线，如图 9-2 所示。在柱网设计时要尽可能符合建筑模数制的要求。

建筑模数制是建筑设计标准化、构件定型化、施工机械化以适应建筑业逐渐走向标准化的一种制度。

模数制按照大多数工业建筑的情况，把工业建筑平面、立体布置的有关尺寸，统一规定成一套相应的基数。设计各种工业建构筑物时，有关尺寸必须是相应基数的倍数。实行

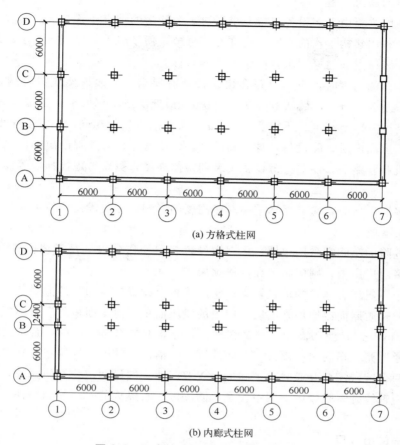

(a) 方格式柱网

(b) 内廊式柱网

图 9-2　厂房柱网示意图（单位：mm）

这种模数制度，可以逐步达到设计标准化、构件定型化和施工机械化。例如，在单层工业房屋中，柱网间距在 18m 以下时，按照统一模数制规定，柱距是 3m 的倍数。即，在制造屋架时，可以预先制造与 3 有关的（6、9、12、15、18）标准柱距的屋架，这样可以大大减少构件的类型，有利于工厂预制品的生产，同时，也减少设计费用和施工费用。

需要指出，厂房建构筑物模数化制度的采用是辩证的，原则是在保证工艺条件正常进行的前提下，最大限度地考虑建筑模数化的应用。根据厂房中设备布置、人流和物料的运输要求，单层的厂房常为单柱网间距，即柱网间距等于厂房的宽度，厂房内没有柱子。一般多层厂房采用 6m 的柱网间距，若采用 9m 柱网间距，厂房中间如果不立柱子，所用的梁就要很大，因而很不经济。如果柱网间距因生产及设备要求必须加大时，一般应不超过 12m，且在一幢厂房中不易采用多种柱距。

（2）厂房的宽度

厂房的宽度和长度应根据生产规模及工艺要求决定。为了尽可能利用自然采光和满足通风、建筑经济的要求，一般单层厂房宽度不宜超过 30m，多层厂房的总宽度不宜超过 24m。厂房常用宽度有 12m、14.4m、15m、18m 和 24m。常分别布置成 6-6、6-2.4-6、6-3-6、6-6-6 的形式，6-2.4-6 表示三跨，跨度分别为 6m、2.4m、6m，中间 2.4m 是内走廊的宽度。厂房中柱子布置既要便于设备排列和工人操作，又要有利于交通运输。

（3）厂房的垂直布置

厂房的高度主要由工艺设备布置要求所决定。厂房的垂直布置与平面布置一样，力求简单，要充分利用建构筑物的空间，遵守经济合理、便于施工的原则，每层高度取决于设备的高低、安装位置、检修要求及安全卫生等条件。

在决定厂房的高度时，应尽量符合建筑模数的要求，一般框架或混合结构的多层厂房，层高多采用 5m、6m，最低不得低于 4.5m，最低层高不宜低于 3.2m，由地面到凸出构件底面的高度（净空高度）不得低于 2.6m，每层高度尽量相同，不宜变化太多。

在设计厂房高度时，除设备本身的高度外，还要考虑设备顶部凸出部分，如仪表、阀门、搅拌电机和管路等，还要考虑设备安装和检修高度，更要考虑搅拌器等设备内取出物的高度。

在设计多层厂房时，应考虑承重梁对净高度的影响，也要满足建筑上采光、通风等各方面的要求。

有爆炸危险的车间宜采用单层，厂房内设置多层操作台以满足工艺设备位差的要求。如必须设在多层厂房内，则应布置在厂房顶层。

如果整个厂房均有爆炸的危险，则在每层楼板上设置一定面积的泄爆孔。这类厂房还应设置必要的轻质屋面或增加外墙以及门窗的泄压面积。泄压面积与厂房体积的比值一般为 $0.05 \sim 0.1 m^2 / m^3$。泄压面积应布置合理，并应靠近爆炸部位，不应面对人员集中的地方和主要交通道路。车间内防爆区与非防爆区（生活区、辅助及控制室等）之间应设置防火墙，如果两个区域需要互通时，中间应设置双门斗，即设两道弹簧门隔开，上下层防火墙应设在同一轴线处。防爆区上层不应是非防爆区。有爆炸危险车间的楼梯间宜采用封闭式楼梯间。

（4）厂房的出入口

在进行车间布置时，要考虑厂房安全出入口，一般不应少于两个，厂房门向外开。如车间面积小，生产人数少，可设一个，但应慎重考虑防火等问题，具体数值详见《建筑设计防火规范（2018 年版）》（GB 50016—2014）。

9.3.3　各方面对车间设备布置设计的要求

中小型车间的设备，一般采用室内布置，尤其是气温较低的地区。生产中一般不需要经常操作的或可以用自动化仪表控制的设备，如塔、冷凝器、产品贮罐等都可布置在室外。需要大气调节温湿度的设备，如凉水塔、空气冷却器等也都可露天布置或半露天布置。对于有火灾及爆炸危险的设备，露天布置可降低厂房的耐火等级。

（1）生产工艺对设备布置的要求

① 在布置设备时一定要满足工艺流程顺序，要保证水平方向和垂直方向的连续性。

② 凡是相同的几套设备或同类型的设备或操作性质相似的有关设备，应尽可能布置在一起。

③ 设备布置时除了要考虑设备本身所占的位置外，还必须有足够的操作、通行及检修需要的位置。

④ 要考虑相同设备或相似设备互换使用的可能性。

⑤ 要尽可能地缩短设备间管线。

厂房宽度不超过 9m 的车间：一边为设备，另一边作为操作位置和通道。见图 9-3 （a）。

厂房宽度 12～15m 的车间：布置两排设备。集中布置在厂房中间，两边留出操作位置和通道，见图 9-3 （b）。或分别布置在厂房两边，中间留出操作位置和通道，见图 9-3 （c）。

厂房宽度超过 18m 的车间：厂房中间留出 3m 左右的通道两边分别布置两排设备，每排设备各留出 1.5～2m 的操作位置。

⑥ 车间内要留有堆放原料、成品和包装材料的空地。

⑦ 传动设备要有安装安全防护装置的位置。

⑧ 要考虑物料特性对防火、防爆、防毒及控制噪声的要求。

⑨ 根据生产发展的需要与可能，适当预留扩建余地。

⑩ 要考虑设备之间，设备与建筑物之间的安全距离，设备间距请见表 9-1。

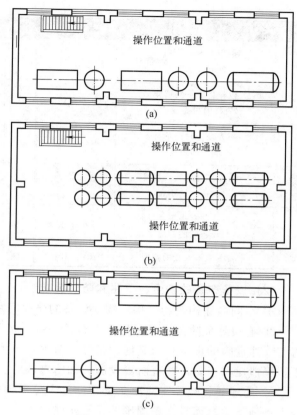

图 9-3 多台设备布置方法

表 9-1 设备的安全距离规范

序号	项目	净安全距离/m	序号	项目	净安全距离/m
1	泵与泵的间距	不小于 0.7	10	管束抽出的最小距离（室外）	管束长＋0.6
2	泵与墙的距离	至少 1.2	11	离心机周围通道	不小于 1.5
3	泵列与泵列的距离	不小于 2.4	12	过滤机周围通道	1.0～1.8
4	计量罐的距离	0.4～0.6	13	反应器底部与人行通道距离	不小于 1.8～2.0
5	贮槽与贮槽的间距	0.4～0.6	14	反应器卸料口与离心机距离	不小于 1.5～1.6
6	换热器与换热器的间距	至少 1	15	往返运动、机械运动部件与墙的距离	不小于 1.5
7	塔与塔的间距	1.0～2.0	16	回转机距离墙的距离	不小于 0.8～1.0
8	换热器管道与封盖端间的距离，室外/室内	1.2/0.6	17	回转设备相互间距	不小于 0.8～1.2
9	反应器盖上传动装置离天花板的距离	不小于 0.8	18	起吊物品与设备最高点的距离	不小于 0.4

序号	项目	净安全距离/m	序号	项目	净安全距离/m
19	通道、操作台通行部分的最小净空	不小于 2.0～2.5	25	人行道、狭通道、楼梯、人孔周围的操作台宽	0.75
20	操作台梯子的坡度（特殊时可做成60）	一般不超过 45	26	控制室、开关室与炉子之间的距离	不小于 15
21	一人操作时设备与墙面的距离	不小于 1.0	27	产生可燃气体的设备和炉子之间的距离	不小于 8.0
22	一人操作并有人通过时两设备间的距离	不小于 1.2	28	工艺设备与道路间距	不小于 1.0
23	一人操作并有小车通过时两设备间的距离	不小于 1.9	29	不常通行的地方净高不小于	1.9
24	平台到水平人孔的高度	0.6～1.5			

（2）设备布置的安全、卫生和防腐要求

① 车间内建构筑物、构筑物、设备的防火间距一定要达到工厂防火规定的要求。

② 有爆炸危险的设备最好露天布置，室内布置要加强通风，防止易燃易爆物质聚集，将有爆炸危险的设备宜与其他设备分开布置，布置在单层厂房及厂房或场地的外围，有利于防爆泄压和消防，并有防爆设施，如防爆墙等。

③ 处理酸、碱等腐蚀性介质的设备应尽量集中布置在建构筑物的底层，不宜布置在楼上和地下室，而且设备周围要设有防腐围堤。

④ 有毒、有粉尘和有气体腐蚀的设备，应各自相对集中布置并加强通风设施和防腐、防毒措施。

⑤ 设备布置尽量采用露天布置或半露天框架式布置形式，以减少占地面积和建筑投资。比较安全且间歇操作和操作频繁的设备一般可以布置在室内。

⑥ 要为工人操作创造良好的采光条件，布置设备时尽可能做到工人背光操作，高大设备避免靠窗布置，以免影响采光。

⑦ 要最有效地利用自然对流通风，车间南北向不宜隔断。放热量大，有毒害性气体或粉尘的工段，如不能露天布置时需要有机械送排风装置或采取其他措施，以满足卫生标准的要求。

⑧ 装置内应有安全通道、消防车通道、安全直梯等。

（3）操作条件对设备布置的要求

装置布置应该为操作人员创造一个良好的操作条件。

① 操作和检修通道；

② 合理的设备间距和净空高度（图9-4）；

③ 必要的平台，楼梯和安全出入；

④ 尽可能地减少对操作人员的污染和噪声；

⑤ 控制室应位于主要操作区附近。

（4）设备安装、检修对设备布置的要求

① 要考虑设备大小及结构，考虑设备安装、检修及拆卸所需要的空间、面积及运输通道。

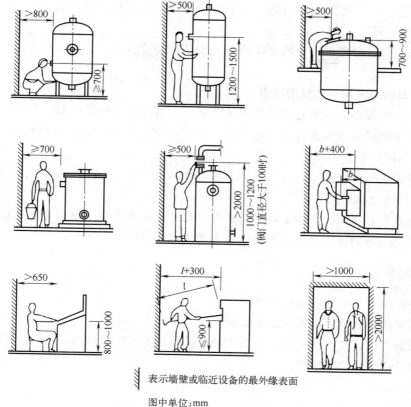

表示墙壁或临近设备的最外缘表面

图中单位:mm

图 9-4　操作条件对设备布置的要求

② 要考虑设备安装和更换时能顺利进出车间，设置的大门和安装孔的宽度比最大设备宽 0.5m。不经常检修的设备，可在墙上设置安装孔。

③ 通过楼层的设备，每层楼面的相同位置上要设置吊装孔。吊装孔不宜开得过大，一般控制在 2.7m 以内。

④ 必须考虑设备检修拆卸以及运送物料所需要的起重运输设备，运送场地及预装吊钩等。

(5) 厂房建筑对设备布置的要求

① 凡是笨重设备或运转时会产生很大振动的设备应布置在厂房的底层。如压缩机、真空泵、离心机、粉碎机等。应与其他生产部门隔开，以减少厂房楼面的荷载和振动。如果由于工艺要求不能布置在底层时，应要求土建专业设计中采用有效的减振措施。

② 有剧烈振动的设备，其操作台和基础不得与建构筑物的柱、墙连在一起，以免影响建构筑物的安全。

③ 布置设备时，要避开建构筑物的柱子及主梁。如果设备吊装在柱子或梁上，其荷重及吊装方式需要事先告知土建设计人员。

④ 厂房操作台必须统一考虑，防止支柱林立。

⑤ 设备不应布置在建构筑物的沉降缝或伸缩缝处。

⑥ 设备应尽可能避免布置在窗前，以免影响采光和开窗，如需要布置在窗前时，设备与墙间的净距离应大于 600mm。

⑦ 设备应尽可能避开通道布置。如需要在厂房大门或楼梯旁布置时，应不影响开门并确保行人出入通畅。

⑧ 设备布置时应考虑设备的运输线路，安装、检修方式，以决定安装孔、吊钩及设备间距等。

（6）车间辅助室及生活室的要求

① 生产规模较小的车间，多数是将辅助室、生活室集中布置在车间中的一个区域内。

② 有时辅助房间也可布置在厂房中间，如配电室及空调室，但这些房间一般都布置在厂房北面房间。

③ 生活室中的办公室、化验室、休息室等宜布置在南面房间，更衣室、厕所、浴室等可布置在厂房北面房间。

④ 市场规模较大时，辅助室和生活室可根据需要布置在有关单位建构筑物内。

⑤ 有毒的或者对于卫生方面有特殊要求的工段必须设置专用的浴室。

思考题

（1）请简述车间布置设计总原则。

（2）厂房建筑对设备布置有哪些要求？

（3）根据工厂场地设计的各个平面之间连接或过渡方法的不同，竖向布置的方式有哪些？请选取其中一种加以阐述。

第 **10** 章

高分子材料工业生产安全知识

随着社会发展，新材料、新技术、新工艺、新设备的大量使用，安全生产工作遇到前所未有的问题和挑战。做好安全工作，改善劳动条件，不仅可保证劳动者的安全和健康，调动劳动者生产积极性，而且可使国家、社会财产免受损失，增加企业效益，促进生产、社会发展。

学生进入企业实习必须进行三级安全教育即厂级安全教育、车间级安全教育和岗位（工段、班组）安全教育，三级安全教育制度是企业安全教育的基本教育制度。

（1）**厂级教育内容**

① 讲解劳动保护的意义、任务、内容和其重要性，让学生树立起"安全第一"和"安全生产，人人有责"的思想。

② 介绍《中华人民共和国劳动法》《中华人民共和国劳动合同法》《全国职工守则》中有关安全生产的条文。

③ 介绍企业的安全概况，包括企业安全工作发展史、企业生产特点、工厂设备分布情况、工厂安全生产的组织。以及企业内设控的各种警告标志和信号装置等。

④ 介绍企业典型事故案例和教训，抢险、救灾、救人常识以及工伤事故报告程序等。

厂级安全教育一般由企业安技部门负责进行，时间为4～16h。可以结合图片、视频、相关宣传材料进行讲解。

（2）**车间教育内容**

① 介绍车间的概况，包括车间生产的产品、工艺流程及其特点，车间人员结构、安全生产组织状况及三级安全教育活动情况，车间危险区域、有毒有害工种情况，车间劳动保护方面的规章制度和对劳动保护用品的穿戴要求和注意事项，车间事故多发部位、原因、特殊规定和安全要求，车间常见事故和对典型事故案例的剖析。

② 根据高分子材料生产企业各车间的特点进行安全技术知识教育。例如教育学生遵守劳动纪律，穿戴好防护用品，小心衣服、发辫被卷进机器，小心手被旋转的刀具擦伤；工作场地应保持整洁，道路畅通。高分子合成时严格控制工艺，防止反应釜内温度压力过高，造成超压爆炸、泛液、冲料。开炼机力矩大，在注塑成型设备正常运转时，除了注塑机的安全门、控制面板外，禁止操作员接触设备的其他位置。脱模剂、清洗剂及脱模剂、

清洗剂空瓶子属于易爆品，应远离注塑机溶胶筒灯高温部位，防止被炸伤。压延机开车前检查机床各部件是否松动，开车空转 3～5min，运转正常后方可工作；严禁在轧辊进料方向擦洗轧辊，以防发生事故；压延工作时，应有专人操作机床，别人不得乱动，送料、接料人员要配合好等。仪器检修时要切断电源，并悬挂警示牌。拆卸、搬运工件特别是大件时，要防止碰伤、压伤、割伤；处理设备异常时，需要等待设备停止后进行。

③ 介绍车间防火知识，包括防火的方针，车间易燃易爆品的情况，防火的要害部位及防火的特殊需要，消防用品放置地点，灭火器的性能、使用方法，车间消防组织情况，遇到火险如何处理等。

④ 组织学生学习安全生产文件和安全操作规程制度，并应教育学生尊敬师傅，听从指挥，安全生产。车间安全教育由车间主任或安技人员负责，授课时间一般为 4～8 课时。

（3）岗位教育内容

① 本岗位的岗位职责、生产特点、作业环境、危险区域、设备状况、消防设施等。

② 正确使用、爱护劳动保护用品，熟悉文明生产的要求。要求学生进入施工现场和登高作业时，必须戴好安全帽、系好安全带、穿好防护衣服，工作场地要整洁，道路要畅通，物件堆放要整齐等。

③ 讲解本工种的安全操作规程，实行安全操作示范。组织重视安全、技术熟练、富有经验的老员工进行安全操作示范，边示范、边讲解，重点讲授安全操作要领，说明如何安全、正确操作仪器设备，明确不遵守操作规程将会造成的严重后果。

重点介绍高温、高压、易燃易爆、有毒有害、腐蚀、高空作业等方面可能导致发生事故的危险因素，交代本岗位容易出事故的部位和典型事故案例的剖析。介绍各种安全活动以及作业的安全检查和交接班制度。

④ 重点强调思想上应时刻重视安全，一旦发生事故或发现事故隐患，应及时报告领导，采取措施。生产中自觉遵守安全操作规程，不违章作业；爱护和正确使用机器设备和工具。

总之，三级安全教育内容对大学生在企业进行生产实习十分重要，并且应根据时代的不同、企业的变化有针对性地适应调整、补充。

三级安全教育是实习生入厂接受的第一次正规的安全教育，因此应以对生命高度负责的责任感，严把关口，扎扎实实地开展好三级安全教育，使学生从第一次进入企业就树立起正确的安全观，积极投入到安全生产中。

10.1　高分子材料企业典型事故案例

　　【案例 1】　2021 年 7 月 3 日 15 时许，某省 A 新材料有限公司水刺非织造材料生产车间内，工人在对污水处理设施的地下废水收集池进行清理过程中发生中毒窒息事故，造成 3 人死亡、2 人受伤，直接经济损失 564 万元。事故直接原因：由于 A 公司污水处理设施的地下废水收集池淤泥中的有机质在前几日停工期间，厌氧发酵产生了硫化氢等有毒物质，清淤作业时现场作业人员未遵循有限空间作业规定，以致首先进入地下废水收集池进行清淤的工人吸入高浓度硫化氢气体，引发中毒晕厥倒入池内，其他 4 人在未做好自身防护的情况下盲目下池施救，致使事故伤亡扩大。间接原因：①A 公司未有效落实安全生产主体责任,安全风险辨识管控和隐患排查治理不到位,有限空间作业安全管理制度形同虚设,未制定清淤作业安全操作规程,未落实有限空间作业有关安全规定,安全生产教育培训、应急预案等安全保障严重缺失;②A 公司是租 B 公司场地生产。B 公司违反《中华人民共和国安全生产法》第四十六条第二款的规定,存在"一厂多租"问题,将厂房出租给 A 公司等单位后,未认真履行与 A 公司安全管理协议中明确的安全生产管理职责,未对 A 公司开展过安全检查,安全生产工作统一协调、管理不到位。

【案例2】 2018 年 9 月 6 日,范某某在某高分子科技有限公司车间工作时,因机械伤害致使范某某右前臂旋转撕脱离断伤,被鉴定为五级伤残。直接原因是范某某违章作业,用手掏 3 号均化罐里堵塞的原料;生产厂长武某某在未取得特种作业许可证(电工)情况下上岗作业,打开配电箱(开关)调整电线正反运转方向并启动电源,3 号均化罐运转致使范某某右前臂旋转撕脱离断伤。间接原因是:①该公司事故发生前安全生产主体责任落实不到位,a. 未对从业人员进行安全生产教育和培训;b. 未建立安全生产教育培训档案;c. 未建立生产安全事故隐患排查治理制度,未及时发现并消除安全隐患;d. 在用电危险作业时未安排专门人员进行现场安全管理。②武某作为企业安全生产第一责任人,未切实履行安全管理职责。③武某作为生产厂长,兼职安全员及电工,未取得特种作业资格证书上岗作业;未严格履行本单位安全管理职责,隐患排查治理不到位。④其他。

【案例3】 2021 年 1 月 12 日 17 点 06 分,某橡胶公司顺丁装置发生爆燃,操作人员迅速切断现场物料,消防人员进行了紧急处置。19 点 50 分,经现场指挥部确认,火灾已经扑灭,没有人员伤亡,应急响应结束。

经过有关部门的初步调查分析,事故原因可能是:丁二烯中间罐内的丁二烯发生反应形成过氧化物并集聚,罐内过氧化物分解使丁二烯聚合反应加剧,放出大量热量,导致压力急剧升高,超过储罐的最高工作压力,超压致设备破裂,丁二烯漏出,产生爆燃。

【案例4】 2021 年 2 月 27 日 21 时 30 分,某有限公司在黏胶长丝生产过程中突然停电,造成排风设备停止工作。23 时 10 分左右,新原液车间员工在恢复供电过程中,发生硫化氢中毒事故,造成 5 人死亡,8 人中毒。事故直接原因:长丝八车间部分排风机停电停止运行,该车间三楼回酸高位罐酸液中逸出的硫化氢无法经排风管道排出,致硫化氢从高位罐顶部敞口处逸出,并扩散到楼梯间内。硫化氢在楼梯间内大量聚集,达到致死浓度。荆某在经楼梯间前往三楼作业岗位途中,吸入硫化氢中毒,在对荆某施救过程中多人中毒,导致事故后果扩大。

10.2 防火防爆安全知识

由于人为误操作、设备老化、质量差、厂房通风性条件不良等产生的火灾和爆炸事故对人民生命安全和企业生产带来极大的危害。

燃烧主要分为闪燃、着火、自燃及爆炸等几种类型。

① 闪燃：液体中蒸气与空气混合遇着火源（明火）发生的一闪即灭的燃烧。可燃液体发生闪燃的最低温度是该液体的闪点。闪点越低，发生火灾及爆炸的可能性越大，闪燃是发生火警的先兆。

② 着火：可燃物质在有足够助燃物质的前提下，与火源接触而引起的持续燃烧。可燃物发生持续燃烧的最低温度称为燃点。

③ 自燃：可燃物质在没有外部火花、火焰等火源的作用下，因受热或自身发热积热不散引起的燃烧。自燃点越低的物质，发生火灾的危险性越大。

④ 爆炸：在极短时间内，释放出大量能量，转变成机械功、光和热等能量形态，并放出大量气体，在周围介质中造成高压的化学反应或状态变化，破坏性极强。

可燃气体、蒸气、薄雾、粉尘或纤维状物质与空气混合达到一定浓度，遇到火源即能发生爆炸。

防火防爆的基本着眼点在于限制和消除燃烧爆炸危险物、助燃物和着火源三者的相互作用，防止燃烧的三要素同时出现。主要措施有火源控制与消除、工艺过程的安全控制和限制火灾蔓延措施等几方面。

如果出现火情，可采用隔离、冷却、窒息和化学反应中断等几种方法灭火。

① 隔离法：常用于各种固、液、气火灾的灭火。主要是将火源与火源附近的可燃物隔开，中断可燃物的补给。

② 冷却灭火：将水等灭火剂喷射到燃烧的物质上，降低燃烧物温度至燃点以下以灭火。

③ 窒息法：用不燃或难燃的物质覆盖、包围燃烧物，阻碍空气与燃烧物质接触，使燃烧因缺少助燃物质而窒息灭火。

④ 化学反应法：将一些抑制燃烧的物质掺入燃烧区域中，抑制燃烧连锁反应，使燃烧中断而灭火。常用灭火物质有干粉（如磷酸铵盐等）和卤代烷烃等。

在生产作业现场，火灾发生后，现场很多设备可能带电，可能存在较高的接触电压和跨步电压。另外，一些设备着火还可能是绝缘油燃烧，如店里变压器、多油开关等受热易引起喷油和爆炸事故，使火势扩大。因此，需正确切断电源。

火灾发生后，要准确判断火势，明确自身所处环境的危险程度，采取相应应急措施和方法。

① 可以立即扑灭的轻微着火，距离起火点近的人员应利用附近的灭火器、消防栓等设施器材第一时间将火势控制；立即切断着火区域的非消防电源，及时向企业管理部门汇报地点、人员、设备等情况。

② 对于已经发生并有蔓延扩大可能性的明火，起火点附近人员在保障自身安全的前提下利用附近的灭火器、消火栓等设施器材第一时间灭火；迅速检查是否切断起火现场电源、火源和气源，组织现场人员疏散易燃、易爆物质；立即摁下火灾报警按钮或拨打119火警电话；如火势较大，暂时扑灭不了，应根据现场情况及时采取冷隔离等措施，防止火势进一步蔓延，待119消防队赶到，配合完成灭火任务；立刻组织现场人员进行危险品及物资的疏散工作；事故情况及时向企业管理部门汇报并寻求支援。

③ 对于爆炸事故或火势已经扩大蔓延的情况，要立即停止一切工作，争分夺秒，设法立即离开危险区。离开时，要判断观察火势情况，采取相应逃生措施和方法。

逃生路线：优先选择最近最安全的安全通道。如：着火所在地有电梯时，不能使用电梯，优先使用防烟楼梯、室外疏散楼梯；用湿毛巾、湿口罩等捂住口鼻（没水用干毛巾、口罩），贴近地面行进或爬行，防止浓烟、有毒粉尘进入口鼻；若出口被烟火封住，可将身上浇冷水，用湿的棉织品将身体包裹，有条件的穿阻燃服，冲出危险区。

10.3　防毒安全知识

高分子材料生产中的毒物主要来源于原辅料、产品、废气、废水、废渣等。其中有毒有机试剂可通过挥发、渗透等方式进入人体的呼吸道、皮肤等部位对人体造成伤害。

消除毒源、切断毒物的传播途径并加强个人防护，防止中毒。

① 产品原料尽量用无毒、低毒物料代替有毒、高毒物料，加强有毒物质的净化回收，消除二次毒源。例如，对于有毒气体可以采用燃烧、冷凝、吸收、吸附等方式净化处理；废水可采用化学法、膜分离法、电解、吸附等工艺进行处理等。

② 生产设备采用密闭化、管道化、机械化和自动隔离措施，消除毒物跑、冒、滴、漏等。例如，采用真空抽吸上料、转动轴密封、隔离操作，加强设备维护管理，防止中毒。

③ 熟练掌握各种防毒器材的使用，并了解毒物的性质，予以正确防护。皮肤防护器材包括防护服、面罩、防护手套等；个人呼吸防护用具主要包括送风面盔、过滤式防毒面具或口罩、氧气呼吸机等。此外，注意卫生保健，讲究个人卫生，加强个人营养，进行定期检查，学会中毒急救方法。

例如聚氯乙烯生产中清洗聚合釜、抢修设备或处理意外事故前需加强生产设备及管道的密闭和通风，将车间空气中氯乙烯的浓度控制在职业接触限值以内。进釜、出料和清洗之前，先通风，或用高压水冲洗，佩戴防护服和送风式防毒面具。如未做好防护措施或错误操作导致吸入氯乙烯蒸气发生氯乙烯中毒，主要表现为眩晕、头痛、欣快感、恶心、胸闷、乏力、嗜睡、步态蹒跚等。情况不严重时需迅速转移人员到室外通风处，立即脱去被污染的衣服，用清水清洗被污染的皮肤，注意保暖，卧床休息，多数能恢复正常；如果吸入浓度极高，导致意识丧失，应立即拨打120迅速送医救治。在医生来之前做好以下工作。

a. 放在新鲜空气下或通风处。

b. 解除中毒者身体束缚，敞开领子、胸衣、解下裤带，清除口中的异物等。如果中毒者身体发冷则要用热水袋或摩擦的方法使其温暖。

c. 中毒者失去知觉时，除做上述措施外，应将中毒者放在平坦地方，用纱布擦拭口腔。在必要时进行人工呼吸。恢复知觉后要使其保持安静。人工呼吸应持续，不得中途停止，直至送入医院为止。

④ 现场施救时，救援者需注意做好自我防护，并根据中毒人员的中毒情况施救。呼吸困难，应立即进行人工呼吸，备有急救箱用品的应立即给予解毒。急救时分清中毒的种类和解毒药的使用范围，避免用药不当贻误施救甚至加重中毒。采取一切措施切断毒源和传播途径，避免中毒人员继续增加。

人工呼吸是用于自主呼吸停止时的一种急救方法，是保持有效通气和血液循环，保证重要脏器的氧气供应的重要途径之一。通过徒手或机械装置使空气有节律地进入肺内，然后利用胸廓和肺组织的弹性回缩力使进入肺内的气体呼出。如此周而复始以代替自主呼吸。使呼吸骤停者获得被动式呼吸，获得氧气，排出二氧化碳，维持最基础的生命。现场急救人工呼吸可采用口对口（鼻）方法，或使用简易呼吸囊。

a. 口鼻吹气法。人工呼吸口对口吹气法，操作简便容易掌握，而且气体的交换量大，接近或等于正常人呼吸的气体量。对大人、小孩效果都很好。操作方法如下。

Ⅰ. 病人取仰卧位（即胸腹朝天）。

Ⅱ. 首先清理患者呼吸道，保持呼吸道清洁。

Ⅲ. 使患者头部尽量后仰，以保持呼吸道畅通。

Ⅳ. 救护人站在其头部的一侧，自己深吸一口气，对着伤病人的口（两嘴要对紧不要漏气）将气吹入，造成吸气。为使空气不从鼻孔漏出，此时可用一手将其鼻孔捏住，然后救护人嘴离开，将捏住的鼻孔放开，并用一手压其胸部，以帮助呼气，这样反复进行，每分钟进行 14～16 次。

如果病人口腔有严重外伤或牙关紧闭时，可对其鼻孔吹气（必须堵住口）即为口对鼻吹气。救护人吹气力量的大小，依病人的具体情况而定。一般以吹进气后，病人的胸廓稍微隆起为最合适。口对口之间，如果有纱布。则放一块叠二层厚的纱布，或一块一层的薄手帕，但注意，不要因此影响空气出入。

b. 俯卧压背法。俯卧压背法此法应用较普遍，是一种较古老的方法。由于病人取俯卧位，舌头能略向外坠出，不会堵塞呼吸道，救护人不必专门来处理舌头，可节约时间，能及早进行人工呼吸。气体交换量小于口对口吹气法，但抢救成功率较高（不适于孕妇、胸背部有骨折者）。

Ⅰ. 伤病人取俯卧、位，即胸腹贴地，腹部可微微垫高，头偏向一侧，两臂伸过头，一臂枕于头下，另一臂向外伸开，以使胸廓扩张。

Ⅱ. 救护人面向其头，两腿屈膝跪地于伤病人大腿两旁，把两手平放在其背部肩胛骨下角（大约相当于第七对肋骨处）、脊柱骨左右，大拇指靠近脊柱骨，其余四指稍开微弯。

Ⅲ. 救护人俯身向前，慢慢用力向下压缩，用力的方向是向下、稍向前推压。当救护人的肩膀与病人肩膀将成一直线时，不再用力。在这个向下、向前推压的过程中，即将肺内的空气压出，形成呼气。然后慢慢放松回身，使外界空气进入肺内，形成吸气。

Ⅳ. 按上述动作，反复有节律地进行，每分钟 14～16 次。

c. 单人复苏术。当发现被救者的心脏、呼吸均已停止时，如果现场只有一人，此时应立即对被救者进行口对口人工呼吸和体外心脏按压。

Ⅰ. 开放气道后，捏住被救者的鼻翼，用嘴巴包绕住被救者的嘴巴，连续吹气两次。

Ⅱ. 立即进行体外心脏按压 30 次，按压频率每分钟 80～100 次。

Ⅲ. 每做 30 次心脏按压后，就连续吹气两次，反复交替进行。同时每隔 5 分钟检查一次心肺复苏效果，每次检查时心肺复苏术不得中断 5 秒以上。

d. 仰卧压胸法。仰卧压胸法便于观察病人的表情，而且气体交换量也接近于正常的呼吸量。但最大的缺点是，伤员的舌头由于仰卧而后坠，阻碍空气的出入。所以使用本法时要将舌头按出（不适用于淹溺及胸部创伤、肋骨骨折伤员）。操作方法如下。

Ⅰ. 病人取仰卧位，背部可稍加垫，使胸部凸起。

Ⅱ. 救护人屈膝跪地于病人大腿两旁，把双手分别放于乳房下面（相当于第六七对肋骨处），大拇指向内，靠近胸骨下端，其余四指向外。放于胸廓肋骨之上。

Ⅲ. 向下稍向前压，其方向、力量、操作要领与俯卧压背法相同。

如果是重金属中毒，必须先确定是哪种重金属引发中毒才能对症下药，进行治疗。例如：汞中毒，口服汞化合物引起的急性中毒，应立即送医院洗胃，也可先口服生蛋清，牛奶或活性炭；导泻用 50%（质量分数）硫酸镁，在洗胃过程中要警惕腐蚀消化道的穿孔可能性。对昏迷者应及时清除口腔内异物，保持呼吸道的通畅，防止异物误入气管或呼吸道引起窒息。经上述现场急救后，应立即送医院抢救，以免耽误时间。

10.4　防尘安全知识

粉尘是指以气溶胶状态或以烟雾状态存在的能较长时间漂浮于空气中的微粒。生产中的粉尘是指生产活动中产生的能较长时间漂浮在生产环境中的固体微粒，当粉尘直径为 $0.5\sim5\mu m$ 时，容易通过呼吸进入支气管，滞留在肺泡、支气管上，引起呼吸道疾病，也可刺激皮肤及眼角膜等，对人体产生危害。

为保障工人身体健康，我国颁布了工业卫生标准《工业企业设计卫生标准》（GBZ 1—2010），规定了工业场所尘毒物质在空气中的最高允许浓度，员工在粉尘工作岗位作业时需注意做好以下几点。

① 进入岗位操作前，必须佩戴防尘口罩、隔离式防毒面罩、过滤式防毒面罩等劳保用品。

② 进入岗位后要认真检查岗位配置的除尘设施是否正常，确认设施无异常现象后，严格按照操作规程开启除尘设施。

③ 除尘设施出故障后，要及时报告，排除故障，保证设备正常运行。

④ 严禁在生产场所吸烟、饮水、就餐。认真清洁面部、手部后在指定场所吸烟、饮水、就餐。

⑤ 离开岗位后，需对身体各部位及衣服上黏附的粉尘彻底清理，避免粉尘吸入体内。

⑥ 保持良好的个人卫生习惯，下班洗澡，做好个人职业安全卫生工作。

10.5　防高温安全知识

高温作业包括高温强辐射作业、高温高湿作业、夏季高温露天作业等。高温往往使作业人员热、头晕、心慌、烦、渴、无力、疲倦等，注意力不集中，动作的准确性、协调性及反应速率降低等。高温还易导致中暑，严重时导致人死亡，必须及时处理就医治疗。

学生生产实习一般安排在 6 月下旬，气温高，因此需严格遵照高温岗位操作规范。

① 进入岗位前要熟悉、掌握相关岗位的高温危害性、危害后果、预防和应急措施。

② 作业前，应服防暑降温药物。如：藿香正气水、藿香正气液、藿香正气软胶囊、人丹等。

③ 作业中，应适量补充水分，如矿泉水、盐水、冰块、绿豆汤。

④ 在高温岗位实习或作业中，应制定合理的劳动和休息制度，调整作息时间，采取多班次轮换工作办法，合理布置工间休息地点。

⑤ 在特殊岗位上作业时做好个人防护，高温作业人员应穿耐热、坚固、导热系数小、透气功能好的浅色工作服，根据防护需要穿戴手套、鞋套、护腿、眼镜、面罩、工作帽等，以防止热辐射伤害。

⑥ 工作中，应加强防暑降温设备、设施（风机、电扇、空调）的性能检查，如发热炉体是否用隔热材料（耐火、保温材料、水等）良好包裹、通风天窗是否开启、通风风扇是否工作正常等，如果发现问题应及时汇报处理。

⑦ 工作中身体如有不适，应及时报告，不能带病操作。

学生实习期间建议以掌握相关原理、熟悉相关操作为主，具体操作时间灵活控制。

10.6　噪声安全知识

工厂中的噪声主要来源于设备运转过程的振动、碰撞而产生的机械性噪声。往往影响听力系统，且对非听力系统如心血管系统、神经内分泌系统、消化系统及精神、心理等造成伤害。

学生实习期间，需充分了解噪声的危害，预防与应急措施，并严格遵照岗位操作规程进行操作。

① 应熟悉掌握实习岗位的噪声危害特性、危害后果、预防和应急措施。

② 按要求佩戴防噪耳塞和耳套，以减小噪声的危害。

③ 从事易产生噪声的作业时，应尽量采取木料、胶皮等铺垫措施，降低噪声音量。

④ 分批操作，缩短噪声环境中的工作时间。

⑤ 使用降噪设备，高噪声、低噪声设备分开布置，并设置隔音墙。

⑥ 身体不适应及时汇报，不带病操作。

⑦ 应按要求按时参加职业危害岗位的健康体检。

10.7　防机械伤害和触电伤害安全知识

机械设备的外露传动部分如齿轮、轴、履带等和往复运动的部分容易与人直接接触引起夹击、碰撞、剪切、卷入、绞、碾、割、刺等伤害。

此外，由于设备、线路问题，插头、插座接线错误等容易对人产生电击和电伤等。这两类伤害通常具有突发性和紧迫性。事故一旦发生，现场急救、应急处理、拨打120等电话对抢救受伤人员非常关键。

10.7.1　机械伤害应急处理措施

① 保持冷静，迅速对受伤人员进行检查，观察神志、呼吸、心跳、瞳孔、血压等。检查是否有创伤、出血、骨折、畸形等变化，根据情况，有针对性地进行人工呼吸、心脏按压、止血、包扎、固定等临时措施。

② 伤者不能移动时，应迅速拨打120急救电话，讲清伤者具体伤情、联系方式、路线等。

③ 遵循"先救命、后救肢"的原则，优先处理颅脑伤，胸伤，肝、脾破裂等危及生命的内脏伤，然后处理肢体出血、骨折等伤。

④ 检查伤者呼吸道是否被舌头、分泌物或其他异物堵塞。如果呼吸已经停止，立即实施人工呼吸；如果脉搏不存在，心脏停止跳动，立即进行心肺复苏。如果伤者出血，进行必要的止血及包扎。

⑤ 对于颈部、背部受伤者，要慎重移动，防止造成二次伤害。

⑥ 让伤者平卧并保持安静，如有呕吐，同时无颈部骨折时，应将其头部侧向一边以防止噎塞。

⑦ 不要给昏迷或者半昏迷者喝水，以防止液体进入呼吸道而导致窒息，也不要拍击或摇动以唤醒伤者。

如果机械损伤造成出血，可采用下述方法止血。

① 伤口加压。处理干净伤口后，用纱布、绷带等或直接用手压紧伤口止血。该法适用于出血量不大的一般伤口。

② 手压止血。临时用手指或手掌压迫伤口靠近心端的动脉，将动脉压向深部的骨头，阻止血液流通，达到止血目的，适用于无法止住出血的伤口。但是，施压时间不能超过15min，否则肢体组织可能因缺氧而损坏，以致不能康复。

③ 止血带法。适合于四肢伤口大量出血，可用布止血带绞紧止血、布止血带加垫止血或橡皮止血带。但是时间不宜过长，不宜超过3h，且期间每隔半小时（冷天）或1h慢慢松开，放松一次，每放松1～2min，放松时指压暂时止血。一般不轻易使用止血带，因为易造成组织缺血，时间过长会引起肢体坏死。

10.7.2　意外触电的应急措施

（1）低压触电脱离电源

① 在低压触电附近有电源开关或插头，应立即将开关拉开或插头拔脱，以切断电源。

② 如电源开关离触电地点较远，可用绝缘工具将电线切断，但必须切断电源侧电线，并应防止被切断的电线误触他人。

③ 当带电低压导线落在触电者身上时，可用绝缘物体将导线移开，使触电者脱离电源。但不允许用任何金属棒或潮湿的物体移动导线，以防急救者触电。

④ 若触电者的衣服是干燥的，急救者可用随身的干燥衣服、干围巾等将自己的手严密包裹，然后用包裹的手拉触电者干燥衣服，或用急救者的干燥衣物结在一起，拖拉触电者，使触电者脱离电源。

⑤ 若触电者离地距离较大，应防止切断电源后触电者从高处摔下造成外伤。

（2）高压触电脱离电源

当发生高压触电时，应迅速切断电源开关。如无法切断电源开关，应使用适合该电压等级的绝缘工具，使触电者脱离电源。急救者在施救时，应当保持一定安全距离，以保证施救者人身安全。

（3）架空线路触电脱离电源

当有人在架空线路上触电时，应迅速拉开关，或用电话告知当地供电部门停电。如不能立即切断电源，可采用抛掷短路的方法使电源侧开关跳闸。在抛掷短路线时，应防止电弧灼伤或断线危及人身安全。杆上触电者脱离电源后，用绳索将触电者送至地面。

当触电者脱离电源后，急救者应根据触电者的不同生理反应进行现场急救处理。

① 触电者神志清醒，但感乏力、心慌、呼吸促迫、面色苍白时，应将触电者躺平就地安静休息，不要让触电者走动，以减轻心脏负担，并应严密观察呼吸和脉搏的变化。若发现触电者脉搏过快或过慢，应立即请医务人员检查治疗。

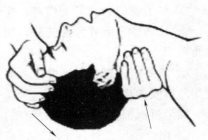

② 触电者神志不清，有心跳，但呼吸停止或有极微弱的呼吸时，应及时用仰头抬颏法（图 10-1），使患者头部尽量后仰，颏部向前抬起，使气道开放，并进行口对口人工呼吸。如不及时进行人工呼吸，将因缺氧过久而引起心跳停止。

图 10-1　仰头抬颏法

③ 触电者神志丧失、心跳停止，但有微弱的呼吸时，应立即进行心肺复苏急救。

胸外心脏按压是心脏复苏的主要方法。它是通过压迫胸骨，对心脏给予间接按压，使心脏排出血液，参与血液循环，以恢复心脏的自主跳动。

具体操作如下。

让伤者平躺，施救人位于伤者一侧，双手重叠放在伤者胸部两乳正中间，用力向下挤压胸骨，使胸骨下陷 3～4cm，然后迅速放松，放松时手不离开胸部。如此反复有节律地进行，按压速度为每分钟 60～80 次。

但需注意，胸部严重损伤、肋骨骨折、气胸或心包填塞者不能采用此法。该操作需与人工呼吸配合进行。并且按压需均匀，力量大小需适中，手臂不弯曲。

④ 触电者心跳、呼吸均停止时，应立即进行心肺复苏急救，在搬移或送往医院途中仍应按心肺复苏规定进行急救。

⑤ 触电者心跳、呼吸均停，并伴有其他伤害时，应迅速进行心肺复苏急救，然后处理外伤。对伴有颈椎骨折的触电者，在开放气道时，不应使头部后仰，以免高位截瘫，因此应用托颌法（图 10-2），向前托起下颌而保持头部相对固定。

图 10-2　托颌法示意图

✐ 思考题

（1）如何进行人工呼吸？

（2）如果出现火情如何处理？

（3）高温作业时应做好哪些防护？

（4）在粉尘工作岗位作业需注意做好哪些防尘工作？

（5）高分子生产中的有毒物质主要来源于哪几个方面？

（6）请简述几种中毒后的解救方法。

《安全标志及其使用导则》
GB 2894—2008(摘录)

安全标志分为禁止标志、警告标志、指令标志和提示标志四大类型。

禁止标志为禁止人们不安全行为的图形标志；警告标志为提醒人们对周围环境引起注意，以避免可能发生危险的图形标志；指令标志为强制人们必须做出某种动作或采用防范措施的图形标志；提示标志为向人们提供某种信息（如标明安全设施或场所等）的图形标志。

禁止标志的基本形式是带斜杠的圆边框，警告标志的基本形式是正三角形边框，指令标志的基本形式是圆形边框，提示标志的基本形式是正方形边框。

禁止标志：

| 禁止叉车和厂内机动车辆通行 | 禁止乘人 | 禁止触摸 | 禁止穿化纤服装 | 禁止带火种 | 禁止戴手套 |

| 禁止跨越 | 禁止攀登 | 禁止抛物 | 禁止佩戴心脏起搏器者靠近 | 禁止启动 | 禁止入内 |

| 禁止烟火 | 禁止倚靠 | 禁止饮用 | 禁止用水灭火 | 禁止植入金属材料者靠近 | 禁止转动 |

| 禁止蹬踏 | 禁止堆放 | 禁止放置易燃物 | 禁止合闸 | 禁止开启无线移动通信设备 | 禁止靠近 |

| 禁止伸入 | 禁止跳下 | 禁止停留 | 禁止通行 | 禁止推动 | 禁止吸烟 |

警告标志：

| 当心爆炸 | 当心叉车 | 当心车辆 | 当心触电 | 当心磁场 | 当心低温 |

| 当心感染 | 当心高温表面 | 当心滑倒 | 当心火灾 | 当心机械伤人 | 当心挤压 |

| 当心扎脚 | 当心障碍物 | 当心中毒 | 当心坠落 | 当心自动启动 | 注意安全 |

| 当心电缆 | 当心电离辐射 | 当心吊物 | 当心跌落 | 当心缝隙 | 当心腐蚀 |

| 当心夹手 | 当心落物 | 当心碰头 | 当心伤手 | 当心烫伤 | 当心微波 |

指令标志：

必须拔出插头　　必须穿防护鞋　　必须戴安全帽　　必须戴防尘口罩　　必须戴防毒面具　　必须戴防护手套

必须戴防护眼镜　　必须戴护耳器　　必须接地　　必须佩戴避光护　　必须洗手
目镜

提示标志：

紧急出口

[1] 潘祖仁. 高分子化学 [M]. 5版. 北京：化学工业出版社，2011.

[2] 高春波. 高分子合成工艺 [M]. 北京：北京大学出版社，2021.

[3] 黄军左，葛建芳. 高分子化学改性 [M]. 北京：中国石化出版社，2009.

[4] 陈平，廖明义. 高分子合成材料学 [M]. 北京：化学工业出版社，2017.

[5] 李克友，张菊花，向福如. 高分子合成原理及工艺学 [M]. 北京：科学出版社，1999.

[6] 徐德增，刘维锦. 高分子材料生产加工设备 [M]. 2版. 北京：中国纺织出版社，2009.

[7] 史子瑾. 聚合反应工程基础 [M]. 北京：化学工业出版社，1991.

[8] 沈新元. 高分子材料加工原理 [M]. 北京：中国纺织出版社，2014.

[9] 陈世煌. 塑料成型机械 [M]. 北京：化学工业出版社，2005.

[10] 秦宗慧，谢林生，祁红志. 塑料成型机械 [M]. 北京：化学工业出版社，2012.

[11] 游洋洋，卢学强，许丹宇，等. 催化氧化/组合生化工艺处理丁苯橡胶废水的中试 [J]. 中国给水排水，2015，31 (19)：61-63，67.

[12] 闫承花，王利娜. 化学纤维生产工艺学 [M]. 上海：东华大学出版社，2018.

[13] 黄发荣，陈涛，沈学宁. 高分子材料的循环利用 [M]. 北京：化学工业出版社，2000.

[14] 李勇. 废旧高分子材料循环利用 [M]. 北京：冶金工业出版社，2019.

[15] 李晔，许文. 中国塑料制品市场分析与发展趋势 [J]. 化学工业，2021，39 (4)：37-43.

[16] 黄世强，孙争光，吴军. 胶粘剂及其应用 [M]. 北京：机械工业出版社，2016.

[17] 张玉龙，王化银. 胶粘剂改性技术 [M]. 北京：机械工业出版社，2006.

[18] 王书乐，童忠良. 胶黏剂生产工艺实例 [M]. 北京：化学工业出版社，2010.

[19] 贺燕，左继成，李成吾. 高分子材料工厂工艺设计 [M]. 北京：化学工业出版社，2019.

[20] 官仕龙. 涂料化学与工艺学 [M]. 北京：化学工业出版社，2013.

[21] 曲建波. 合成革材料与工艺学 [M]. 北京：化学工业出版社，2015.

[22] 范浩军，袁继新. 人造革/合成革：材料及工艺学 [M]. 北京：中国轻工业出版社，2010

[23] 范浩军，陈意，颜俊，等. 人造革/合成革：材料及工艺学. [M]. 2版. 北京：中国轻工业出版社，2017.

[24] 杨为中. 无机材料实习指导 [M]. 北京：科学出版社，2016.

[25] 吴建锋. 无机非金属材料工厂设计概论 [M]. 武汉：武汉工业大学出版社，2013.

[26] 赵明，杨明山. 实用塑料回收（配方·工艺·实例）[M]. 北京：化学工业出版社，2017.

[27] 仲晓萍. 我国特种涂料发展现状及未来趋势 [J]. 现代化工，2019，39 (12)：7-10.

[28] 中国产业调研网. 2016年版中国特种涂料行业深度调研及发展趋势分析报告 https：//s. cir. cn/？s＝3963904676963188920＆x＝18＆key＝%E4%B8%AD%E5%9B%BD%E4%BA%A7%E4%B8%9A%E8%B0%83%E7%A0%94%E7%BD%91%EF%BC%8E.

[29] 祖立武. 化学纤维成型工艺学 [M]. 哈尔滨：哈尔滨工业大学出版社，2014.

[30] 同济大学材料科学与工程学院. 材料科学与工程专业实践指导书（金属与无机非金属材料分册）[M]. 上海：同济大学出版社，2017.